柔性直流输电线路保护

邹贵彬　张　烁　魏秀燕　著

科学出版社

北京

内 容 简 介

本书概述了直流输电技术的发展演变、柔性直流电网的组网与关键装备以及柔性直流线路的故障分析和处理方式，重点分析并阐述了柔性直流电网直流线路故障快速处理涉及的关键理论与技术。本书的核心理论以柔性直流线路故障后各元件的反应时序为主线，阐述了一系列故障限流方法；提出了多种单端量与双端量保护原理以及雷击干扰识别方法；设计了一系列多端口、多功能的直流断路器拓扑及其控制策略；提出了柔性直流线路故障性质的识别方法，在快速隔离故障后可实现直流断路器的自适应重合闸功能；介绍了研发的柔性直流线路单/双端量保护原型样机及其在实时数字仿真系统中的闭环测试结果。

本书可供高等院校电力系统等相关专业的教师和学生阅读，也可供从事柔性直流输电系统设计、开发和应用的工程技术人员参考。

图书在版编目 (CIP) 数据

柔性直流输电线路保护 / 邹贵彬，张烁，魏秀燕著. -- 北京：科学出版社，2024. 10. -- ISBN 978-7-03-079542-7

Ⅰ. TM773

中国国家版本馆CIP数据核字第20247FY308号

责任编辑：范运年 / 责任校对：王萌萌
责任印制：师艳茹 / 封面设计：陈　敬

科 学 出 版 社 出版
北京东黄城根北街 16 号
邮政编码：100717
http://www.sciencep.com
北京建宏印刷有限公司印刷
科学出版社发行　各地新华书店经销
*
2024 年 10 月第 一 版　开本：720 × 1000 1/16
2024 年 10 月第一次印刷　印张：18 3/4
字数：375 000
定价：168.00 元
(如有印装质量问题，我社负责调换)

前　言

　　相比交流电网和常规直流输电系统，柔性直流电网具有有功功率和无功功率独立控制、能够为无源网络供电、潮流翻转不需要改变电压极性等优点，是大规模新能源接入的优选方案，也是未来新型电力系统的重要组成，对于我国实现碳达峰碳中和的发展目标具有重要意义。但是，柔性直流电网中换流器的电压源特性导致其直流线路短路故障发展速度极快，故障电流在数毫秒内即可达到额定电流的数倍甚至数十倍，严重威胁柔性直流电网的运行安全。因此，亟须研究适用于柔性直流电网的直流线路故障快速处理方法及技术。

　　柔性直流电网的直流线路故障处理涉及故障限流、故障识别与定位、故障隔离和故障恢复四个阶段。在故障限流方面，需要研究直流故障限流措施，从而避免或推迟换流器闭锁，为直流线路保护和直流断路器的动作争取时间，提高柔性直流电网的故障生存能力；在故障识别与定位方面，需要研究直流线路快速保护原理，在尽可能短的时间内准确识别、定位故障线路，缩短故障发展时间；在故障隔离方面，需要研究兼具低成本与高可靠性的直流断路器；在故障恢复方面，需要研究有选择性的自动重合闸方案，既可以实现架空线路瞬时性故障的快速恢复，又可以避免直流断路器重合于永久性故障所带来的二次冲击。为此，本书对柔性直流电网的直流线路故障处理关键技术进行较为全面的阐述、分析和探讨。

　　本书第 1 章概述输电技术，并详细介绍了直流输电技术的发展演变过程；第 2 章介绍柔性直流电网的组网与主接线方式及关键装备；第 3 章分析柔性直流输电线路直流侧故障时的暂态特征，介绍柔性直流输电线路的故障处理方式；第 4 章分析限流电抗器对柔性直流电网的影响，提出桥式多端口直流故障限流器等三种直流故障限流器拓扑及其控制策略；第 5 章介绍基于暂态电压首波时间和基于线模电压行波的直流线路单端量保护新原理，提出不依赖仿真的故障识别判据整定方法；第 6 章提出基于限流电感电压极性的直流线路纵联保护等三种双端量保护新原理；第 7 章分析柔性直流线路雷击暂态特征，在此基础上提出了三种雷击干扰的识别方法；第 8 章介绍机械式、混合式直流断路器的基本原理，阐述多端口直流断路器的基本概念，提出两种典型的多端口混合式直流断路器拓扑与工作原理；第 9 章提出具备故障限流、潮流控制、自适应重合闸功能的多端口直流断路器的拓扑及其工作原理；第 10 章介绍无选择性重合闸的利弊，提出基于方向行波、电流行波和耦合电压的故障性质识别方法及自适应重合闸方案；第 11 章介绍研发的保护原型机硬件方案及软件算法及其在实时数字仿真系统中的闭环测试结果。

　　本书是山东大学新形态电网保护与控制团队在柔性直流线路故障处理领域的工作积累，是本研究团队共同努力的结晶。感谢魏秀燕、张烁、刘景睿、郑择航、赵子源为本书撰写所做的工作，课题组黄强、张成泉、陈超超、谢仲润、曾钰、于林卉、何山、张洁、马跃洋、冯谦、李钏等同学在研究生阶段积累的研究成果为本书的撰写奠定了基础。感谢山东大学的高厚磊教授、陈青教授以及山东理工大学的徐丙垠教授在直流线路保护理论研究方面给予的指导，同时感谢天津凯发电气股份有限公司的宋金川、高永江为柔性直流线路保护原型机开发提供的支持。

　　与本书内容相关的研究工作得到了国家自然科学基金面上项目(51677109，52077124)、国家重点研发计划项目(2016YFB0900603)、国家电网有限公司总部科技项目(5204BB1600CS)、山东省自然科学基金青年项目(ZR2023QE281)、中国博士后科学基金面上项目(2023M732046)的资助，在此一并表示感谢。

　　由于作者水平有限，书中难免存在不妥之处，恳请广大读者批评指正。

邹贵彬

2023 年 12 月

于山东大学千佛山校区

目　　录

第1章 绪 论

1.1 输电技术概述

1800 年，著名物理学家伏打发明了第一个化学电池，人们开始获得连续的电流，标志着人类步入了电力时代。随后，安培、欧姆、楞次、基尔霍夫、麦克斯韦、特斯拉等一大批电力领域的先驱们的理论与实践推动了电力工业的发展。1831年，法拉第发现电磁感应原理，奠定了发电机的理论基础，并且制造出最初的发电机——法拉第盘（Faraday's disk）。此后的一百年内，电力技术迎来爆炸式的发展。1870 年，比利时的格拉姆制成往复式蒸汽发电机。1875 年，第一座火电厂于法国巴黎建成，用于附近照明。1882 年，爱迪生于美国纽约建成了一个简单的电力系统，通过 110V 地下电缆送电。同年，德普雷于德国慕尼黑建成一个输送距离为 57km 的直流送电工程[1]。然而由于直流电压水平难以进行变换，早期的直流输电技术电压等级较低，在长距离传输过程中损耗严重并且线路末端的电压会大幅度下降[1]。

在 19 世纪 90 年代，研究人员曾就电力工业应采用直流还是交流作为标准发生过相当激烈的争论。最终，由于交流系统电压容易进行变换，交流发电机与电动机相较于直流发电机和电动机更为简单便宜等，交流输电方式逐渐成为主流。此后数十年内，输电系统容量由几十千瓦至几百千瓦跃升至几十万甚至几百万千瓦，电压等级也由几千伏上升至数百甚至上千千伏。但是随着电力系统容量的增加、输电距离的不断加长，交流输电的损耗逐渐不能忽视，且不同交流电网之间也存在频率不同而难以联网的问题。

在此背景下，直流输电重新进入人们的视野。与交流输电相比，直流输电具有如下优势：①输送容量大、损耗小、经济性能好，适用于远距离送电；②直流杆塔结构简单，造价低；③直流输电稳定性好，不同电网之间易于联网。基于电网换相换流器的高压直流（LCC-HVDC）输电技术发展于 20 世纪 50 年代。在初期，直流输电普遍选用汞弧阀换流器（mercury converter），但是其制造技术复杂、造价昂贵、故障率高、维护困难，极大地制约了直流输电的发展[2]。直到 20 世纪 70年代，高压大功率晶闸管的问世极大地推动了直流输电的进步。此后，直流输电的电压等级与容量不断提高，相关技术日趋成熟。目前，我国在运的 LCC-HVDC输电工程高达数十条，电压等级最高已达±1100kV（昌吉—古泉特高压直流输电工程）。但是，由于 LCC-HVDC 输电系统需要交流系统支持换相，在受端交流系统故障或接入弱交流系统时容易换相失败。另外，基于 LCC 的换流站需要消耗大量的无功功率，严重依赖滤波电容或专门装置进行补偿。当用于新能源并网时，LCC-HVDC 在潮流反转时需要改变电压极性，导致其应用场景极为受限[3]。

自 20 世纪 80 年代以来，以绝缘栅双极型晶体管(IGBT)为代表的全控复合型功率器件发展迅速，极大地推动了电力电子换流装置的进步，进而使直流输电技术得到了进一步发展[4]。90 年代之后，基于电压源换流器的高压直流(VSC-HVDC，又称为柔性高压直流)输电技术随即产生。21 世纪以来，VSC-HVDC 输电技术在全世界范围内得到了迅速发展，各种换流站拓扑结构和控制方式不断涌现。到目前为止，全球已经有数十条 VSC-HVDC 输电工程投运，如德国的 DolWin1 直流输电工程(800MW/±320kV)、中国的张北四端柔性直流输电工程(4500MW/±500kV)。与 LCC-HVDC 相比，VSC-HVDC 具有如下优势：①能够独立控制有功功率和无功功率；②潮流反转不需要改变电压极性，方便新能源的接入；③可向无源网络供电；④能够给交流系统提供无功功率，维持电压稳定。但是，由于VSC-HVDC 输电系统的固有特性，当直流线路故障时故障电流具有上升速度快、峰值高的特征，急需研究与之相适应的高速保护原理与故障隔离技术。

1.2　直流输电技术发展演变

1.2.1　常规直流输电

基于电网换相换流器的高压直流输电技术，被称为常规直流输电技术。20 世纪初，美国工程师彼得·休伊特(Peter Hewitt)等人发明了汞弧阀换流器，使得高压直流输电工程的实现成为可能。从 1954 年瑞典的哥得兰岛直流工程到 1977 年加拿大纳尔逊河 I 期工程，世界上共建成了 12 个采用汞弧阀换流的直流输电工程。其中，加拿大的纳尔逊河 I 期工程的输电电压等级最高，为±450kV；拥有最大输送容量与输送距离的为美国太平洋联络线，容量为 1440MW，输送距离为1362km。但是汞弧阀由于制造工艺复杂、可靠性低以及运行维护不便等，在晶闸管出现之后逐渐被淘汰。

20 世纪 70 年代后，电力电子技术飞速发展，晶闸管换流阀及其控制技术不断进步。基于高压大功率晶闸管的换流技术有效地改善了汞弧阀存在的逆弧问题，且制造、实验以及后续的运行维护、检修都比汞弧阀更加便捷，直流输电技术正式进入晶闸管换流阀时代。1970 年，在哥得兰岛直流工程的基础上，瑞典首先扩建了电压为 50kV、功率为 10MW 的基于晶闸管换流阀的实验工程。1972 年，世界上第一个采用晶闸管换流的伊尔河背靠背直流工程在加拿大投入运行。1980年，中国决心全部依靠自己的力量建设中国第一个直流输电工程——舟山直流输电工程，经过中华人民共和国国家计划委员会和中华人民共和国国家科学技术委员会正式批准建设，第一期项目于 1984 年正式开始施工，五年后正式投入商业运行。最终项目的电压等级为 ±100kV，容量为 100MW，输送距离为 54km。舟山直流输电工程的成功证明了中国拥有独立建设直流输电工程的能力，对中国直流输电发展起到了示范性作用。到目前为止，世界上电压等级最高、输送容量最大、送电距离最远的直流工程均为我国昌吉—古泉特高压直流输电工程（±1100kV/12GW），线路全长为 3293km。此输电工程克服了众多技术难关，使直流输电工程迈上新的台阶。

然而，LCC-HVDC 输电技术依赖于交流电网提供电压支撑以保证换相的可靠性，因此需要连接的交流系统有足够的容量，并且需要有足够的短路比。由于连接弱交流系统时容易发生换相失败的问题，因此为了保证换流器的正常运行，交流系统的短路容量至少为直流侧额定容量的三倍。而且，LCC 的控制只能通过改变晶闸管的触发相位角来实现，难以独立控制有功功率与无功功率，并且在换相时需要大量的无功功率（为直流输送功率的 40%~60%），所以系统中必须安装很多无功补偿设备和滤波器来提供无功功率。此外，LCC-HVDC 的换流站、滤波器以及平波电抗器等设备占地面积较大，虽然理论上常规直流输电技术能够满足海上风电并网要求，但是庞大的占地面积增加了施工成本和建设的复杂程度。

1.2.2 柔性直流输电

20 世纪 90 年代开始，新型氧化物半导体器件 IGBT 得到了发展，首先在工业驱动装置上得到了应用。1990 年，加拿大麦吉尔（McGill）大学提出了基于电压源换流器的高压直流输电技术。1997 年 ABB 公司于瑞典中部的 Hällsjön 与格兰厄斯贝里（Grängesberg）之间完成了世界上首条采用 IGBT 作为开关器件的 VSC-HVDC 输电工程，其输送容量与电压等级分别为 3MW 与 10kV，输送距离为 10km。初期的 IGBT 单个元件功率小、损耗大，不利于大型直流工程采用。但后续研制出的集成门极换相晶闸管和大功率碳化硅等元件可承受更高的电压，且通流能力强、损耗低、体积小、可靠性高，性能优越。

目前随着化石能源紧缺以及环境问题的日益严重，世界各国开始逐渐调整化石能源在能源结构中的占比，提高风、光等清洁能源的比重。然而清洁能源所在地理位置比较分散，且昼夜间歇性较大，强弱也难以确定，传统的 LCC-HVDC 输电技术难以满足新能源并网的需求。而柔性直流输电技术在新能源并网方面有着巨大的优势，如无须额外的无功补偿设备、没有换相失败问题、在潮流反转时不需要改变线路极性、有功功率与无功功率能够单独控制、结构占地面积小等，使得其在电力系统中的重要性逐渐凸显。

VSC-HVDC 输电以可控关断器件和脉宽调制技术为基础，其中 VSC 根据其电平数可分为两电平、三电平以及多电平换流器[5]。两电平和三电平 VSC 的拓扑分别如图 1-1 和图 1-2 所示，其中两电平 VSC 是用于 VSC-HVDC 输电的最简单换流器拓扑形式。在高压大功率的应用场景下，为提高换流器容量和系统的电压等级，两电平 VSC 和三电平 VSC 中每个桥臂均由多个电力电子器件串联组成，其串联个数由换流器的额定功率、电压等级和电力电子开关器件的通流能力与耐压强度决定。不论是两电平 VSC 还是三电平 VSC，其在直流侧均配置用于储能的电容器件，作为直流侧电压支撑，并且需要配置滤波器滤除高次谐波。在柔性直流输电技术发展早期，两电平与三电平的工程较多，如 1999 年投产的用于风电集中接入的哥得兰工程（±80kV/50MW）。此外，VSC-HVDC 输电技术也适用于孤岛送电，如 2005 年投产的挪威海上平台直流工程（±60kV），用于为海上平台供电。由于当时提高两电平 VSC 或者三电平 VSC 输出电压的手段是增加开关器件串联个数，受限于器件性能，早期基于两电平 VSC 与三电平 VSC 的直流工程容量和电压等级均处于较低水平。

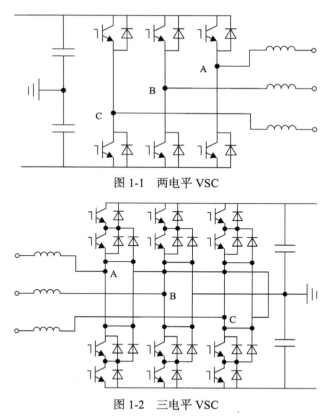

图 1-1　两电平 VSC

图 1-2　三电平 VSC

无论两电平 VSC 还是三电平 VSC，两极直流母线之间都存在大容量的电容器组，使三相之间在物理上存在着直接耦合的关系，不利于三相进行独立控制；另外，当直流侧发生单极接地故障或极间短路故障时，电容器组会迅速向故障点放电，产生幅值极高的冲击电流，如果不能在短时间内切除故障，换流站的器件容易受到损坏。此外，受到电平数的限制，两电平 VSC 与三电平 VSC 的输出特性较差，必须使用脉宽调制技术，器件的开关频率较高，损耗较大；受单个开关器件耐压的限制，这些拓扑需要使用大量开关器件直接串联的技术，对各器件开通和关断的一致性、串联器件的均压特性要求较高[5]。为了解决上述问题，Marquardt 和 Lesnicar 于 2002 年首次提出模块化多电平换流器（MMC）技术[6]，其拓扑如图 1-3 所示。MMC 通过子模块（SM）串联的方式提高输出电压水平，相比两电平 VSC 和三电平 VSC 具有显著优势。此外，由于 MMC 输出电平数远多于两电平 VSC 和三电平 VSC，因此 MMC 仅需较低的开关频率就能够获得品质较高的波形，不需要额外安装滤波器，并且通态损耗大幅下降，对开关一致性的要求也大大降低。

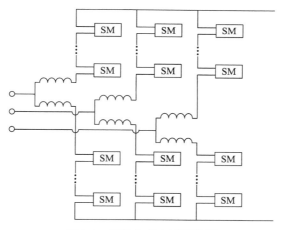

图 1-3　模块化多电平换流器

在 MMC 提出后，由于其性能和制造难度均优于两电平与三电平结构的换流器拓扑，此后的柔性直流输电工程一般采用基于 MMC 的换流站。例如，于 2013 年投产的法国—西班牙的 INELFE（INterconexión ELéctrica Francia-España）直流输电工程，容量为 2000MW，电压为 ±320kV，使用电缆进行电能传输。此外，MMC 在新能源并网方面也有独特的优势，常用于风、光等绿色能源的接入，如德国 DolWin1 直流输电工程用于海上风电并网，容量为 800MW，电压为 ±320kV。2011 年 7 月，亚洲首条柔性直流输电工程在上海建成，用于上海南汇风电场的接入，其容量为 20MW，电压为 ±30kV，传输距离为 8km。该柔性直流输电线路的成功投运标志着中国实现了在柔性直流输电领域零的突破，具有了能够独立建设柔性直流工程的能力。2019 年 7 月，渝鄂直流背靠背联网工程投运，其包含南、北两个通道，分别为施州直流(站)和宜昌直流(站)，每站包括两个柔性直流背靠背单元并联运行，单个桥臂的子模块数为 540 个。其单个柔性直流单元的额定输送功率为 1250MW，电压为 ±420kV，建成后主要用于功率传输，并且实现了华中电网与西南电网的异步运行。图 1-4 为渝鄂直流背靠背联网工程拓扑示意图[6]。

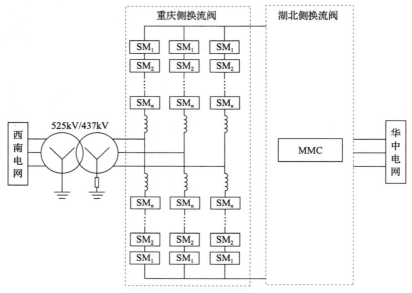

图 1-4　渝鄂直流背靠背联网工程

除点对点与背靠背式的柔直工程外，2013 年 12 月，中国南方电网有限责任公司负责建造的世界上第一个多端柔性直流输电工程——南澳多端柔性直流输电工程投入运行[7]，主要用于南澳岛风电并网，电压等级为 ±160kV，容量为 200MW，使用树枝式并联接线方式，如图 1-5 所示。南澳多端柔性直流输电工程对中国乃至世界电力发展史具有划时代的重要意义。

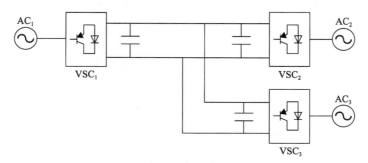

图 1-5　南澳多端柔性直流输电工程

　　此后，2014 年 7 月，电压等级更高、容量更大的舟山五端柔性直流输电工程正式投入运行(图 1-6)[8]，其新建舟定、舟岱、舟衢、舟洋和舟泗共五个±200kV柔性直流换流站，总容量为 1000MW。舟山五端柔性直流输电工程主要用于解决浙江舟山群岛受地理条件因素的影响而使岛与岛之间相互联系较弱、供电可靠性不足的问题，以保障电网对舟山群岛新区的供电能力以及抗灾能力。

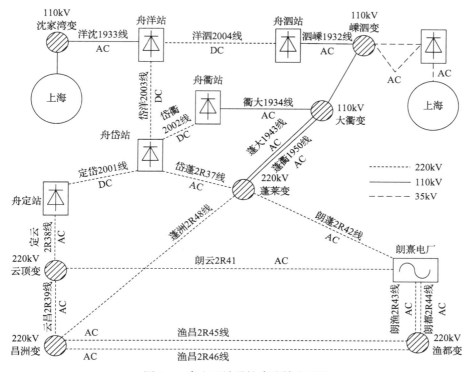

图 1-6　舟山五端柔性直流输电工程

1.2.3　混合直流输电

　　目前，LCC-HVDC 输电技术已经非常成熟，中国已经建成世界上电压等级最高、输送容量最大的特高压直流工程。然而 LCC-HVDC 输电系统需要交流侧提供电压支持才能换相，因此难以连接弱交流电网，并且无法向无源网络供电。此外，LCC-HVDC 输电系统需安装大量滤波器等来补偿运行所需的无功功率。随着VSC-HVDC 输电的提出，因为没有换相失败和依赖无功补偿等问题，其逐渐用于大容量、远距离的直流输电工程中。但是 VSC-HVDC 输电系统存在设备昂贵、难以有效地处理直流侧故障等缺陷。为了能够综合 LCC-HVDC 输电与 VSC-HVDC输电的优点，研究人员于 1992 年提出混合直流输电技术的概念。经过数十年的发展，根据混合形式的不同，混合直流输电系统可分为换流器级混合直流输电系统和系统级混合直流输电系统两类。

换流器级混合直流输电系统可分为串联型、并联型与串并联型三种结构类型。其中串联型换流器级混合直流输电系统拓扑结构如图 1-7 所示，其通过控制串联的 VSC 来提高逆变侧所连交流电网的电压支撑能力，从而降低 LCC 换相失败的概率。此外，由于 VSC 的存在，即使发生换相失败，系统直流侧的电压也不会降低为零，直流输电系统依然能够向交流系统输出一定的功率，减小了对电网的冲击。而且，在直流侧发生故障时，由于 LCC 的单向导通性，其能够有效地阻止 VSC 的故障电流，使换流站继续维持运行。

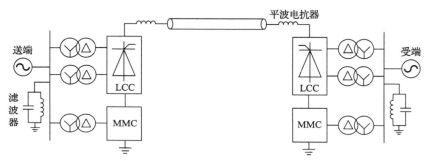

图 1-7　串联型换流器级混合直流输电系统

并联型换流器级混合直流输电系统能够与弱交流电网相连，并联的 VSC 能够产生无功功率为换流站母线电压提供支撑，增强系统的功率传输能力，使得其在提高系统稳定性以及控制两端交流侧电压方面有独特的优势。此外，系统中的 VSC 也能够起到有源滤波器的作用，减少 LCC 产生的谐波对系统的影响。而结合了串联型与并联型优势的串并联型换流器级混合直流输电系统在作为逆变站应用时，能够为所连接的交流电网提供更好的电压支撑，使其能够与极弱的交流电网相连，并且在很大程度上降低了换相失败的风险。

系统级混合直流输电系统分为极与极混合型、混合双馈入/多馈入型、端对端混合型以及多端混合型。极与极混合型直流输电系统一极为 LCC-HVDC 输电，另一极为 VSC-HVDC 输电。这种拓扑结构的系统能够借助 VSC 的无功控制能力减少系统中滤波器的装设数量，同时 VSC 能够为两端的交流系统提供电压支撑，稳定母线电压，减小 LCC 换相失败的概率。当多条直流线路连接到同一条母线上时，就形成了多馈入直流输电系统。而当连接于母线上的直流线路既有 VSC 也有 LCC 时，则形成了混合多馈入直流输电系统，如图 1-8 所示。其中的 VSC 能够为所连接的母线提供无功功率，稳定母线电压，同样能够减小 LCC 换相失败的概率，此外也能够作为黑启动电源，向无源网络供电。

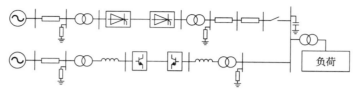

图 1-8　混合多馈入直流输电系统

对于常规 LCC-HVDC 输电系统，若逆变侧连接于弱交流系统，极易发生换相失败。因此可以考虑整流侧使用 LCC 而逆变侧使用 VSC，如图 1-9 所示。这种拓扑结构能够有效避免逆变侧发生换相失败，并且能够向无源网络供电，也可作为黑启动电源。同时，也存在将 LCC 作为逆变侧而 VSC 作为整流侧的拓扑结构，其主要用于风电并网中，但是对受端交流系统的强度要求较高，并且若发生换相失败，情况要严重于常规 LCC-HVDC 输电系统。

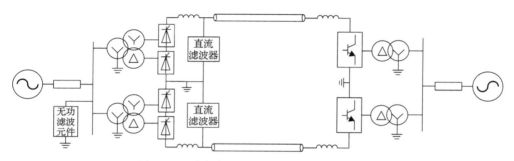

图 1-9　逆变侧使用 VSC 的混合直流输电系统

同样，多端混合直流输电系统继承了 VSC 与 LCC 的优点，在当前 LCC-HVDC 输电工程数量远远高于 VSC-HVDC 输电工程的情况下，有非常广阔的发展前景，但是其在直流故障快速处理与恢复技术及保护控制策略的设计与优化等方面还面临挑战。

2016 年，位于中国云南省的鲁西背靠背直流工程投产，其电压等级为 ±350kV，VSC 与 LCC 的容量均为 1000MW，主要用于将云南电网主网与南方电网主网解列，提高南方电网主网架的安全稳定运行能力。2020 年，中国的昆柳龙直流工程正式投产送电，其包含一个 LCC 换流站与两个 VSC 换流站，电压等级为 ±800kV，输送容量为 8000MW，其拓扑如图 1-10 所示。昆柳龙直流工程是世界上容量最大的特高压多端直流输电工程，也是世界上第一个特高压多端混合直流工程[9]。

1.2.4　柔性直流电网

目前，大多数直流工程是从交流系统中引出一个或多个换流站，再通过一组或多组点对点的直流线路连接到不同的交流网络，如图 1-11(a) 所示。这样形成的只是简单的多端直流输电系统，系统中没有冗余，因此并不能称为网络。多端直流输电系统中任何一条线路或者换流站发生故障，则整条线路以及两端的换流站均要退出运行，导致故障影响范围大，运行可靠性低。而如果在直流侧将线路互相连接，则能够组成真正的直流网络，如图1-11(b)所示，每个交流系统通过一个换流站与直流电网相连，每个换流站引出多条通过直流断路器连接的直流线路。因此，当直流线路发生故障时，仅跳开故障线路两侧的直流断路器，选择性地切除线路或者换流站。

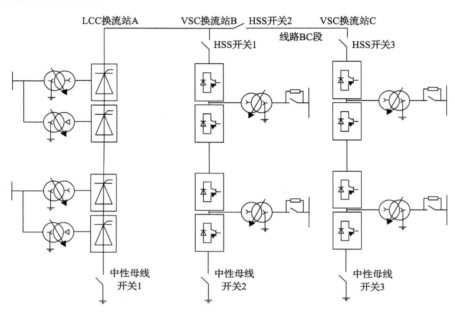

图 1-10　昆柳龙直流输电工程

高速开关(high speed switch，HSS)

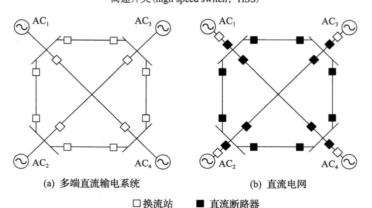

(a) 多端直流输电系统　　　　　(b) 直流电网

□换流站　　■直流断路器

图 1-11　多端直流系统拓扑示意图

相比于多端直流输电系统，首先，真正的直流电网减少了换流站的数量，只需要在每个交流系统与直流系统的连接处设置一个换流站即可，大大降低了建设的经济成本，也减少了整体的损耗。其次，每个换流站均能够独立地传输功率，并且能够在不改变其他换流站传输状态的情况下改变本换流站的传输状态。最后，直流电网中线路存在冗余，即使某条线路停运，也能够保证其他线路可靠运行。

2020 年 6 月，中国投运的张北四端柔性直流输电工程是全世界首个柔性直流电网工程[10]，其拓扑如图 1-12 所示，分别设有张北、康保、丰宁和北京 4 座换流站，其电压等级为 ±500kV，容量为 4500MW，输电线路总长度为 666km。此外，它还是世界首个输送大规模风能、太阳能、抽水蓄能等多种形态能源的四端柔性直流电网。

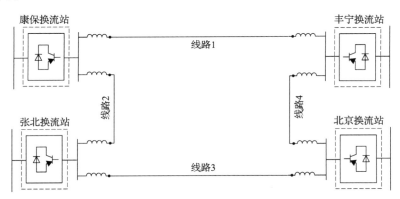

图 1-12 张北四端柔性直流输电工程

参 考 文 献

[1] 邢鲁华. 高压直流输电线路保护与故障测距原理研究[D]. 济南: 山东大学, 2014.

[2] 汤广福, 庞辉, 贺之渊. 先进交直流输电技术在中国的发展与应用[J]. 中国电机工程学报, 2016, 36(7): 1760-1771.

[3] 辛保安, 郭铭群, 王绍武, 等. 适应大规模新能源友好送出的直流输电技术与工程实践[J]. 电力系统自动化, 2021, 45(22): 1-8.

[4] 邹常跃, 韦嵘晖, 冯俊杰, 等. 柔性直流输电发展现状及应用前景[J]. 南方电网技术, 2022, 16(3): 1-7.

[5] 孙凯祺. 不同应用场景下柔性直流输电系统运行控制策略研究[D]. 济南: 山东大学, 2020.

[6] 郭贤珊, 刘斌, 梅红明, 等. 渝鄂直流背靠背联网工程交直流系统谐振分析与抑制[J]. 电力系统自动化, 2020, 44(20): 157-164.

[7] 郭铸, 刘涛, 陈名, 等. 南澳多端柔性直流工程线路故障隔离策略[J]. 南方电网技术, 2018, 12(2): 41-46.

[8] 刘黎, 蔡旭, 俞恩科, 等. 舟山多端柔性直流输电示范工程及其评估[J]. 南方电网技术, 2019, 13(3): 79-88.

[9] 邢超, 蔡旺, 毕典红, 等. 昆柳龙特高压三端混合直流输电线路边界频率特性研究[J]. 电力自动化设备, 2023, 43(2): 135-141.

[10] 郭贤珊, 卢亚军, 郭庆雷. 张北柔性直流电网试验示范工程直流控制保护设计原则与验证[J]. 全球能源互联网, 2020, 3(2): 181-189.

第2章 柔性直流电网及其关键装备

2.1 柔性直流电网组网方式

柔性直流电网的组网方式对于其运行安全性、可靠性和经济性至关重要，目前柔性直流电网的组网方式主要有三种，分别为多端直流输电系统、独立直流线路网络和网格状直流电网，其示意图如图 2-1 所示。

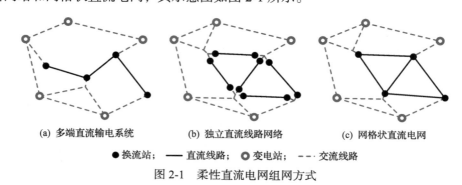

(a) 多端直流输电系统　　　(b) 独立直流线路网络　　　(c) 网格状直流电网

● 换流站；—— 直流线路；◎ 变电站；- - - 交流线路

图 2-1　柔性直流电网组网方式

2.1.1　多端直流输电系统

图 2-1(a) 所示为多端直流输电系统的组网方式，这种组网方式仅通过直流线路将换流站相互连接起来，尚未形成网格状结构，不存在系统冗余，因此不能称作真正意义上的"柔性直流电网"。多端直流输电系统是直流电网发展的一个阶段，能够实现多电源供电和多落点受电。如果后续增设直流线路将换流站功率通过多条直流线路传输，即可组成真正的直流电网。由于各换流站之间功率传输不存在冗余，因此可通过换流站精确控制各直流线路的传输功率。

2.1.2　独立直流线路网络

独立直流线路网络通过点对点的直流输电系统连接各交流汇集点，各直流线路之间无直接连接关系，如图 2-1(b) 所示。在这种组网方式中，每条直流线路的潮流均独立可控，并且各直流线路两端的换流站可采用不同的直流输电技术，电压等级也不作任何限制。此外，当某条直流线路故障后，仅需退出该故障线路两端的换流站，不会影响其他健全直流线路的正常运行。然而，这种组网方式需要建设大量换流站，极大地增加了柔性直流系统的建设和运行成本。

2.1.3　网格状直流电网

网格状直流电网的组网方式如图 2-1(c) 所示，各直流节点通过多条直流线路互联，各直流节点之间存在一条以上的功率传输路径，实现了系统冗余，是真正意义上的直流电网。然而，正因为各直流节点之间存在不止一条功率传输路径，柔性直流电网各直流线路的传输功率将无法简单地通过各换流站定值进行调控，增大了潮流控制难度。

目前，网格状直流电网已成为未来柔性直流输电技术的主要应用方式，是多端柔性直流输电网的主要研究对象，因此本书将围绕多端柔性直流电网中直流线路保护与技术展开介绍。在后续章节中，除特殊说明外，"柔性直流电网"均指"网格状直流电网"。

2.2　柔性直流电网主接线方式

柔性直流电网主接线方式会影响直流线路对地电压，进而决定直流线路的绝缘水平，对工程造价有重要影响。此外，特定主接线方式可能会导致接地点在正常运行时流过工作电流，此时需专门设置接地极，而不能共用换流站本身的接地网。目前投运的柔性直流电网工程主要采用双极接线(对称单极接线和对称双极接线)，而不采用单极接线。

2.2.1　对称单极接线方式

目前已投运的采用对称单极接线方式的柔性直流输电系统有 Trans Bay Cable 工程、上海南汇风电场柔性直流输电示范工程等。由于换流站仅由单个 MMC 构成，因此无法在直流侧找到满足要求的接地点，此时大多在交流侧或者直流侧人为构造接地点，典型的主接线方式如图 2-2 所示。

如图 2-2(a) 所示，通过在联接变压器阀侧接入星形电抗器人为构造中性点，将该中性点通过接地电阻接地即可使直流线路对地呈现对称正、负极性电压。除此之外，当联接变压器阀侧为星形接线时，将联接变压器阀侧绕组的中性点经电阻接地，同样可使直流线路对地呈现对称的正、负极性，如图 2-2(b) 所示。然而，这种接地方式仅适用于接入交流系统电压等级在 35kV 及以下的情形，原因如下：为了避免交流电网故障时的零序电流传递到换流器侧，因此联接变压器必须采用 丫/△ 接线。由于我国规定 35kV 及以下电压等级的交流电网中性点不接地，因此联接变压器的网侧采用三角形接线而阀侧采用星形接线并且中性点经电阻接地是可行的。然而，在大多数情况下，柔性直流电网所接入的交流系统电压等级较高 (110kV 及以上)，均为中性点直接接地系统。为了避免零序电流流入换流器侧，

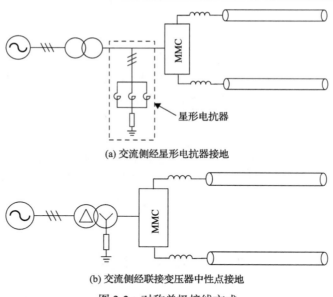

(a) 交流侧经星形电抗器接地

(b) 交流侧经联接变压器中性点接地

图 2-2 对称单极接线方式

联接变压器的网侧必须采用星形接线，此时阀侧绕组仅能采用三角形接线方式，无法满足接地条件。

以上所述对称单极接线方式在正常工作过程中接地点均不会流过工作电流，因此无须专门设置接地极。并且由于联接变压器阀侧绕组不存在直流偏磁，因此普通的交流变压器即可满足要求。

早期的柔性直流输电系统由于容量较小并且大多通过电缆输电、故障概率较低，因此大多采用对称单极接线方式。然而，随着柔性直流输电技术的发展，柔性直流电网向多端、大容量、架空线路输电方向发展，对称单极接线方式将难以满足要求。

2.2.2 对称双极接线方式

柔性直流电网的对称双极接线方式如图 2-3 所示。当采用对称双极接线方式时，每个换流站由两个换流器组成，换流器之间通过接地引线或者金属回线接地，每个换流器输出电压幅值为单极对地电压。

与对称单极接线方式相比，对称双极接线方式具有如下特点。

(1)由于对称双极接线方式每个换流器仅输出换流站额定容量和额定极间电压的 1/2，因此换流站总输出容量和输出电压更大，更适合大容量高电压柔性直流输电系统。

(2)由于对称双极接线方式在单极对地短路故障时基本不会影响健全极对地电压，而对称单极接线方式在单极对地短路故障时健全极对地电压会上升为原来

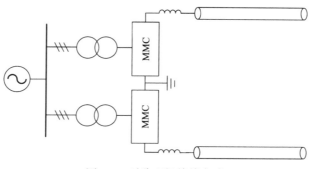

图 2-3　对称双极接线方式

的 2 倍，因此在相同额定电压下，对称双极接线方式对直流线路绝缘水平要求
更低。

　　(3)对称双极接线方式在单极故障时不会影响健全极的正常工作，健全极仍然
能够输出换流站额定容量的 1/2，可靠性高。

　　(4)对称双极接线方式如果没有配置专门的金属回线，则在单极运行时接地极
将会流过工作电流，因此需额外配置专门的接地极。

　　(5)由于采用对称双极接线方式时联接变压器存在直流偏磁，因此传统的交流
变压器无法满足要求，需要采用专门设计的变压器。

2.3　柔性直流电网关键装备

2.3.1　电压源换流器

　　换流器是柔性直流电网中交直流变换的关键装备，是换流站的核心。柔性直
流电网中的换流器均为电压源换流器。根据输出电平数量的不同，现有电压源换
流器主要分为三种类型，分别是两电平电压源换流器、三电平电压源换流器和模
块化多电平换流器。在 2010 年之前，柔性直流工程主要采用两电平电压源换流器
和三电平电压源换流器；而从 2010 年至今，建设及规划的柔性直流工程绝大部分
采用模块化多电平换流器。

　　1. 两电平电压源换流器

　　两电平电压源换流器的拓扑如图 2-4 所示。图中，u_a、u_b 和 u_c 为交流侧三相
电压，C 为直流侧储能电容。两电平电压源换流器由 6 个桥臂与直流侧储能电容
构成，每个桥臂由 IGBT 和反并联二极管组成。为了满足高压大容量的应用需求，
IGBT 和二极管均为大量器件串并联，串并联个数由换流器的额定功率、电压等级
和半导体器件的耐压/通流能力决定[1]。

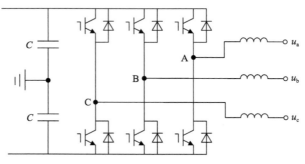

图 2-4　两电平电压源换流器

通过控制 IGBT 的导通与关断,两电平电压源换流器每相可输出 $U_{dc}/2$ 和 $-U_{dc}/2$ 两个电平,其中 U_{dc} 为直流额定电压。两电平电压源换流器通过脉宽调制逼近正弦波,以满足交直流变换需求。

两电平电压源换流器具有电路结构简单、电容器数量少、占地面积小、易于模块化建设等优点,但是存在开关器件开关损耗大、交流侧波形差、阀组承受电压高等缺点。

2. 三电平电压源换流器

三电平电压源换流器的拓扑结构如图 2-5 所示。与两电平电压源换流器相比,三电平电压源换流器将每个桥臂中点与接地点通过二极管相连,从而使每相可以输出 0、$U_{dc}/2$ 和 $-U_{dc}/2$ 三个电平。三电平电压源换流器同样通过脉宽调制逼近正弦波。

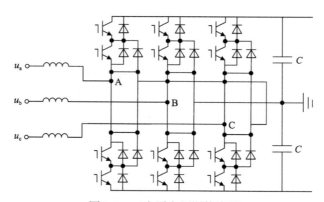

图 2-5　三电平电压源换流器

相较于两电平电压源换流器,三电平电压源换流器开关损耗和阀组承受电压相对较低、交流侧波形相对较好,但是存在需要大量钳位二极管、电容电压不平衡、阀组承受电压不同从而不利于模块化建设等问题。

3. 模块化多电平换流器

模块化多电平换流器的拓扑结构如图 2-6 所示，其同样由 6 个桥臂组成，但是每个桥臂并非多个开关器件直接串联，而是由子模块级联构成。除子模块外，模块化多电平换流器的每个桥臂还包含 1 个桥臂电抗器 L_0。模块化多电平换流器的子模块结构如图 2-7 所示。图中，C_0 为子模块电容，VT 和 VD 分别表示 IGBT 和二极管。图 2-7(a) 所示半桥子模块不具备故障阻断能力，但是所用开关器件数量少，制造成本低；图 2-7(b) 所示全桥子模块具备故障阻断能力，能够在直流侧故障后将故障电流限制为零，但是所用开关器件数量为半桥子模块的 2 倍，制造成本较高。

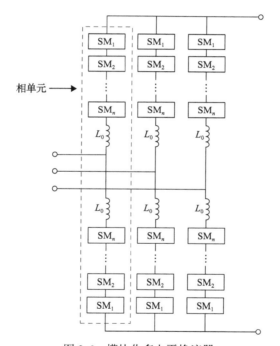

图 2-6　模块化多电平换流器

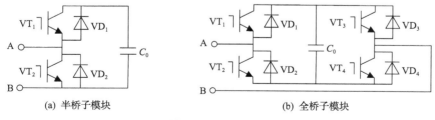

(a) 半桥子模块　　　　　　　　　　　(b) 全桥子模块

图 2-7　模块化多电平换流器子模块

与两电平和三电平电压源换流器相比，模块化多电平换流器具有制造难度低（无须开关器件直接串联）、运行损耗低（开关频率显著降低）、阶跃电压低和波形质量高等优点，但是由于所采用的开关器件数量较多，因此成本相对较高。模块化多电平换流器的上述优点使得其在高压大容量的柔性直流电网中具有无可比拟的优势，目前模块化多电平换流器已成为柔性直流电网建设和规划的首选方案，具有广阔的发展和应用前景[2]。

2.3.2　直流潮流控制器

多端柔性直流电网中的电压源换流器具备良好的可控性，当系统中线路较少时可以通过换流站级的控制在一定范围内调节潮流[3,4]。但当线路数目(n)大于换流站数目(b)时，部分线路($n-b+1$)的潮流仅通过换流站级是无法进行控制的，此时电网需要配置直流潮流控制器来合理分配各线路间的潮流。电网配置直流潮流控制器具有以下优势：①可以实现电网安全、优质和经济运行；②在不增设输电走廊的情况下，增加系统的传输容量，降低输电通道建设的投资；③重新分配功率，避免线路功率越限，提高系统运行的安全性和稳定性；④优化系统的潮流分布，减少电能传输过程的损耗。

目前，国内外研究学者已对直流潮流控制器进行了深入的研究，取得了一定的研究成果。根据工作原理的不同，现有直流潮流控制器可大致分为电阻型和电压型两类。电阻型直流潮流控制器通过在直流线路中串入电阻单元来改变电网潮流分布[5]，可通过开关器件控制电阻单元的投切，其典型拓扑如图 2-8 所示。电压型直流潮流控制器通过改变直流线路电压降来改变电网潮流分布，根据电压来源途径不同可进一步细分为直流/直流（DC/DC）型、交流/直流（AC/DC）型和线间型。DC/DC 型直流潮流控制器在直流线路中串联接入 DC/DC 变换器[6]，通过改变变换器的输入/输出增益实现对直流线路电压降的调节。AC/DC 型直流潮流控制器在线路中串入电压极性和大小可调的等效电压源（电容）来改变直流电压[7]，并利用外部交流电网实现与直流侧之间的能量交换。线间型直流潮流控制器在相邻的两条输电线路中均串入可调电压源[8]，利用两条线路之间的能量交换来实现潮流的控制，其典型拓扑如图 2-9 所示。

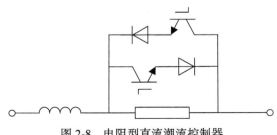

图 2-8　电阻型直流潮流控制器

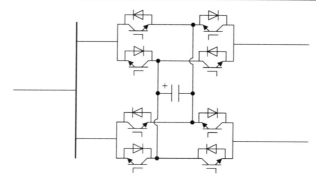

图 2-9　线间型直流潮流控制器

2.3.3　直流故障限流器

直流断路器设计的难点之一便是如何分断数倍甚至数十倍于额定电流的故障电流,对于需要熄弧的机械开关,故障电流越大,熄弧越困难;对于没有熄弧问题的电力电子器件开关,大电流的关断会引起器件的暂态过电压,该过电压与电流幅值成正比,同时电力电子器件需要并联以承受大电流,这会降低设备的可靠性。为了避免或延缓直流侧故障时换流器的闭锁、降低直流断路器电力电子器件的电流应力,一般在柔性直流输电系统上安装故障限流设备。

目前,通常在柔性直流输电系统中配置限流电抗器作为故障限流装置[9],该方法简单、可靠,已在多个直流工程中实际应用,如舟山五端柔性直流输电工程的换流器出口和张北四端柔性直流输电工程的直流线路两端均安装有限流电抗器。然而,由于柔性直流电网基于电压源换流器进行交/直流变换,因此系统中配置的大量限流电抗器在限制故障电流上升速度的同时也会极大地降低系统动态响应能力,影响系统的运行稳定性。此外,直流断路器在进行故障电流分断时,由于限流电抗器的存在大幅增加了故障回路储存的能量,因此电流分断时间会大幅延长,并且会增加对避雷器的容量需求。

因此,考虑配置故障限流器来限制故障电流,故障限流器应具有正常运行时低阻抗、故障时高阻抗的特性。超导故障限流器在正常运行时处于零阻抗状态,不会对系统运行产生影响。当故障发生后,由于超导材料的快速淬火特性,超导故障限流器的阻抗会随着电流幅值的增加而迅速增加,从而限制故障电流的发展,在柔性直流电网中具有一定的应用前景[10]。此外,基于耦合电感、半导体器件等的故障限流器也可达到类似效果。

2.3.4　直流断路器

与交流断路器类似,直流断路器作为柔性直流电网控制和保护的核心装备,能够有选择性地切除故障线路，从而将故障影响限制在最小范围内，对于柔性直流电网的安全可靠运行具有重要意义[11]。柔性直流电网对直流断路器的技术要求主要体现在以下几方面。

（1）能够关合、承载和开断被保护元件的正常工作电流，实现被保护元件在正常工作条件下的投入和切除。

（2）能够关合、承载和开断被保护元件在异常运行状态下的电流。

（3）在规定时间内开断故障电流，并且将暂态分断电压限制在一定范围内。

（4）具备自动重合闸能力。

由于柔性直流电网中负荷电流及故障电流不存在过零点，并且其低阻抗特性导致故障电流在数毫秒内即可达到数倍甚至数十倍的额定电流，因此直流断路器的动作性能及工作原理与传统交流断路器存在极大差异。基于直流断路器的技术要求，国内外学者开展了大量研究，根据工作原理的不同，现已提出的直流断路器可大致分为机械式直流断路器、全固态直流断路器和混合式直流断路器三类。

1. 机械式直流断路器

机械式直流断路器利用传统交流机械开关作为故障电流开断元件，通过人工制造过零点熄灭电弧，具有通态损耗低和开断故障电流能力强的优点，但是由于采用机械装置并且需要灭弧，因此故障电流分断时间较长。机械式直流断路器大多通过辅助过零电路构造人工过零点，应用较多的辅助过零电路是电容自充电电路和磁感应换相驱动电路。

南方电网科学研究院有限责任公司与华中科技大学在 2017 年联合研制成功国际首台 160kV 电压等级的机械式直流断路器[12]，并且已在南澳多端柔性直流输电工程中成功投运，其拓扑如图 2-10 所示。

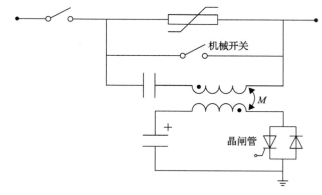

图 2-10　机械式直流断路器

2. 全固态直流断路器

全固态直流断路器利用全控型器件的电流关断能力实现故障电流的清除[13]，动作速度极快，其典型拓扑如图 2-11 所示。但是由于全固态直流断路器需要大量的全控型器件串联，因此通态损耗较大，并且制造成本较高。

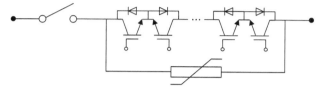

图 2-11　全固态直流断路器

由于全固态直流断路器具有极高的通态损耗，其通常应用于低压直流系统（如直流微电网等应用场景），而不适合应用于高压大容量的柔性直流电网。

3. 混合式直流断路器

混合式直流断路器结合了机械式直流断路器和全固态直流断路器的优点，利用快速机械开关导通正常负荷电流和固态主断开关来分断故障电流，同时具备较低的通态损耗和快速的故障电流分断能力。在高压直流输电领域，ABB 公司于 2012 年开发出世界首台混合式高压直流断路器，额定电压为 320kV，能够在 5ms 内开断 8.5kA 的故障电流，其拓扑如图 2-12 所示。舟山五端柔性直流输电工程实现世界上首套混合式高压直流断路器的商业化应用。南京南瑞继保电气有限公司、中国西电电气股份有限公司等单位也已分别研制成功额定电压为 500kV 的混合式高压直流断路器[14]。此外，耦合负压型机械式直流断路器也已在张北四端柔性直流工程投运，具备在 3ms 以内截断 25kA 故障电流的能力[15]。

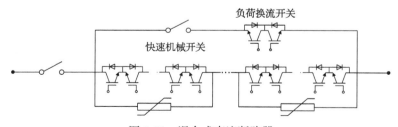

图 2-12　混合式直流断路器

参 考 文 献

[1] 刘刚, 张春强, 马嘉昊, 等. 一种用于电磁暂态仿真的两电平电压源型换流器解耦模型[J]. 电网技术, 2022, 46(11): 4267-4279.

[2] 谭开东. 具备直流故障穿越能力的模块化多电平换流器拓扑结构研究[D]. 北京: 华北电力大学, 2021.

[3] Haileselassie T M, Uhlen K. Impact of DC line voltage drops on power flow of MTDC using droop control[J]. IEEE Transactions on Power Systems, 2012, 27(3): 1441-1449.

[4] 杨越, 何健, 杜宁, 等. 直流电网潮流控制方法述评[J]. 电力系统自动化, 2017, 41(15): 176-182.

[5] Mu Q, Liang J, Li Y L, et al. Power flow control devices in DC grids[C]. 2012 IEEE Power and Energy Society General Meeting, San Diego, 2012: 1-7.

[6] Balasubramaniam S, Ugalde-Loo C E, Liang J, et al. Power flow management in MTDC grids using series current flow controllers[J]. IEEE Transactions on Industrial Electronics, 2019, 66(11): 8485-8497.

[7] Balasubramaniam S, Liang J, Ugalde-Loo C E. An IGBT based series power flow controller for multi-terminal HVDC transmission[C]. 2014 49th International Universities Power Engineering Conference, Cluj-Napoca, 2014: 1-6.

[8] Balasubramaniam S, Ugalde-Loo C E, Lian G J, et al. Experimental validation of dual H-bridge current flow controllers for meshed HVDC grids[J]. IEEE Transactions on Power Delivery, 2018, 33(1): 381-392.

[9] 李岩, 龚雁峰. 多端直流电网限流电抗器的优化设计方案[J]. 电力系统自动化, 2018, 42(23): 120-128.

[10] Li B, Wang C Q, Hong W, et al. Modeling of the DC inductive superconducting fault current limiter[J]. IEEE Transactions on Applied Superconductivity, 2020, 30(4): 1-5.

[11] 王灿, 杜船, 徐杰雄. 中高压直流断路器拓扑综述[J]. 电力系统自动化, 2020, 44(9): 187-199.

[12] 张祖安, 黎小林, 陈名, 等. 160kV 超快速机械式高压直流断路器的研制[J]. 电网技术, 2018, 42(7): 2331-2338.

[13] Rodrigues R, Du Y, Antoniazzi A, et al. A review of solid-state circuit breakers[J]. IEEE Transactions on Power Electronics, 2021, 36(1): 364-377.

[14] Chen W J, Zeng R, He J J, et al. Development and prospect of direct-current circuit breaker in China[J]. High Voltage, 2021, 6(1): 1-15.

[15] Zhang X Y, Yu Z Q, Zeng R, et al. A state-of-the-art 500-kV hybrid circuit breaker for a DC grid: The world's largest capacity high-voltage DC circuit breaker[J]. IEEE Industrial Electronics Magazine, 2020, 14(2): 15-27.

第3章 柔性直流输电线路故障分析与处理方式

3.1 模块化多电平换流器的工作原理

模块化多电平换流器(MMC)的拓扑结构如图 3-1 所示，由 6 个桥臂组成，每个桥臂由 1 个桥臂电抗器 L_0 和 N 个子模块串联而成，每一相的上下两个桥臂组成一个相单元。通过改变 MMC 桥臂中串联子模块的数量即可满足柔性直流电网不同容量和电压等级的需求，模块化程度高，易于拓展[1,2]。MMC 中桥臂电抗器的主要作用是抑制相间环流，同时降低直流侧故障的冲击电流，从而提高换流器运行可靠性[3]。

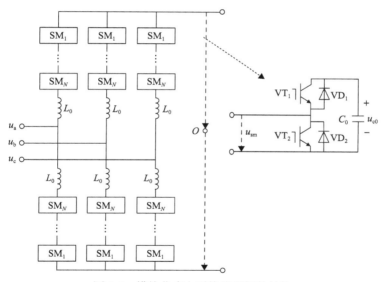

图 3-1 模块化多电平换流器拓扑结构

图 3-1 右侧是子模块的拓扑结构，VT_1 和 VT_2 代表子模块中的 IGBT，VD_1 和 VD_2 为 IGBT 的反并联二极管，C_0 为直流储能电容，u_{c0} 和 u_{sm} 分别为储能电容电压和子模块输出电压。根据 IGBT 的通断和桥臂电流方向，子模块可呈现出投入、切除和闭锁三种工作状态和六种工作模式，如图 3-2 和表 3-1 所示。

MMC 中最常用的调制方式为最近电平逼近调制方式[4]，此调制方式不仅可以降低电力电子器件的开关损耗和开关频率，且实现简单、动态响应快。如图 3-3 所示，用 U_{c0} 表示子模块直流电压时间平均值，u_a 为 MMC 交流侧 A 相电压。

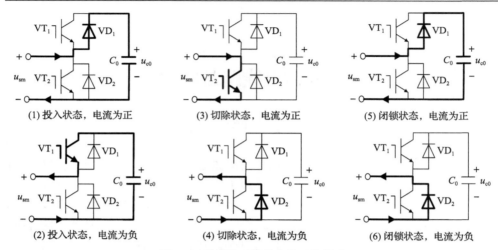

(1) 投入状态，电流为正   (3) 切除状态，电流为正   (5) 闭锁状态，电流为正

(2) 投入状态，电流为负   (4) 切除状态，电流为负   (6) 闭锁状态，电流为负

图 3-2   子模块工作状态和工作模式

表 3-1   子模块工作状态及工作模式汇总表

工作状态	模式	桥臂电流	导通路径	VT_1/VT_2 开关状态	输出电压	电容电压
投入	(1)	正	VD_1	开通/关断	u_{c0}	上升
	(2)	负	VT_1	开通/关断	u_{c0}	下降
切除	(3)	正	VT_2	关断/开通	0	不变
	(4)	负	VD_2	关断/开通	0	不变
闭锁	(5)	正	VD_1	关断/关断	u_{c0}	上升
	(6)	负	VD_2	关断/关断	0	不变

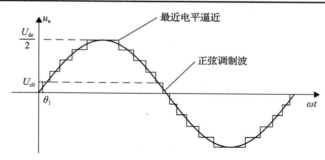

图 3-3   最近电平逼近调制方式

如图 3-1 所示，若投入的 N 个子模块由上下桥臂平均分摊，则该相输出电压 u_j 为零。因此，在 t 时刻需投入下桥臂的子模块数的实时表达式为

$$n_{nj}(t) = \frac{N}{2} + \text{round}\left(\frac{u_j^*(t)}{U_{c0}}\right) \tag{3-1}$$

式中，round(x) 表示取与 x 最接近的整数；$u_j^*(t)$ 为 $u_j(j = $ a, b, c$)$ 点调制波的瞬时值。进而可得需投入上桥臂的子模块数的实时表达式为

$$n_{pj}(t) = N - n_{nj}(t) = \frac{N}{2} - \mathrm{round}\left(\frac{u_j^*(t)}{U_{c0}}\right) \tag{3-2}$$

由上述分析可知，可通过控制子模块的投切来改变 MMC 上下桥臂电压，进而实现对 MMC 的控制以进行交直流变换。

3.2　柔性直流电网直流侧故障分析

3.2.1　单换流器故障电流分析

当 MMC 的直流侧发生极间短路故障后，如图 3-4 所示，MMC 子模块电容和交流侧电源均放电，使得故障电流上升极快，为了保护换流器，当换流器桥臂电流大于 2 倍额定电流后子模块会立即闭锁[3]。根据子模块是否闭锁，可以将故障暂态过程分为子模块闭锁前、子模块闭锁后初始阶段和子模块闭锁后不控整流阶段。

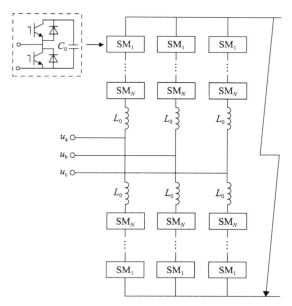

图 3-4　MMC 直流侧短路故障

1. 子模块闭锁前

子模块闭锁前故障电流主要由子模块电容放电和交流侧电源提供，这一阶段时间非常短。在此阶段中，MMC 的 6 个桥臂投入的子模块和旁路的子模块保持不变，所以 MMC 可以看作一个线性定常电路。由于流入直流侧的三相电流之和为零，因此交流电网的电流大小对直流线路不起作用。

对于图 3-4 所示 MMC，其包含三个相单元，对于处于零状态的每个相单元，显然其等效电路是一个 RLC 串联支路，如图 3-5 所示。其中的 R 和 L 很容易确定，而其中的 C 考虑到模拟的是 MMC 触发脉冲未闭锁时的零状态，所有子模块电容都是参与运行的，因此应采用子模块电容能量等效原则，将其等效为 $2C_0/N$，其中 C_0 为每个子模块电容，N 为每个桥臂子模块个数。因此，综合考虑三个相单元的作用，MMC 可等效为 RLC 串联支路，等效电阻 R_c、等效电感 L_c 和等效电容 C_c 的取值分别为

$$\begin{cases} R_c = \dfrac{2(R_0 + \sum R_{on})}{3} \\[2mm] L_c = \dfrac{2L_0}{3} \\[2mm] C_c = \dfrac{6C_0}{N} \end{cases} \tag{3-3}$$

式中，R_0 为桥臂电阻；R_{on} 为子模块等效电阻；L_0 为桥臂电感。

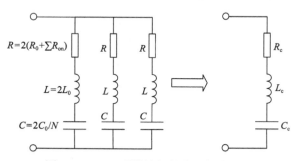

图 3-5　MMC 子模块闭锁前的等效电路

2. 子模块闭锁后初始阶段

这一阶段故障电流主要由交流侧电源馈入和桥臂电抗续流组成。由于交流侧电流馈入 MMC 后，直流线路相当于中性线，对直流侧没影响，故这个阶段直流侧电流主要由桥臂电抗提供。

3. 子模块闭锁后不控整流阶段

这一阶段桥臂电抗器不再续流，仅由交流侧电源通过二极管续流，MMC 进入不控整流阶段。可以得到二极管整流电路直流侧电流稳态时的表达式：

$$I_{dc} = \frac{3}{2} I_{s3m} \tag{3-4}$$

式中，I_{s3m} 为交流侧每相电流值。

3.2.2　柔性直流电网故障电流计算

1. MMC 简化分析模型

柔性直流电网的直流侧故障包括断线故障、单极接地故障和极间短路故障。由于极间短路故障会导致严重的故障电流，因此重点关注极间短路故障电流计算方法。

当直流线路发生短路故障之后，子模块电容将会快速向故障点放电，会在直流线路和 MMC 桥臂中产生幅值极高的短路电流。由于在故障发生后短时间内（5～10ms）故障电流主要由子模块电容提供，此时可忽略交流侧的馈入电流。为了避免换流器内的 IGBT 自保护闭锁，通常要求直流线路保护和直流断路器配合快速动作，从而在达到 IGBT 过电流条件之前将故障线路切除，避免换流器的闭锁。因此，本节将重点考虑换流器闭锁前柔性直流电网的故障电流计算。

根据 3.2.1 节，当直流线路发生短路故障之后，在换流器闭锁之前，从直流侧来看 MMC 可近似等效为 RLC 串联电路，如图 3-5 所示。

2. 直流线路等效分析模型

在大容量多端柔性直流电网中，通常通过架空线路输送电能[5]。在进行短路电流计算时，忽略直流线路的分布电容，直流线路可通过 RL 集总参数模型进行建模，如图 3-6 所示。R_L 表示直流线路的等效电阻，L_L 表示直流线路等效电感，L_r 表示限流电抗器。

图 3-6　直流架空线路等效电路

3. 直流电网等效模型及故障电流计算方法

对于如图 3-7(a)所示的四端柔性直流电网(采用对称单极接线方式)，在进行故障电流近似计算时可以将其等效为如图 3-7(b)所示的等效模型。图中，各换流站用节点 n_k 表示($k = 1, 2, 3, 4$)，换流站 n_i 与 n_j 之间的直流线路用 b_{ij} 表示。R_{ij} 为支路 b_{ij} 的等效电阻，L_{ij} 为支路 b_{ij} 的线路等效电感 L_{Lij} 与两侧限流电抗器电感 $2L_{rij}$ 之和。支路 b_{ij} 中的电流为 i_{ij}，并且由节点 n_i 流向节点 n_j。R_{ci}、L_{ci} 和 C_{ci} 是节点 n_i 处换流站内 MMC 的等效电阻、等效电感和等效电容，电流 i_{ci} 为等效 MMC_i 注入的电流。电容 C_{ci} 两端的电压为 u_{ci}，本质上是等效 MMC_i 的稳态直流电压，其值可通过稳态潮流计算求得。

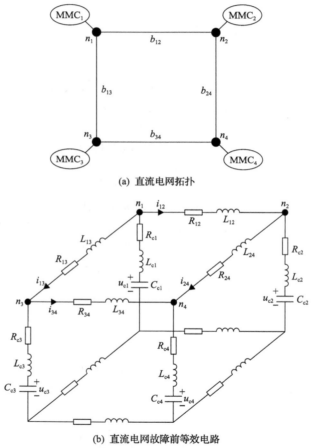

(a) 直流电网拓扑

(b) 直流电网故障前等效电路

图 3-7　直流电网拓扑及其故障前等效电路

　　当直流线路发生短路故障之后，假设故障线路为 b_{34}，图 3-7 所示的等效电路中 n_3 与 n_4 节点之间的等效电路将会变为图 3-8，其他部分维持不变。故障点将故障支路 b_{34} 分为两条支路，分别为 b_{3f} 和 b_{4f}，两条支路对应的等效电阻和等效电感分别变为 R_{3f}、L_{3f} 和 R_{4f}、L_{4f}。

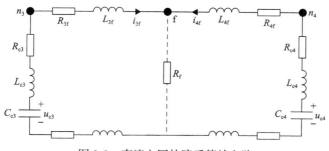

图 3-8　直流电网故障后等效电路

根据图 3-7 和图 3-8 可列写如下微分方程:

$$
\begin{cases}
u_{c1} - u_{c2} = -R_{c1}i_{c1} - L_{c1}\dfrac{\mathrm{d}i_{c1}}{\mathrm{d}t} + 2R_{12}i_{12} + 2L_{12}\dfrac{\mathrm{d}i_{12}}{\mathrm{d}t} + 2R_{c2}i_{c2} + 2L_{c2}\dfrac{\mathrm{d}i_{c2}}{\mathrm{d}t} \\[2mm]
u_{c1} - u_{c4} = -R_{c1}i_{c1} - L_{c1}\dfrac{\mathrm{d}i_{c1}}{\mathrm{d}t} + 2R_{14}i_{14} + 2L_{14}\dfrac{\mathrm{d}i_{14}}{\mathrm{d}t} + 2R_{c4}i_{c4} + 2L_{c4}\dfrac{\mathrm{d}i_{c4}}{\mathrm{d}t} \\[2mm]
u_{c2} - u_{c3} = -R_{c2}i_{c2} - L_{c2}\dfrac{\mathrm{d}i_{c2}}{\mathrm{d}t} + 2R_{23}i_{23} + 2L_{23}\dfrac{\mathrm{d}i_{23}}{\mathrm{d}t} + 2R_{c3}i_{c3} + 2L_{c3}\dfrac{\mathrm{d}i_{c3}}{\mathrm{d}t} \\[2mm]
u_{c3} = -R_{c3}i_{c3} - L_{c3}\dfrac{\mathrm{d}i_{c3}}{\mathrm{d}t} + 2R_{3f}i_{3f} + 2L_{3f}\dfrac{\mathrm{d}i_{3f}}{\mathrm{d}t} + R_{f}(i_{3f} + i_{4f}) \\[2mm]
u_{c4} = -R_{c4}i_{c4} - L_{c4}\dfrac{\mathrm{d}i_{c4}}{\mathrm{d}t} + 2R_{4f}i_{4f} + 2L_{4f}\dfrac{\mathrm{d}i_{4f}}{\mathrm{d}t} + R_{f}(i_{3f} + i_{4f})
\end{cases}
\tag{3-5}
$$

$$
\begin{cases}
i_{c1} = -i_{12} - i_{14} = C_{c1}\dfrac{\mathrm{d}u_{c1}}{\mathrm{d}t} \\[2mm]
i_{c2} = i_{12} - i_{23} = C_{c2}\dfrac{\mathrm{d}u_{c2}}{\mathrm{d}t} \\[2mm]
i_{c3} = i_{23} - i_{3f} = C_{c3}\dfrac{\mathrm{d}u_{c3}}{\mathrm{d}t} \\[2mm]
i_{c4} = i_{14} - i_{4f} = C_{c4}\dfrac{\mathrm{d}u_{c4}}{\mathrm{d}t}
\end{cases}
\tag{3-6}
$$

上述微分方程组共包含 13 个等式和 13 个未知数,因此通过求解上述方程组即可获得故障电流的解析表达式。式(3-5)和式(3-6)中各变量初值可通过稳态潮流计算求得,在此不再赘述。虽然本节所述方法仅针对某一特定电网,但是很容易将其拓展到任意形式的柔性直流电网。

值得注意的是,通过上述求解方法得到的故障计算结果为近似结果,如果要获得精确的故障结果一般采用电磁暂态仿真软件(如 PSCAD/EMTDC 等)进行分析。

3.3　柔性直流输电线路故障处理方式

一般来说，柔性直流电网的故障处理方式可分为三类[6]：其一，基于交流断路器的故障处理方式；其二，基于故障自清除换流器和快速隔离开关的故障处理方式；其三，基于超快速线路保护和直流断路器的故障处理方式。

1. 基于交流断路器的故障处理方式

由于换流器全控型器件的自保护功能，当直流侧发生故障时，换流器会在短时间内闭锁，从而切断故障电流，此后开断换流站交流侧的交流断路器，防止交流电源通过反并联二极管向故障点续流。由于缺少能量补充，直流侧故障电流逐渐衰减为零。最后将故障线路两端的快速隔离开关打开，实现故障区段的物理隔离。此后再重启换流站，使柔直系统其余健全线路逐渐恢复运行。但是交流断路器开断速度较慢（通常为 2～3 个工频周期），而柔直换流站中全控型器件耐受过电流的能力有限，长时间的过电流运行会造成换流器件寿命降低甚至损坏，此外，交流断路器也无法解决换流站电容放电的问题。并且此类故障隔离方案导致整个直流系统的停运和重启，将对电网的供电可靠性产生十分严重的影响。因此，此方式仅能够满足点对点输电或小型和微型柔性直流输电网络的保护配置需求，难以适用于高电压、大规模的柔性直流输电网络。

2. 基于故障自清除换流器和快速隔离开关的故障处理方式

基于故障自清除换流器和快速隔离开关的故障处理方式依赖于全桥型或钳位双子模块型 MMC 等具有故障自清除技术的换流器[7]。当直流侧发生故障时，换流站立刻闭锁，并且利用子模块产生反电动势消除故障电流，当故障电流在其作用下衰减至零时，利用快速隔离开关断开故障线路。最后，重启换流器，使系统其余健康部分恢复正常运行。由于这种故障处理方式使用故障自清除换流器来降低故障电流，因此动作速度相较于第一种方式较快，故障发展时间较短，故障电流幅值较低。然而，与基于交流断路器的故障处理方式类似，在故障隔离过程中需要停运整个直流电网，供电可靠性依然较低。此外，该方式需要为换流器配置大量的额外半导体器件提高其故障自清除能力，大大增加了换流站的建造、运行以及维护成本，同时增大了运行损耗，使换流器寿命下降。因此，故障自清除方案依旧难以满足高电压、大规模柔性直流输电网络的保护需求。

3. 基于超快速线路保护和直流断路器的故障处理方式

基于超快速线路保护和直流断路器的故障处理方式指当柔性直流线路发生短

路故障时，直流保护快速定位故障线路并且利用故障线路两端的直流断路器将该线路隔离[8,9]。为了推迟或避免换流站闭锁，给保护和断路器留出动作时间，此类故障处理方式通常要求线路两端配置故障限流器。并且，当输电线路采用架空线时，在直流断路器分断故障电流并且等待线路去游离时间后，自动重合直流断路器，以便快速恢复发生瞬时性故障的直流线路供电，缩短故障停电时间，以此来提高直流电网的供电可靠性。与前两种方式相比，该方式的动作时间最短，且换流站的建设成本和运行损耗处于较低的水平。此外，在故障隔离过程中，该方案能够有选择性地隔离故障线路，不需要停运整个直流电网，能够最大限度地缩小故障影响范围，保证健全区域的正常供电，因此该方式更加适合未来高压、大规模多端柔性直流电网的应用场景。

多端柔性直流电网直流线路的保护技术目前主要沿用传统高压直流输电的保护方法，如行波保护、微分欠压保护等。然而，多端柔性直流电网与传统直流输电系统的控制特性以及直流侧的故障特性均有显著差异，而且部分传统直流保护方法存在固有缺陷，如抗过渡电阻能力弱、动作速度慢等。因此，需要针对多端柔性直流电网，提出行之有效的保护方法。

由以上分析可知，鉴于多端柔性直流电网中换流站的结构特点和故障电流特征，多端柔性直流电网在直流侧故障的快速隔离方面遇到严峻的挑战，因此限制了其进一步发展。因此，对多端柔性直流电网的故障限流和保护技术进行深入的研究，提出有效的故障限流措施、快速可靠的直流线路保护原理，对于保障多端柔性直流电网的安全稳定运行与输电可靠性，具有重要的理论意义和工程应用价值。

参 考 文 献

[1] Zhen G Z, Can C. The research of control algorithm and topology for high voltage frequency converter based on modular multilevel converter[C]. The 26th Chinese Control and Decision Conference, Changsha, 2014: 4425-4430.

[2] Gong X G. A 3.3kV IGBT module and application in modular multilevel converter for HVDC[C]. 2012 IEEE International Symposium on Industrial Electronics, Hangzhou, 2012: 1944-1949.

[3] 徐政. 柔性直流输电系统[M]. 北京: 机械工业出版社, 2016.

[4] 潘伟勇. 模块化多电平直流输电系统控制和保护策略研究[D]. 杭州: 浙江大学, 2012.

[5] 汤广福, 王高勇, 贺之渊, 等. 张北 500kV 直流电网关键技术与设备研究[J]. 高电压技术, 2018, 44(7): 2097-2106.

[6] 韩雪. 含直流断路器的四端高压柔性直流电网短路故障电磁暂态演变规律与防护策略[D]. 重庆: 重庆大学, 2021.

[7] 许树楷, 周月宾, 杨柳, 等. 应用于远距离架空线直流输电的混合 MMC 直流故障清除方式比较分析[J]. 南方电网技术, 2022, 16(2): 3-13.

[8] 周万迪, 贺之渊, 李弸智, 等. 模块级联多端口混合式直流断路器研究[J]. 中国电机工程学报, 2023, 43(11): 4355-4367.

[9] 张烁. 柔性直流电网直流线路故障处理关键技术研究[D]. 济南: 山东大学, 2022.

第 4 章　柔性直流电网故障限流技术

当柔性直流电网的直流侧发生短路故障时，由于换流站的电压源特性，故障电流具有上升速度快且峰值高的特点(故障电流在故障后几毫秒内能够上升到额定电流的十几倍)，因此，对故障电流进行有效限制具有重要价值。故障限流一方面可以延迟换流站的闭锁，为保护系统争取更长的时间，从而可以充分利用故障信息提高保护的可靠性；另一方面可以有效降低故障电流，进而降低直流断路器的分断压力。

为此，本章首先分析了限流电抗器的作用效果，并且提出了数种不同原理的直流故障限流器[1,2]。

4.1　限流电抗器作用效果分析

柔性直流电网的低阻抗特性导致其直流侧发生短路故障后，故障电流发展速度极快，因此必须采取可靠手段对故障电流进行限制。目前，柔性直流电网(如张北柔性直流电网示范工程)主要通过配置限流电抗器限制故障电流的发展速度，但是限流电抗器会对系统动态响应能力及直流断路器的故障电流分断过程产生不利影响。为了明确限流电抗器的作用效果，本节就柔性直流电网中限流电抗器的故障限流能力、直流断路器的动作性能和系统动态响应能力展开分析。

4.1.1　故障限流能力

以图 4-1 所示两端柔性直流输电系统分析限流电抗器的故障限流能力，其关键参数如表 4-1 所示。图中，换流站 S_1 和 S_2 为不对称单极接线方式，采用半桥型模块化多电平换流器进行交直流变换；直流线路两端均配置有直流断路器(DCCB)；直流线路两端限流电抗器分别用 L_{c1} 和 L_{c2} 表示。假设 t_0 时刻发生短路故障，在故障期间 MMC 可近似表示为等效桥臂电感 L_{eq} 和等效子模块电容 C_{eq} 的串联支路，并且等效子模块电容的初始电压为直流系统额定电压 U_{dc}。为了简化分析，直流线路采用 RL 集中参数模型。

图 4-1　两端柔性直流输电系统

表 4-1　两端柔性直流输电系统关键参数

参数名称	取值
额定电压 U_{dc}/kV	±500
线路保护动作时间 t_p/ms	3
直流断路器动作时间 t_i/ms	2
MMC 等效电容 C_{eq}/μF	360
MMC 等效桥臂电感 L_{eq}/mH	20
线路等效电阻 R_{line}/Ω	0.932
线路等效电感 L_{line}/H	0.085
负荷电流 I_{load}/kA	3

在系统正常运行期间，直流线路中负荷电流为 I_{load}。假设线路保护动作时间为 t_p，直流断路器的动作时间为 t_i，则在故障隔离过程中故障点左侧系统等效电路如图 4-2 所示，各电气量满足

$$
\begin{cases}
-u_c + (L_{eq} + L_{c1} + L_{line})\dfrac{\mathrm{d}i_1}{\mathrm{d}t} + R_{line}i_1 = 0 \\[2mm]
C_{eq}\dfrac{\mathrm{d}u_c}{\mathrm{d}t} = -i_1 \\[2mm]
u_{b1} = (L_{c1} + L_{line})\dfrac{\mathrm{d}i_1}{\mathrm{d}t} + R_{line}i_1 \\[2mm]
u_c(t_0) = U_{dc}
\end{cases}
\tag{4-1}
$$

式中，L_{line} 和 R_{line} 分别为故障点左侧直流线路等效集中电感和集中电阻。将表 4-1 所示两端柔性直流输电系统参数代入式 (4-1) 求解故障电流 $i_1(t)$ 和直流母线电压 $u_{b1}(t)$，其中限流电抗器分别取为 0mH（即不配置限流电抗器）和 300mH，故障发生时刻 (t_0) 为 0ms。

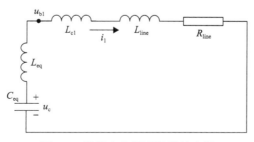

图 4-2　故障点左侧系统等效电路

由计算结果可知，当不配置限流电抗器时，故障电流峰值在 5ms（线路保护动

作时间 t_p 与直流断路器动作时间 t_i 之和)时可以达到 22.76kA；而当配置 300mH 限流电抗器时，故障电流峰值仅为 10.45kA，与不配置限流电抗器的方案相比故障电流峰值降低了 54.1%，限流效果明显。此外，配置限流电抗器能够有效降低直流母线电压跌落程度，从而显著降低直流电压崩溃的概率，提高直流系统故障穿越能力。

综上所述，配置限流电抗器能够有效限制故障的发展速度，降低故障电流峰值。此外，配置限流电抗器降低了直流母线电压跌落程度，从而降低线路故障对柔性直流电网健全部分的影响，提高直流电网运行的可靠性。

4.1.2 直流断路器动作性能

由于机械式直流断路器和混合式直流断路器分断故障电流的关键在于成功将故障电流由主支路换流至耗能支路，由耗能支路中金属氧化物避雷器耗散剩余电流能量[1]。因此，机械式直流断路器和混合式直流断路器均可用图 4-3 所示等效简化模型表示。在正常运行期间，等效简化模型中电流换流开关(CCS)和剩余电流开关(RCB)均处于闭合状态。当故障发生后，电流换流开关经过 t_{CCS} 的动作时间之后打开，故障电流被换流至金属氧化物避雷器进行耗散。该等效简化模型在表示机械式直流断路器和混合式直流断路器时的区别仅在于电流换流开关动作时间 t_{CCS} 的不同。图 4-3 中，金属氧化物避雷器的作用为限制故障暂态分断电压和耗散故障电流能量，其典型伏安特性如表 4-2 所示。

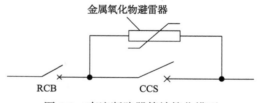

图 4-3　直流断路器等效简化模型

表 4-2　金属氧化物避雷器典型伏安特性

电流/kA	0.001	0.01	0.1	0.2	0.38	0.65	1.11	1.5	2.0	2.8	200.0
电压/p.u.	1.1	1.6	1.7	1.739	1.777	1.815	1.853	1.881	1.91	1.948	3.2

以图 4-1 所示两端柔性直流输电系统进行分析，当 t_0 时刻发生短路故障后，t_1 时刻直流断路器接收到保护发出的跳闸命令，电流换流开关开始动作分闸。经过 t_{CCS} 的动作时间后(t_2 时刻)，电流换流开关动作完成，故障电流被换流至金属氧化物避雷器，由金属氧化物避雷器耗散故障电流能量。在能量耗散过程中，金属氧化物避雷器可近似看作电压恒定的理想电压源，其电源电压为金属氧化物避

雷器的残余电压 U_{res}，因此可得系统等效电路，如图 4-4 所示。图中各电气量满足：

$$\begin{cases} -u_{\text{c}} + (L_{\text{eq}} + L_{\text{c1}} + L_{\text{line}})\dfrac{\text{d}i_1}{\text{d}t} + R_{\text{line}}i_1 + U_{\text{res}} = 0 \\ C_{\text{eq}} \dfrac{\text{d}u_{\text{c}}}{\text{d}t} = -i_1 \end{cases} \tag{4-2}$$

t_2 时刻的 i_1 与 u_{c} 可由式(4-1)求得。假设故障电流在 t_3 时刻衰减为零，则金属氧化物避雷器耗散的能量可以近似用式(4-3)计算，该能量主要是故障回路中电感元件储存的能量，其主要受到限流电抗器电感值、负荷电流幅值、金属氧化物避雷器残余电压等因素的影响。

$$E_{\text{abs}} = \int_{t_2}^{t_3} U_{\text{res}}i_1(t)\text{d}t \tag{4-3}$$

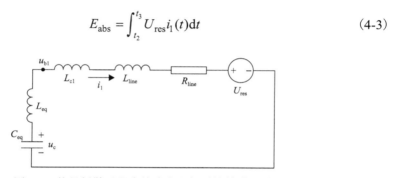

图 4-4　能量耗散过程中故障点左侧系统等效电路

由 4.1.1 节分析可知，限流电抗器电感量会影响故障电流峰值。此外，由式(4-2)和式(4-3)可知，限流电抗器电感量的不同会影响故障电流分断时间(即金属氧化物避雷器耗能时间)、金属氧化物避雷器耗散能量等。图 4-5 所示为故障电流峰值、故障电流分断时间和金属氧化物避雷器耗散能量随限流电抗器电感量变化的曲线。

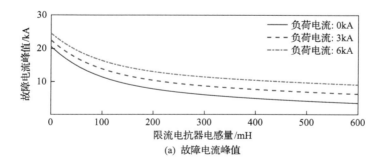

(a) 故障电流峰值

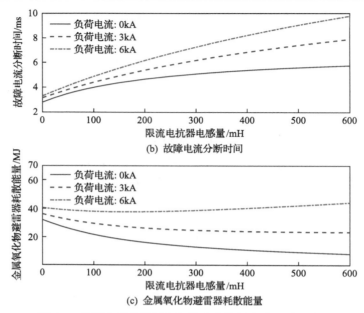

(b) 故障电流分断时间

(c) 金属氧化物避雷器耗散能量

图 4-5　故障电流分断过程与限流电抗器电感量关系曲线

由图 4-5 可知，随限流电抗器电感量增加，故障电流峰值会逐渐降低，这与4.1.1 节分析结果一致。另外，随限流电抗器电感量增加，虽然故障电流峰值逐渐降低，但是故障电流分断时间反而逐渐增加。此外，由图 4-5(c) 可知，当负荷电流较小时，随限流电抗器电感量增加，金属氧化物避雷器耗散能量逐渐降低。但是，当负荷电流较大时，随限流电抗器电感量增加，金属氧化物避雷器耗散能量不再单调变化。例如，当负荷电流为 6kA 并且限流电抗器电感量小于 162mH 时，随限流电抗器电感量增加，金属氧化物避雷器耗散能量逐渐下降；负荷电流为 6kA 并且限流电抗器电感量大于 162mH 时，随限流电抗器电感量增加，金属氧化物避雷器耗散能量逐渐上升。如果负荷电流进一步增大，当限流电抗器电感量较小时，金属氧化物避雷器耗散能量将会随限流电抗器电感量的增加而增加，如图 4-6 所示。

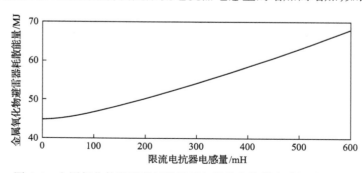

图 4-6　金属氧化物避雷器耗散能量与限流电抗器电感量关系曲线

　　综上所述，与不配置限流电抗器或者配置较小限流电抗器的方案相比，配置大限流电抗器具有较好的故障限流效果，并且随限流电抗器电感量增加，限流效果更好。但是，大限流电抗器会显著增加故障电流分断时间。此外，当负荷电流较大时，随着限流电抗器电感量增加，金属氧化物避雷器耗散能量也会逐渐增加。

4.1.3　系统动态响应能力

　　配置限流电抗器会对直流电网的动态响应能力产生负面影响，严重时甚至会使整个直流电网失去稳定[3]。虽然限流电抗器具有良好的故障限流能力，并且限流电抗器作为保护边界能够显著提高保护动作性能，但是受限于直流电网动态响应能力和运行稳定性要求，限流电抗器无法设置得太大。由图 4-7 可知，如果限流电抗器取值过大，则直流电网运行状态发生变化(如直流线路潮流翻转、换流站调整功率定值、直流线路投入运行等场景)时，直流电网可能进入不稳定状态。而限流电抗器如果想取得较好的故障限流效果，其电感量必须足够大，这可能导致仅配置限流电抗器无法满足柔性直流电网稳定运行的要求。

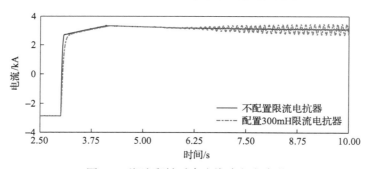

图 4-7　潮流翻转时直流线路电流波形

4.2　桥式多端口直流故障限流器

　　鉴于目前限流电抗器以及其他基于超导体、耦合电感等元件的故障限流器存在的弊端，本节提出一种桥式多端口直流故障限流器拓扑及控制方法。首先，本节给出了桥式多端口直流故障限流器的拓扑，分析了电网运行方式变化及电网故障(包括直流线路故障和直流母线故障)时故障限流器的工作原理及控制方法；其次，本节推导了桥式多端口直流故障限流器的关键参数设计方法；最后，通过电磁暂态仿真和低压物理实验对桥式多端口直流故障限流器的故障限流性能进行了验证。

4.2.1　桥式多端口直流故障限流器的基本拓扑

为了降低限流电抗器对柔性直流电网动态响应能力和故障分断过程的不利影响，本节提出一种桥式多端口直流故障限流器（BT-MFCL），其拓扑如图 4-8 所示。BT-MFCL 共有 n 个端口（P_1, P_2,…, P_n），每个端口均配置有 1 个限流电感 L_{ck}（k=1, 2,…, n）和上下两条二极管支路 D_{uk}、D_{dk}，在直流母线处还额外配置有 1 条二极管支路 D_b。此外，耗能电阻 R_e 与晶闸管支路 T_e 共同组成旁路支路，用于在电网运行方式发生变化和直流断路器分断故障电流时将限流电感旁路。

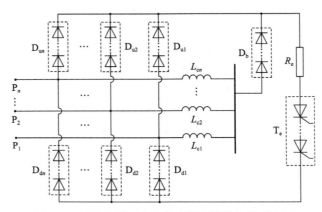

图 4-8　桥式多端口直流故障限流器的拓扑示意图

本节采用如图 4-9 所示柔性直流电网简化模型对 BT-MFCL 的动作过程进行分析。该简化模型中：①直流线路 OHL_k（k = 1, 2,…, n）采用 RL 集中参数模型[4]；②换流器 MMC_k 用等效子模块电容 C_{eqk} 与等效桥臂电感 L_{eqk} 的串联支路表示[5]，

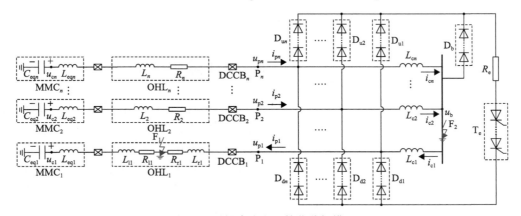

图 4-9　柔性直流电网简化分析模型

L_{l1}、R_{l1} 为 OHL_1 在故障点左侧的等效电感和电阻；L_{r1}、R_{r1} 为 OHL_1 在故障点右侧的等效电感和电阻

并且等效子模块电容 C_{eqk} 的电压 u_{ck} 初值为直流电网额定电压 U_{dc}；③短路故障 F_1 或 F_2 发生于 t_0 时刻，故障前端口电流 $i_{pk}(t<t_0)$ 为 I_{prek}；④直流断路器采用如图 4-3 所示等效简化模型。

4.2.2　桥式多端口直流故障限流器的工作原理

本节将分析柔性直流电网运行方式发生变化和直流线路/直流母线发生故障时 BT-MFCL 的工作原理和控制策略。

1. 直流线路故障

当直流线路于 t_0 时刻发生短路故障 F_1 后，故障电流将会由非故障端口 $P_k(k=2,3,\cdots,n)$ 注入故障端口 P_1，如图 4-10 所示。假设 t_1 时刻直流断路器 DCCB$_1$ 接收到保护发出的跳闸信号，开始动作隔离故障线路 OHL$_1$。DCCB$_1$ 中电流换流开关在经过 t_{CCS} 的动作时间后，于 t_2 时刻分闸完成。在 $t_0 \sim t_2$ 时间段内，BT-MFCL 中的限流电感将会无延时地限制故障电流的上升速度。

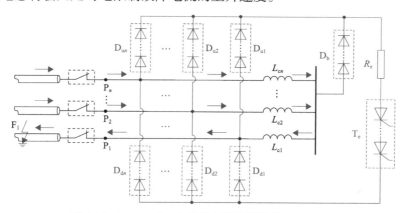

图 4-10　BT-MFCL 中故障电流流通路径：$t_0<t\leqslant t_2$

在 t_2 时刻电流换流开关动作完成后，故障电流被强迫换流至与电流换流开关并联的金属氧化物避雷器。此时，由于避雷器残余电压远高于换流站出口电压，各线路故障电流达到峰值并开始下降，如图 4-11 中实线箭头所示。与此同时，对 BT-MFCL 的晶闸管支路 T_e 施加触发信号。由于故障端口 P_1 的电位 u_{p1} 高于非故障端口 P_k 的电位 u_{pk}，二极管支路 D_{u1}、D_{dk} 将会承受正向压降而导通，限流电感电流将会经由 $L_{ck} \rightarrow L_{c1} \rightarrow D_{u1} \rightarrow R_e \rightarrow T_e \rightarrow D_{dk} \rightarrow L_{ck}$ 路径进行续流，如图 4-11 中虚线箭头所示，此时在故障回路中限流电感相当于被旁路。值得注意的是，由于故障端口 P_1 的电位 u_{p1} 高于直流母线的电位 u_b，二极管支路 D_b 将承受反向电压而闭锁。由于故障端口的直流断路器需要耗散故障回路中电感元件储存的能量后，故障电流才能衰减为零，因此在直流断路器避雷器耗能过程将限流电感从故障回路中旁路能够大幅降低避雷器的耗能时间和耗散能量。

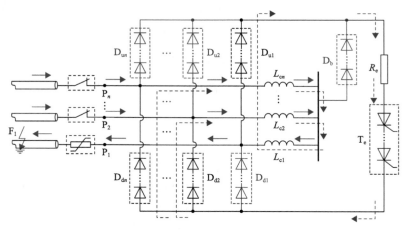

图 4-11　BT-MFCL 中故障电流流通路径：$t_2 < t \leqslant t_3$

当故障电流于 t_3 时刻衰减为零后，打开 DCCB$_1$ 的剩余电流开关即可将故障线路完全隔离，而限流电感电流将会继续通过耗能电阻 R_e 进行续流，其储存的能量由耗能电阻 R_e 耗散，如图 4-12 中虚线箭头所示。

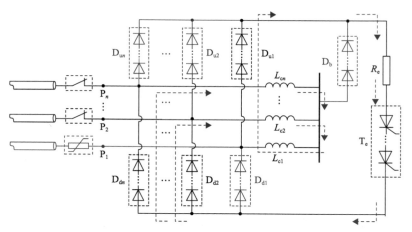

图 4-12　BT-MFCL 中故障电流流通路径：$t_3 < t \leqslant t_4$

假设所有端口限流电感电流于 t_4 时刻衰减为零，之后应移除晶闸管支路 T$_e$ 的触发信号，晶闸管支路 T$_e$ 将会在耗能电阻 R_e 的作用下自动关断。至此,BT-MFCL 的动作过程结束。

2. 直流母线故障

BT-MFCL 在发生直流母线故障后的动作过程与发生直流线路故障后的动作

过程基本相同。假设 t_0 时刻发生直流母线故障 F_2，此时所有端口均经由限流电感向直流母线注入故障电流。直流母线保护在 t_1 时刻判定发生直流母线故障后，向所有端口的直流断路器 $DCCB_1$～$DCCB_n$ 发送跳闸信号。直流断路器在接收到跳闸命令后开始动作隔离故障直流母线，各直流断路器中电流换流开关在经过 t_{CCS} 的动作时间后于 t_2 时刻分闸完成，故障电流被强迫换流到金属氧化物避雷器，各线路故障电流达到峰值并开始下降。与此同时，对 BT-MFCL 的晶闸管支路 T_e 施加触发信号，晶闸管支路 T_e 触发导通。此时，由于直流母线电位 u_b 高于所有端口的电位，二极管支路 D_{d1}～D_{dn}、D_b 将会承受正向电压而导通，限流电感电流将会经由 L_{c1}～L_{cn}→D_b→R_e→T_e→D_{d1}～D_{dn}→L_{c1}～L_{cn} 路径（图 4-13 中虚线箭头所示）进行续流，故障回路中相当于各端口上的限流电感被旁路。

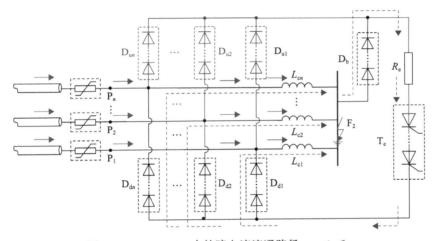

图 4-13　BT-MFCL 中故障电流流通路径：$t_2 < t \leqslant t_3$

当各线路故障电流于 t_3 时刻衰减为零后，限流电感电流将会继续经由耗能电阻 R_e 续流，其储存的能量由耗能电阻 R_e 耗散，如图 4-13 中虚线箭头所示。待限流电感电流于 t_4 时刻降为零后，移除晶闸管支路 T_e 的触发信号，晶闸管支路 T_e 将会在耗能电阻 R_e 的作用下自动关断。此时，BT-MFCL 的动作过程结束。

3. 限流电感旁路

直流电网在运行方式发生变化（如网架拓扑改变或者换流站功率定值调整）时，直流线路中的潮流同样会发生改变。此时，如果直流电网中存在大量限流电感，则直流电网需要较长时间才能再次恢复稳定，甚至会进入不稳定状态。因此，为了提高直流电网的动态响应能力，当直流电网运行方式需要进行调整时，同时为 BT-MFCL 内晶闸管支路 T_e 施加触发信号，此时各端口限流电感将被耗能电阻 R_e 旁路，从而提高直流电网的动态响应速度，避免直流电网进入不稳定状态。待电网潮流恢复稳定后，移除 BT-MFCL 中晶闸管支路 T_e 的触发信号，晶闸管支路 T_e 将会在耗能电阻 R_e 的作用下自动关断。

4.2.3　桥式多端口直流故障限流器的参数设计方法

1. 定性分析

BT-MFCL 中限流电感可以根据系统要求进行设计，如直流电网的故障穿越能力和直流断路器的故障电流分断能力等。限流电感的参数设计方法已在文献[6]～[8]中进行了深入研究，因此本节不再讨论限流电感的参数设计方法。BT-MFCL 的另一关键参数为耗能电阻 R_e 的取值，本节首先从定性角度分析耗能电阻 R_e 取值不同对 BT-MFCL 动作性能的影响，之后以一具体实例分析耗能电阻 R_e 的定量设计方法。

为简化分析，忽略直流线路的电阻(其值较小，每千米仅数毫欧姆)，并且假设在故障隔离过程中 MMC 的出口电压恒为额定电压 U_{dc}。则由图 4-9 可得 $DCCB_1$ 避雷器耗能期间 $(t_2 < t \leqslant t_3)$，故障端口电流 $i_{p1}(t)$ 的变化率为

$$\frac{\mathrm{d}i_{p1}}{\mathrm{d}t} = -\frac{(U_{res} - U_{dc})C_1^2}{C_1 + C_2}\mathrm{e}^{-R_e(C_1+C_2)t} - \frac{(U_{res} - U_{dc})C_1 C_2}{C_1 + C_2} \tag{4-4}$$

式中

$$\begin{cases} C_1 = \dfrac{\displaystyle\sum_{k=2}^{n}\dfrac{1}{L_{eqk} + L_k}}{1 + L_{r1}\cdot\displaystyle\sum_{k=2}^{n}\dfrac{1}{L_{eqk} + L_k}} \\[4mm] C_2 = \dfrac{\displaystyle\sum_{k=2}^{n}\dfrac{1}{L_{ck}}}{1 + L_{c1}\cdot\displaystyle\sum_{k=2}^{n}\dfrac{1}{L_{ck}}} \end{cases} \tag{4-5}$$

此外，避雷器耗散能量可由式(4-6)计算：

$$E_{abs} = \int_{t_2}^{t_3} U_{res}\left[i_{p1}(t_2) + \frac{\mathrm{d}i_{p1}}{\mathrm{d}t}\right]\mathrm{d}t \tag{4-6}$$

由式(4-5)可以看出，C_1 和 C_2 的值与耗能电阻 R_e 无关。因此，由式(4-4)可知，随着 R_e 增大，故障端口电流导数幅值 $|\mathrm{d}i_{p1}/\mathrm{d}t|$ 减小，这意味着直流断路器需要更长时间才能分断故障电流。当 R_e 趋于无穷大时，式(4-4)将会变为式(4-7)，其中

$|\mathrm{d}i_{\mathrm{p1}}/\mathrm{d}t|$ 的值为仅配置限流电感时的故障端口电流导数。由此可知，BT-MFCL 能够显著缩短故障电流分断时间，同时耗能电阻 R_{e} 取值越小，故障电流分断时间越短。此外，由式(4-6)可知，耗能电阻 R_{e} 取值越小，直流断路器中避雷器耗散能量越少。因此，耗能电阻 R_{e} 取值应尽可能小，以加快故障电流分断速度，降低直流断路器中避雷器的耗能压力。然而，由图 4-12 可知，BT-MFCL 内限流电感续流过程 ($t_3 < t \leqslant t_4$) 可看作 RL 电路的零输入响应。因此，耗能电阻 R_{e} 取值越小，对应的 RL 电路的时间常数越大，续流电流将需要越长的时间衰减为零，这意味着耗能电阻 R_{e} 取值不能过小。

$$\frac{\mathrm{d}i_{\mathrm{p1}}}{\mathrm{d}t} = -\frac{(U_{\mathrm{res}} - U_{\mathrm{dc}})C_1 C_2}{C_1 + C_2} \tag{4-7}$$

2. 定量计算

本节选取特定系统(图 4-9 所示多端柔性直流电网)说明耗能电阻 R_{e} 的定量设计方法。为了获得电流分断时间、避雷器耗散能量和限流电感电流续流时间与耗能电阻 R_{e} 的定量关系，将表 4-3 中的柔性直流电网关键参数代入式(4-4)~式(4-7)。计算过程中，假设故障发生在直流线路 OHL_1 的中点位置，故障前各线路负荷电流为零，耗能电阻 R_{e} 取值为 $1 \sim 1000\Omega$。计算结果如图 4-14 所示。

表 4-3　多端柔性直流电网关键参数

名称	参数名称	取值
MMC	额定电压 U_{dc}/kV	500
	换流站数目/个	3
	MMC 等效电容/μF	360
	桥臂等效电感 L_{arm}/mH	20
直流断路器	动作时间/ms	2
	避雷器残余电压 U_{res}/p.u.	1.6
直流线路	限流电感/mH	150
	保护动作时间/ms	3
	线路长度/km	100、80、60
	单位长度电阻/(Ω/km)	9.32
	单位长度电感/(mH/km)	0.85

由图 4-14 可知，随耗能电阻 R_{e} 取值的增加，电流分断时间和避雷器耗散能量也相应增加，而限流电感电流续流时间相应减少。此外，当耗能电阻 R_{e} 取值范

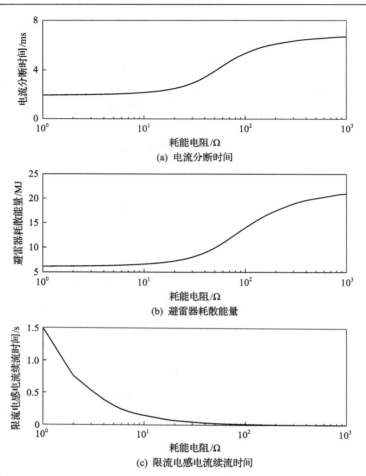

(a) 电流分断时间

(b) 避雷器耗散能量

(c) 限流电感电流续流时间

图 4-14　BT-MFCL 动作过程关键特征量与耗能电阻 R_e 的定量关系曲线

围在 10～100Ω 内时，各特征量变化最为明显。当耗能电阻 R_e 取值小于 10Ω 时，随耗能电阻 R_e 取值的降低，电流分断时间和避雷器耗散能量仅略微降低，而限流电感电流续流时间迅速增加；当耗能电阻 R_e 取值大于 100Ω 时，随耗能电阻 R_e 取值的增加，限流电感电流续流时间仅略微降低，而电流分断时间和避雷器耗散能量迅速增加。综上所述，本节中耗能电阻 R_e 取值为 10Ω。

4.2.4　仿真验证

1. 仿真模型

为了验证 BT-MFCL 的动作性能，在 PSCAD/EMTDC 软件中搭建了三端柔性直流电网仿真模型，如图 4-15 所示。换流站为对称双极接线方式。直流断路器采用图 4-3 所示简化等效模型，其中电流换流开关的动作时间设为 2ms，避雷器残

余电压 U_{res} 为 800kV。直流线路保护和直流母线保护的动作时间分别为 3ms 和 1ms。三端柔性直流电网仿真模型的其他关键参数如表 4-4 所示。基于搭建的三端柔性直流电网仿真模型，本节进行了直流线路/直流母线故障和直流线路投入过程的仿真测试，重点分析 BT-MFCL 在上述场景下的动作情况。

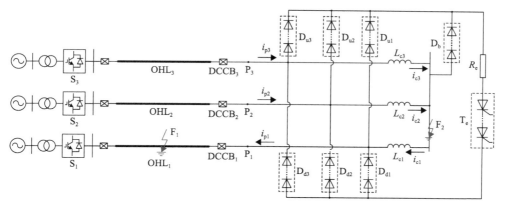

图 4-15　三端柔性直流电网仿真模型

表 4-4　三端柔性直流电网关键参数

元件名称	参数名称	取值
MMC	额定电压 U_{dc}/kV	500
	$S_1 \sim S_3$ 额定功率/MW	1000、250、1250
	桥臂电感/mH	30
	子模块电容/mF	15
直流线路	直流线路 $OHL_1 \sim OHL_3$ 长度/km	100、80、60
	单位长度电阻/(mΩ/km)	9.32
	单位长度电感/(mH/km)	0.85
BT-MFCL	限流电感/mH	150
	耗能电阻 R_{e}/Ω	10

2. 直流线路故障仿真

在直流线路 OHL_1 的中点处设置接地故障 F_1，故障时刻为 2.0s。直流断路器 $DCCB_1$ 于 2.003s 接收到直流线路保护发生的跳闸命令，开始动作隔离故障线路。在直流断路器分断故障电流之前，BT-MFCL 将无延时地限制故障电流的发展速度。BT-MFCL 动作过程仿真波形如图 4-16 所示。

由图 4-16(a)可知，各端口故障电流 $i_{\text{p1}} \sim i_{\text{p3}}$ 于 2.005s 分别达到峰值 9.80kA、

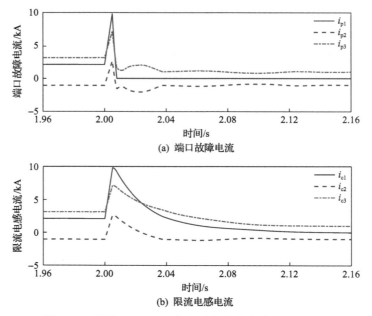

图 4-16   采用 BT-MFCL 方案时直流线路故障仿真波形

2.65kA 和 7.65kA，并且 i_{p1} 于 2.00796s 衰减为零，因此故障电流分断时间为 2.96ms。在此期间，直流断路器避雷器共耗散 10.4MJ 的能量。由图 4-16(b)可知，限流电感电流续流时间约为 150ms，在此期间耗能电阻共耗散 10.5MJ 的能量。

作为对比，假设图 4-15 中三端柔性直流电网采用仅配置限流电抗器的故障限流方案并且设置相同的故障场景进行仿真。由仿真结果可知，当仅配置限流电抗器时，各端口故障电流 i_{p1}～i_{p3} 同样于 2.005s 分别达到峰值 9.80kA、2.65kA 和 7.65kA，并且 i_{p1} 在 2.01396s 衰减为零，因此故障电流分断时间为 8.96ms。在此期间，直流断路器避雷器共耗散 34.0MJ 的能量。与 BT-MFCL 的方案相比，仅配置限流电抗器的方案的故障电流分断时间和 DCCB 耗散能量大幅增加，为 BT-MFCL 方案的三倍左右。

3. 直流母线故障仿真

在直流母线设置接地故障 F_2，故障时刻为 2.0s。直流断路器 $DCCB_1$～$DCCB_3$ 于 2.001s 接收到直流母线保护发出的跳闸命令，开始动作隔离故障直流母线。在直流断路器分断故障电流之前，BT-MFCL 将无延时地限制各线路故障电流的发展速度。BT-MFCL 的动作过程仿真波形如图 4-17 所示。

由图 4-17(a)可知，各端口故障电流 i_{p1}～i_{p3} 于 2.003s 分别达到峰值–3.52kA、4.99kA 和 9.56kA，并且分别于 2.00479s、2.00522s 和 2.00595s 衰减为零，各线路故障电流分断时间分别为 1.79ms、2.22ms 和 2.95ms。在此期间，各线路上的直流

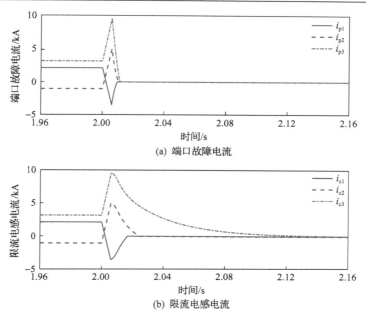

(a) 端口故障电流

(b) 限流电感电流

图 4-17　采用 BT-MFCL 时直流母线故障仿真波形

断路器避雷器需分别耗散 2.0MJ、3.5MJ 和 9.0MJ 的能量。由图 4-17(b)可知，限流电感电流续流时间最长可达 80ms，在此期间耗能电阻共需耗散 8.4MJ 的能量。

4. 直流线路投入过程仿真

当架空线路故障被隔离后，等待线路去游离时间，通常尝试重合直流断路器以快速恢复故障线路的供电。当发生的故障为瞬时性故障时，重合直流断路器后直流线路负荷电流会逐渐恢复。为了提高电流恢复速度、避免系统进入不稳定状态，需要导通 BT-MFCL 内晶闸管支路 T_e 以旁路其内限流电感。作为对比，同样对限流电抗器方案的直流线路投入过程进行仿真，两种故障限流方案的仿真结果如图 4-18 所示。

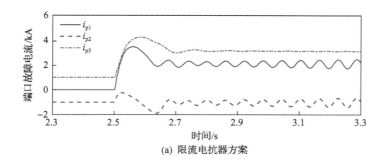

(a) 限流电抗器方案

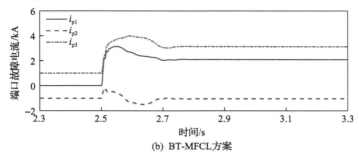

(b) BT-MFCL方案

图 4-18　直流线路投入过程仿真波形

由图 4-18 可知，当直流断路器重合于瞬时性故障后，如果采用限流电抗器方案，故障线路电流将无法恢复，各线路电流将处于振荡状态；而如果采用 BT-MFCL 方案，由于限流电感被耗能电阻旁路，提高了直流电网的动态响应能力，负荷电流将能较快恢复并恢复稳定状态。

针对现有故障限流器制造成本高、限流效果存在延时等问题，本节提出了一种 BT-MFCL 的拓扑及控制方法。BT-MFCL 能够通过其内的限流电感无延时地限制故障电流，并且在直流断路器耗能过程中将限流电感旁路，从而降低直流断路器的电流分断时间和避雷器耗能压力。此外，在直流电网运行方式发生变化（如直流线路投入）时，BT-MFCL 能够旁路其内限流电感，提高系统动态响应速度和运行稳定性。由于 BT-MFCL 主要由二极管和晶闸管构成，不包含全控型半导体器件，因此制造成本较低，经济效益明显。

4.3　基于晶闸管和换相电容的电阻型直流故障限流器

鉴于限流电感和超导限流技术在限制故障电流时的缺点，本节提出一种基于晶闸管和换相电容的电阻型直流故障限流器。将所设计的故障限流器串接在换流站和直流母线之间，就能够对故障电流进行有效限制。当系统正常运行时，负荷电流流经故障限流器中的晶闸管，此时导通电阻很小，几乎可以忽略；发生短路故障时，借助故障限流器中的换相电容将限流电阻投入故障回路，进而对故障电流进行限制。与限流电感相结合，该故障限流器可以有效避免换流站的闭锁，进而可以为保护系统提供充裕的时间来判别故障线路和故障极。除此之外，也为直流断路器切断故障电流提供了充足的时间。

4.3.1　电阻型直流故障限流器的基本拓扑

图 4-19（a）所示为基于 MMC 的四端柔性直流电网的单线图，采用对称双极接线方式，输电线路采用架空线。直流线路的保护系统利用故障限流器、直流断路

器与快速保护相结合的方式。图中,故障限流器(FCL)串接于换流站与直流母线之间,L_B 为直流线路两端的限流电感。

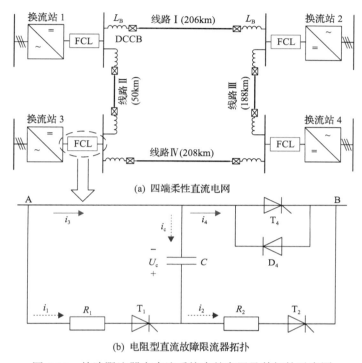

(a) 四端柔性直流电网

(b) 电阻型直流故障限流器拓扑

图 4-19　故障限流器在直流系统中的布置及其拓扑示意图

本节所设计的故障限流器的拓扑电路如图 4-19(b)所示,该故障限流器由 5 条支路构成。将支路 1～4 中流过的电流分别命名为 i_1～i_4,而将换相电容所在支路(支路 5)的电流命名为 i_c。在正常运行情况下,换相电容 C 的电压保持为初始电压 U_c,U_c 的正负极已在图 4-19(b)中标出。R_1 是主限流电阻,发生短路故障时将其串入故障回路来限制故障电流。而 R_2 是辅助限流电阻,一方面用来限制换相电容 C 放电时的电流,从而保护晶闸管 T_2 和二极管 D_4;另一方面在晶闸管 T_4 关断后进一步限制故障电流。

如图 4-19(b)所示,本节提出的故障限流器中的半导体器件包括晶闸管 T_1、T_2、T_4 与二极管 D_4。与 IGBT 相比,晶闸管具有如下优势:①更强的通流能力;②结构相对简单,制造成本更低;③导通损耗更低,通流能力更强;④制造工艺更为成熟,操作可靠性更高。

在系统正常运行情况下,故障限流器中的晶闸管因为不需要进行开关操作而没有开关损耗,因此,有功损耗很低。鉴于晶闸管没有自关断能力,因此需要辅助元件将其关断。在图 4-19(b)中,当直流侧发生短路故障时,换相电容 C 可以给支路 4 提供反向电流而将 T₄ 关断。

4.3.2　电阻型直流故障限流器的工作原理

故障限流器的工作流程如图 4-20 所示。直流侧的短路故障会引起故障电流迅速上升，当 i_{dc} 大于或等于门槛值 I_{set} 时，立即给 T₁ 和 T₂ 发送触发信号。由于 T₂ 承受换相电容 C 上的正向电压而导通，进而换相电容 C 通过 R_2、T₂ 和 D₄ 放电，为 T₄ 所在支路提供反向电流，导致 T₄ 关断。此后，换相电容 C 被换流站的放电电流充电，当换相电容 C 两端的电压变负时，T₁ 因为承受正向电压而导通，接着 R_1 和 R_2 被投入故障回路起到限制故障电流的作用。下面将分析换相电容的放电过程以及限流电阻的投入过程。

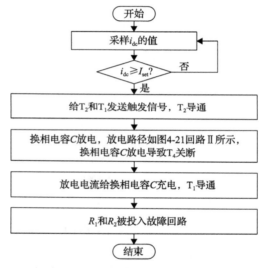

图 4-20　故障限流器工作流程图

1. 换相电容放电阶段

以最为严重的出口处短路故障为例来说明换相电容的放电过程，其中换流器等效为 RLC 串联支路，等效电感、电容和电阻分别为 L_s、C_s 和 R_s。当短路故障发生时，放电电路如图 4-21 所示，回路 Ⅰ 是换流站的最初放电回路。当 i_{dc} 大于或等于门槛值 I_{set} 时，给 T₁ 和 T₂ 施加触发信号，由于 T₂ 一直承受换相电容所施加的正向电压而在被施加触发信号时立即导通。T₂ 一旦导通，换相电容 C 立即放电，放电回路如图 4-21 中的回路 Ⅱ 所示。定义回路 Ⅱ 中的电流为 i_c，而换相电容两端电压为 u_c，规定 u_c 的参考方向为下正上负，如图 4-21 所示。由图 4-21 可得 i_c 的表达式如式(4-8)所示，其中 U_c 是换相电容 C 的初始电压。电容 C 的放电电流必须大于故障电流，只有这样才能保证流经晶闸管 T_4 的电流下降为 0，进而 T_4 才能关断。

$$i_c(t) = \frac{U_c}{R_2} e^{-\frac{1}{R_2 C}t}$$ (4-8)

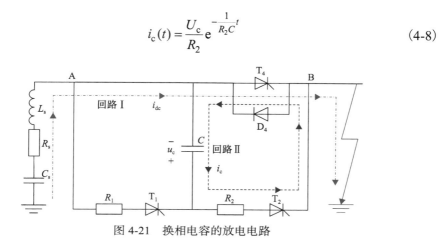

图 4-21　换相电容的放电电路

2. 限流电阻的投入

T_4 被关断后，故障电流开始流经换相电容，并给换相电容充电。当 u_c 的极性由正变负时，T_1 开始承受正向电压。鉴于 T_1 已被施加触发信号，当开始承受正向电压后 T_1 会立即导通。此后，故障电流将要同时流过支路 1（R_1 和 T_1 所在支路）和换相电容支路，正如图 4-22(a) 中虚线箭头所示。当换相电容充电完成后，i_c 降为 0，至此，故障电流完全从支路 1 流过，如图 4-22(b) 所示。最终，R_1 和 R_2 都被投入故障回路起到限制故障电流的作用。

为了分析故障限流器各支路中的电流，以下将要对图 4-22 进行化简。图 4-22(a) 的等效电路如图 4-23(a) 所示。由于换流器的等效电容 C_s 的值远远大于换相电容 C 的值，为了简化计算过程，C_s 被等效为电压值为 $u(0)$ 的电压源，$u(0)$ 为 C_s 的初始值。简化后的电路如图 4-23(b) 所示，图中 R 为 R_s 和 R_2 之和，t_0 为 T_4 的关断时刻。图 4-23(b) 所示电路中，在 t_0 时刻，电压源 $u(0)$ 被接入电路。

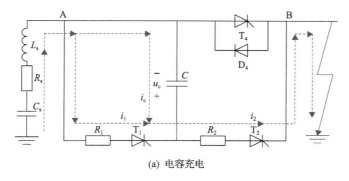

(a) 电容充电

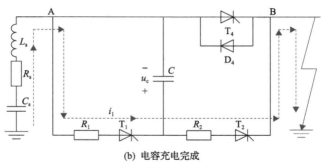

(b) 电容充电完成

图 4-22　T_4 被关断后的放电电路

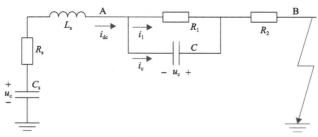

(a) T_4 关断瞬时故障限流器等效电路

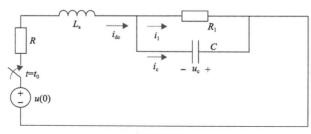

(b) 简化电路

图 4-23　用于计算 R_1 的简化电路

　　基于图 4-23(b)，可以得到式(4-9)所示方程组，由式(4-9)可以进一步得到式(4-10)所示二阶微分方程。在晶闸管 T_1 导通时刻，假设流经 L_s 的初始电流为 $i_{dc}(0)$；T_4 关断后，换相电容几乎完全放电，因此，u_c 的初始电压为 0。基于以上所述事实，式(4-10)的初始条件如式(4-11)所示。

$$\begin{cases} i_{dc} = i_1 + i_c \\ u_c = -i_1 R_1 \\ i_c = -C\dfrac{\mathrm{d}u_c}{\mathrm{d}t} \\ Ri_{dc} + L_s\dfrac{\mathrm{d}i_{dc}}{\mathrm{d}t} - u_c = u(0) \end{cases} \tag{4-9}$$

$$CL_s R_1 \frac{\mathrm{d}^2 i_{\mathrm{dc}}}{\mathrm{d}t^2} + (L_s + CRR_1)\frac{\mathrm{d}i_{\mathrm{dc}}}{\mathrm{d}t} + (R + R_1)i_{\mathrm{dc}} = u(0) \tag{4-10}$$

$$\begin{cases} i_{\mathrm{dc}}(t)\big|_{t=0} = i_{\mathrm{dc}}(0) \\ u_{\mathrm{c}}(t)\big|_{t=0} = 0 \end{cases} \tag{4-11}$$

式(4-10)所示二阶微分方程的特征方程如式(4-12)所示。特征方程式(4-12)的根如式(4-13)所示，其中 Δ 的表达式列于式(4-14)中。

$$CL_s R_1 \lambda^2 + (L_s + CRR_1)\lambda + R + R_1 = 0 \tag{4-12}$$

$$\lambda_{1,2} = \frac{-(L_s + CRR_1) \pm \sqrt{\Delta}}{2CL_s R_1} \tag{4-13}$$

$$\Delta = (L_s + CRR_1)^2 - 4CL_s R_1(R + R_1) \tag{4-14}$$

鉴于桥臂中限流电感和输电线路两侧所接限流电感之和的值较大，而 C 的值较小，因此 $\Delta > 0$。因此，式(4-10)所示微分方程为过阻尼微分方程。进而得到 i_{dc} 的表达式如式(4-15)所示，其中 A_1 和 A_2 可以由初始条件得到。

$$i_{\mathrm{dc}} = A_1 \mathrm{e}^{\lambda_1 t} + A_2 \mathrm{e}^{\lambda_2 t} + \frac{u(0)}{R + R_1} \tag{4-15}$$

联合式(4-9)和式(4-15)，可以得到 u_{c} 的表达式。进而，可以得到 i_{c} 的表达式，如式(4-16)所示。基于图 4-22(a)，根据基尔霍夫电流定律可以得到式(4-17)和式(4-18)中所示关系。进而，联合式(4-15)与式(4-16)，可以得到支路 1 和支路 2 中的电流 i_1 和 i_2 的表达式。

$$i_{\mathrm{c}} = -C\frac{\mathrm{d}u_{\mathrm{c}}}{\mathrm{d}t} = -C[(R + \lambda_1 L_s)\lambda_1 A_1 \mathrm{e}^{\lambda_1 t} + (R + \lambda_2 L_s)\lambda_2 A_2 \mathrm{e}^{\lambda_2 t}] \tag{4-16}$$

$$i_1 = i_{\mathrm{dc}} - i_{\mathrm{c}} \tag{4-17}$$

$$i_2 = i_{\mathrm{dc}} \tag{4-18}$$

3. 故障限流器的启动判据

换流站桥臂中的电流可以由式(4-19)表示，其中 i_{dc} 和 i_{ac} 分别为直流侧和交流侧的瞬时电流。假设 I_b 为换流器桥臂中的额定电流，其表达式如式(4-20)所示，其中，I_{dc} 和 I_{ac} 分别为直流侧和交流侧的额定电流。为避免换流站的闭锁，桥臂中的电流小于额定值的 2 倍，如不等式(4-21)所示。

$$i_b = \frac{i_{dc}}{3} + \frac{i_{ac}}{2} \tag{4-19}$$

$$I_b = \frac{I_{dc}}{3} + \frac{\sqrt{2}I_{ac}}{2} \tag{4-20}$$

$$i_b < 2I_b \tag{4-21}$$

由式(4-19)～式(4-21)，可得(4-22)所示不等式。式(4-22)表明，即使直流侧电流达到额定值的 2 倍，换流站仍然没有闭锁。因此，如式(4-23)所示，可将故障限流器的启动门槛值 I_{set} 设定为 $2I_{dc}$，当 i_{dc} 大于或等于 I_{set} 时，立即投入故障限流器，对故障电流进行限制。

$$i_{dc} < 2I_{dc} + \frac{3\sqrt{2}I_{ac}}{2} \tag{4-22}$$

$$\begin{cases} i_{dc} \geqslant I_{set} \\ I_{set} = 2I_{dc} \end{cases} \tag{4-23}$$

4.3.3　电阻型直流故障限流器的参数设计方法

1. U_c 和 C 的取值选择

因为直流线路出口处发生短路故障时，短路电流最为严重，所以，故障限流器的参数应该以直流线路出口处发生短路故障为例进行选择。直流侧故障电流大于或等于 I_{set} 时，故障限流器应该立即启动。鉴于 I_{set} 为 2 倍直流侧额定电流 I_{dc}，为了确保 T_4 可以被关断，换相电容所提供的反向电流的最大值应当大于 $2I_{dc}$。根据图 4-21 和式(4-8)，换相电容初始电压 U_c 和 R_2 应当满足

$$\frac{U_c}{R_2} > 2I_{dc} \tag{4-24}$$

鉴于 R_2 的主要用途是限制换相电容的放电电流，如果 R_2 的取值过大，换相电容需要更高的初始电压才能提供足够大的反向电流。因此，R_2 的取值不能太大，几欧姆就能满足要求。

为了保证可以将 T_4 成功关断，换相电容所储存的电荷数应该大于 T_4 关断过程中所流过的电荷数。因此，C 和 U_c 的取值还需要满足(4-25)所示不等式，其中 Δt 是 T_4 的关断时间，可以取为几微秒。基于式(4-24)和式(4-25)，可以得到合适

的初始电压 U_c 和换相电容 C 的取值。

$$CU_c > I_{set}\Delta t \tag{4-25}$$

2. R_1 的取值选择

鉴于式 (4-10) 所示过阻尼微分方程，i_{dc} 的最大值可以表示为式 (4-26)，其中，i_{max} 是 i_{dc} 的最大值。

$$i_{max} = \frac{u(0)}{R + R_1} \tag{4-26}$$

为了防止换流站闭锁，流过桥臂的电流应当小于 2 倍额定电流，因此，必须满足式 (4-27) 所示不等式。其中，i_{b_max} 是流过桥臂的最大电流，I_b 是桥臂中的额定电流，I_b 的表达式已在 (4-20) 中示出。i_{b_max} 如式 (4-28) 所示。

$$i_{b\_max} < 2I_b \tag{4-27}$$

$$i_{b\_max} = \frac{i_{max}}{3} + \frac{\sqrt{2}I_{ac}}{2} \tag{4-28}$$

基于式 (4-26)～式 (4-28)，可以确定 R_1 的取值范围，如式 (4-29) 所示。

$$R_1 > \frac{2u(0)}{12I_b - 3\sqrt{2}I_{ac}} - R \tag{4-29}$$

4.3.4　仿真验证

1. 仿真模型

为了验证电阻型直流故障限流器的有效性，在 PSCAD/EMTDC 中搭建了如图 4-24 所示的四端柔性直流电网仿真模型。其中，FCL Ⅰ、FCL Ⅱ、FCL Ⅲ以及 FCL Ⅳ分别代表靠近换流站 1、2、3 和 4 的故障限流器。此外，输电线路的名称和具体长度已在图中标出。故障点 F 位于线路Ⅳ的端口。

仿真模型的关键参数已在表 4-5 中列出，基于表 4-5 中参数值，利用 4.3.3 节的分析计算公式，可以得到图 4-24 中各故障限流器的相应参数，参数取值如表 4-6 所示。鉴于故障检测系统的时间延迟，当选择 U_c 的取值时，应该设置更大的裕度。此处，设置 U_c 和 R_2 的比值大于 1.5 倍的 I_{set}，以保证换相电容能够提供足够大的反向电流，进而将晶闸管 T_4 可靠关断。

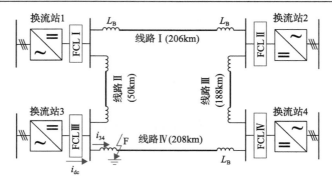

图 4-24　配置电阻型直流故障限流器的四端柔性直流电网仿真模型示意图

表 4-5　仿真模型关键参数（配置电阻型直流故障限流器）

参数名称	取值
换流站 1、2 中的有功功率/MW	1500
换流站 3、4 中的有功功率/MW	3000
直流侧额定电压 U_{dc}/kV	±500
每个桥臂中的子模块数 N	244
子模块电容 C_{sm}/μF	2500
桥臂电感 L_{arm}/mH	29
限流电感 L_{dc}/mH	200
换流站 3 的交流侧额定电流 I_{ac}/kA	1.732
换流站 3 的直流侧额定电流 I_{dc}/kA	3.0
换流站 3 中的额定桥臂电流 I_{arm}/kA	3.35
IGBT 的导通电阻 R_{on_i}/Ω	0.005
二极管的导通电阻 R_{on_d}/Ω	0.01

表 4-6　故障限流器的参数取值

故障限流器名称	参数名称	取值
FGL Ⅰ、FGL Ⅱ	C/μF	10
	U_c/kV	35
	R_1/Ω	30
	R_2/Ω	5
	I_{set}/kA	3
FGL Ⅲ、FGL Ⅳ	C/μF	15
	U_c/kV	50
	R_1/Ω	30
	R_2/Ω	5
	I_{set}/kA	6

由于换流站 3 输出功率为正,且取值最大,出口处发生短路故障时所提供短路电流最大,因此,在以下仿真验证中,以换流站 3 出口处的 FCLⅢ为例,对电阻型直流故障限流器的限流效果进行仿真验证。当短路故障发生于如图 4-24 中所示线路出口位置 F 处时,对于 FCLⅢ而言是最严重的短路故障,因此,可以将其作为典型故障加以仿真分析。

2. 动作过程仿真

F 处在 3.000s 时发生短路故障,故障电流大于或等于门槛值 I_{set} 后,FCLⅢ启动。此后的一系列暂态过程中,FCLⅢ的触发信号以及所有支路的电流波形示于图 4-25 中,其中,图 4-25(a)所示为限流装置的触发信号图,而 i_c,u_c,i_1、i_2 以及 i_3、i_4 的波形分别如图 4-25(b)~(e)所示。在正常运行状态,T_1 和 T_2 处于闭锁状态,而负荷电流流经支路 3 和支路 4。因此,支路 1 和支路 2 中没有电流,i_1 和 i_2 的值为 0;而 i_3 和 i_4 相等,且都为直流侧额定电流 I_{dc}。

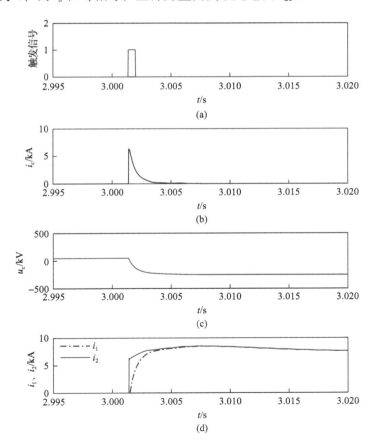

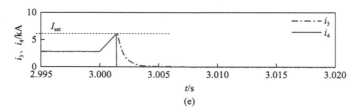

图 4-25　故障限流器各支路电流波形

在 3.000s，在 F 处设置单极接地故障，由于正负极完全对称，极间短路故障与单极接地故障完全一致，在此仅仿真单极接地故障情形，极间短路故障不再赘述。故障发生后，i_3 和 i_4 开始上升，如图 4-25(e)所示。在 t_0 时刻，直流侧电流大于或等于故障限流器的启动门槛值 I_{set}，此时立刻给 T_1 和 T_2 发送触发信号，投入 FCL Ⅲ 以限制短路电流。T_2 收到触发信号后，由于其一直承受换相电容施加的正向电压而立即导通。进而，图 4-21 所示放电回路 Ⅱ 导通，导致换相电容 C 放电，i_c 瞬间增大，正如图 4-25(b)所示。换相电容 C 放电给故障限流器中的支路 4 提供了足够大的反向电流，i_4 降为 0，如图 4-25(e)所示，随后，T_4 关断。此后，换相电容 C 被换流站的放电电流反向充电，随着充电过程的进行，i_c 逐渐减小，而 i_1 由 0 开始逐渐增加(此为电流由电容支路向支路 1 转移的过程)。此时，由于支路 4 已断开，因此支路 3 和电容支路的电流大小相同，即 $i_3=i_c$。在 3.005s 时刻，换相电容 C 充电完成，i_3 和 i_c 降为 0，而 i_1 增加到与 i_2 相同。至此，换相过程结束，R_1 和 R_2 被投入故障回路对短路电流进行限制。此时，i_1 和 i_2 大小相等，且与 i_{dc} 相同。

本节介绍了一种基于晶闸管和换相电容的电阻型直流故障限流器，可以有效弥补限流电感和电阻型超导限流器的缺陷。本节提出的故障限流器作用效果主要包括两方面：一方面是限制了换流站桥臂中的电流，从而有效地避免了换流站的闭锁，保证柔性直流电网的供电可靠性，同时为保护系统可靠识别区内外故障和故障极提供了更长的时间；另一方面是限制了直流侧短路电流的幅值，从而降低了故障电流的切除难度，进而，降低了直流断路器的制造难度和投资成本。

4.4　基于耦合电感的直流故障限流器

为了解决现有故障限流器故障限流效果存在延时、控制复杂等问题，本节提出一种基于耦合电感的直流故障限流器。基于耦合电感的直流故障限流器利用电感耦合特性在故障电流上升阶段将限流支路投入故障回路，从而限制故障电流峰值；在故障电流分断阶段利用耗能支路分担直流断路器的耗能压力，缩短故障电流清除时间。基于耦合电感的直流故障限流器不包含全控型电力电子开关，制造成本低，不需要额外的控制手段，运行可靠性高。在四端柔性直流电网仿真模型中的测试结果表明，本节提出的基于耦合电感的直流故障限流器能够无延时地限制故障电流，显著降低故障电流幅值，同时能够降低直流断路器的故障电流分断时间和金属氧化物避雷器的容量需求。

4.4.1　基于耦合电感的直流故障限流器的基本拓扑

本节提出的基于耦合电感的直流故障限流器(CI-FCL)的基本拓扑如图 4-26
所示，共由四条支路构成，分别是原边支路、副边支路、限流支路和耗能支路。其中，原边、副边支路分别由原边电感 L_p 和副边电感 L_s 构成；限流支路包含 1 个限流电阻 R_c 和 1 个限流电容 C_c，负责限制故障电流的幅值；耗能支路由二极管 D_e 和耗能电阻 R_e 组成，负责分担直流断路器的耗能压力，同时在故障电流分断之后耗散副边电感 L_s 和限流电容 C_c 中残存的能量。

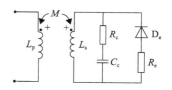

图 4-26　CI-FCL 的拓扑示意图

由于 CI-FCL 的工作原理与直流断路器的动作过程紧密相关，因此下面首先以混合式直流断路器为例介绍直流断路器的拓扑及动作过程。

典型混合式直流断路器的拓扑如图 4-27 所示，包括主支路、主断开关(MB)和剩余电流开关(RCB)三个部分。其中，主支路为负荷换流开关(LCS)和快速机械开关(UFD)组成的串联支路。混合式直流断路器(各支路电流示意图如图 4-28 所示)的动作时序如下：假设直流线路在 t_0 时刻发生短路故障，t_1 时刻直流断路器接收到跳闸信号，导通主断开关并且闭锁负荷换流开关，故障电流由主支路换流进入主断开关。与此同时，控制快速机械开关开始分闸，该过程大约持续 2ms。t_2 时刻快速机械开关动作结束，闭锁主断开关，故障电流被强迫换流到 MOV 中进行耗散，故障电流迅速下降。t_3 时刻故障电流降为零，打开剩余电流开关将故障点完全隔离。

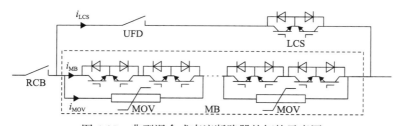

图 4-27　典型混合式直流断路器的拓扑示意图

4.4.2　基于耦合电感的直流故障限流器的工作原理

根据故障发展过程，将 CI-FCL 的工作过程分为四个阶段，分别为正常运行

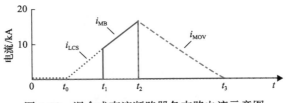

图 4-28　混合式直流断路器各支路电流示意图

阶段、故障限流阶段、故障清除阶段和故障恢复阶段。

1. 正常运行阶段

为了简化分析，假设换流器在正常运行时等效为理想电压源 U_{dc}，此时负荷电流将会流过 CI-FCL 的原边电感 L_p 和混合式直流断路器的主支路，如图 4-29 所示。其中，由于电感耦合作用在原副边产生的等效电压分别用 $U_{pm}(Mdi_p/dt)$ 和 $U_{sm}(Mdi_s/dt)$ 表示，M 为互感。

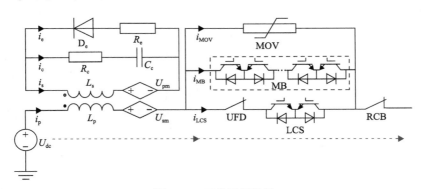

图 4-29　正常运行阶段

由于 MMC 在正常运行时电流纹波小，耦合电感不会产生感应电压，因此 CI-FCL 不会对直流电网的正常运行产生影响。

2. 故障限流阶段

假设直流线路在 t_0 时刻发生短路故障，原边电感电流 i_p 会迅速上升并且在副边支路产生感应电压 U_{pm}，同时副边电感电流 i_s 也会在原边支路产生感应电压 U_{sm}。由于 U_{pm} 极性为正，因此二极管 D_e 将承受反向电压闭锁，副边电感电流 i_s 将仅流过限流支路，如图 4-30(a)所示。此时，各支路电流满足式(4-30)，求解可得原副边电感电流 $i_p(t)$ 和 $i_s(t)$。

$$\begin{cases} L_\mathrm{p} \dfrac{\mathrm{d}i_\mathrm{p}}{\mathrm{d}t} + M \dfrac{\mathrm{d}i_\mathrm{s}}{\mathrm{d}t} - U_\mathrm{dc} = 0 \\[2mm] L_\mathrm{s} \dfrac{\mathrm{d}i_\mathrm{s}}{\mathrm{d}t} + M \dfrac{\mathrm{d}i_\mathrm{p}}{\mathrm{d}t} - U_\mathrm{Cc} - i_\mathrm{c} R_\mathrm{c} = 0 \\[2mm] i_\mathrm{c} = C_\mathrm{c} \dfrac{\mathrm{d}U_\mathrm{Cc}}{\mathrm{d}t} = -i_\mathrm{s} \end{cases} \tag{4-30}$$

式中，U_Cc 为限流电容 C_c 的电压。

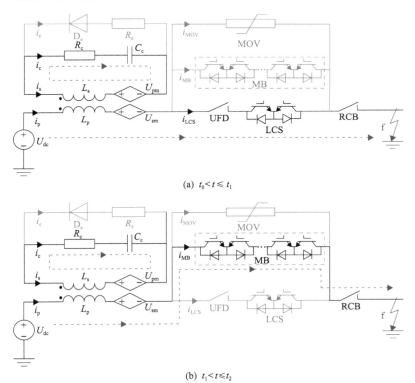

(a) $t_0 < t \leqslant t_1$

(b) $t_1 < t \leqslant t_2$

图 4-30　故障限流阶段

　　假设 t_1 时刻直流断路器接收到跳闸指令开始动作，控制主断开关导通、负荷换流开关闭锁，之后故障电流被换流至主断开关的子模块中，如图 4-30(b) 所示。由于该过程仅改变直流断路器中的电流流通路径，因此 CI-FCL 中原副边电感电流 $i_\mathrm{p}(t)$ 和 $i_\mathrm{s}(t)$ 仍满足式(4-30)。待直流断路器中快速机械开关于 t_2 时刻动作完成，CI-FCL 的故障限流阶段结束。

3. 故障清除阶段

　　待 t_2 时刻快速机械开关动作完成后，闭锁直流断路器中主断开关各子模块，故障电流被换流至 MOV，由 MOV 耗散故障电流的能量。由于 MOV 的非线性伏安特性，MOV 的耗能过程等效于在故障回路中串联接入电压大小为 λU_{dc}（λ 大于 1）的反向电压源，此时 CI-FCL 将自动进入故障清除阶段。当 U_{FCL} 大于零时，二极管 D_e 承受反向电压闭锁，CI-FCL 的耗能支路未投入，故障电流流过原副边支路和限流支路，如图 4-31（a）所示。此时，各电流量满足式（4-31）。

$$\begin{cases} L_p \dfrac{\mathrm{d}i_p}{\mathrm{d}t} + M \dfrac{\mathrm{d}i_s}{\mathrm{d}t} - U_{dc} + \lambda U_{dc} = 0 \\[2mm] L_s \dfrac{\mathrm{d}i_s}{\mathrm{d}t} + M \dfrac{\mathrm{d}i_p}{\mathrm{d}t} - U_{Cc} - i_c R_c = 0 \\[2mm] i_c = C_c \dfrac{\mathrm{d}U_{Cc}}{\mathrm{d}t} = -i_s \end{cases} \qquad (4\text{-}31)$$

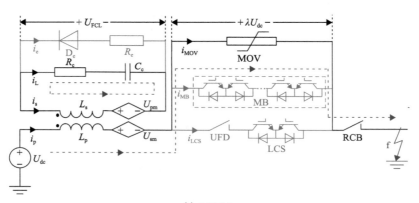

(a) $t_2 < t \leqslant t_3$

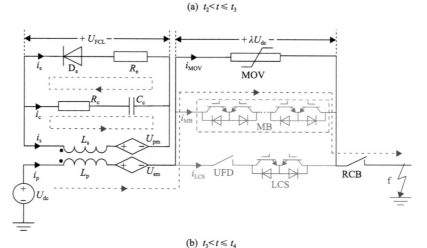

(b) $t_3 < t \leqslant t_4$

图 4-31　故障清除阶段

假设 t_3 时刻开始 U_{FCL} 小于零，二极管 D_e 将承受正向电压导通，副边电感电流 i_s 将会同时流过限流支路和耗能支路，如图 4-31(b)所示。此时，各电气量满足式(4-32)。

$$\begin{cases} L_p \dfrac{di_p}{dt} + M \dfrac{di_s}{dt} - U_{dc} + \lambda U_{dc} = 0 \\[2mm] L_s \dfrac{di_s}{dt} + M \dfrac{di_p}{dt} - U_{Cc} - i_c R_c = 0 \\[2mm] i_e R_e - U_{Cc} - i_c R_c = 0 \\[2mm] i_c = C_c \dfrac{dU_{Cc}}{dt} = -i_s - i_e \end{cases} \tag{4-32}$$

求解式(4-31)和式(4-32)，可求得故障清除阶段原副边电感电流 $i_p(t)$ 和 $i_s(t)$。

随着时间推移，故障电流将会持续下降直至衰减为零，此时 CI-FCL 的故障清除阶段结束。之后，打开直流断路器的剩余电流开关即可将故障点隔离。

4. 故障恢复阶段

假设 t_4 时刻原边电流 $i_p(t)$ 衰减为零，之后 CI-FCL 将会自动进入故障恢复阶段，限流电容 C_c 和副边电感 L_s 储存的能量将会继续通过耗能电阻 R_e 耗散，如图 4-32 所示。在该过程中，各电气量满足式(4-33)。假设 t_5 时刻副边电感电流 i_s 衰减为零，此时故障恢复阶段结束，CI-FCL 动作完成。

$$\begin{cases} L_p \dfrac{di_p}{dt} + M \dfrac{di_s}{dt} = 0 \\[2mm] L_s \dfrac{di_s}{dt} + M \dfrac{di_p}{dt} - U_{Cc} - i_c R_c = 0 \\[2mm] i_e R_e - U_{Cc} - i_c R_c = 0 \\[2mm] i_c = C_c \dfrac{dU_{Cc}}{dt} = -i_s - i_e \end{cases} \tag{4-33}$$

4.4.3　基于耦合电感的直流故障限流器的参数设计方法

1. 目标函数

CI-FCL 的制造成本主要集中在耗能支路的二极管 D_e 上，其承担的电压和电流幅值越大，需要串并联的二极管数目越多，成本也就越高。二极管 D_e 的串联数目与承受的最大电压有关。二极管 D_e 仅在故障限流阶段承受限流电容 C_c 施加的反向电压，其值可表示为式(4-34)。

$$U_{\text{FCL}}(t) = \left(L_{\text{s}} - \frac{M^2}{L_{\text{p}}}\right) k_{\text{FCL}} \sqrt{\alpha^2 + \beta^2}\, \mathrm{e}^{-\alpha t} \times \cos(\beta t + \varphi_{\text{FCL}}) + \frac{M}{L_{\text{p}}} U_{\text{dc}} \qquad (4\text{-}34)$$

式中，φ_{FCL} 为 $\arctan(\alpha/\beta)$；α、β、k_{FCL} 计算如下：

$$\alpha = \frac{L_{\text{p}} R_{\text{c}}}{2\left(L_{\text{p}} L_{\text{s}} - M^2\right)}$$

$$\beta = \sqrt{\frac{L_{\text{p}}}{C_{\text{c}}\left(L_{\text{p}} L_{\text{s}} - M^2\right)} - \frac{L_{\text{p}}^2 R_{\text{c}}^2}{4\left(L_{\text{p}} L_{\text{s}} - M^2\right)^2}}$$

$$k_{\text{FCL}} = -\frac{M U_{\text{dc}}}{\beta\left(L_{\text{p}} L_{\text{s}} - M^2\right)}$$

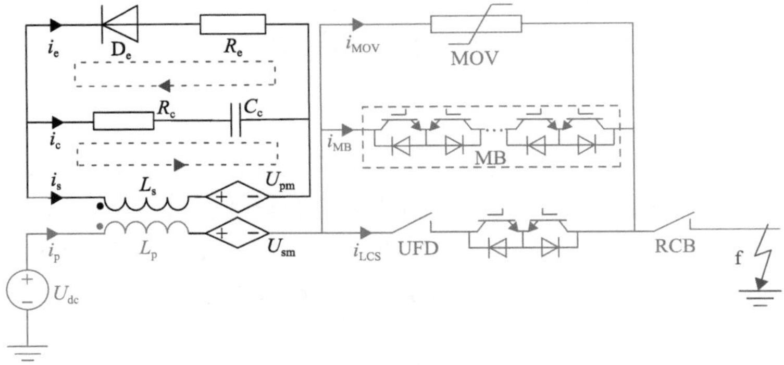

图 4-32　故障恢复阶段

由式(4-34)可知，二极管 D_{e} 在 T_{Dmax} 时刻承受的电压达到最大值 U_{Dmax}：

$$\begin{cases} T_{\text{Dmax}} = \dfrac{\pi - 2\varphi_{\text{FCL}}}{\beta} \\[2mm] U_{\text{Dmax}} = U_{\text{FCL}}(T_{\text{Dmax}}) \end{cases} \qquad (4\text{-}35)$$

在故障清除阶段($t_3 < t \leqslant t_4$)，二极管 D_{e} 承受正向电压导通，由式(4-32)可得其最大电流 I_{Dmax} 满足

$$I_{\text{Dmax}} \leqslant (\lambda - 1)\frac{M U_{\text{dc}}}{L_{\text{p}} R_{\text{e}}} \qquad (4\text{-}36)$$

为了简化计算，二极管的最大电流取式(4-36)中的最大值。

由于 CI-FCL 能够降低故障电流峰值，进而降低直流断路器主断开关中并联 IGBT 模块数量，因此在进行参数优化时还应考虑直流断路器的成本。由于故障电

流达到峰值可能发生在 CI-FCL 的故障限流阶段或者直流断路器中主断开关闭锁时刻, 因此故障电流峰值 I_{Fmax} 存在两种可能情况。

若故障电流峰值出现在故障限流阶段中, 则其值满足式 (4-37)。若故障电流在主断开关闭锁时达到峰值, 则故障电流峰值 I_{Fmax} 满足式 (4-38)。此外, 主断开关在 MOV 耗能过程中需要承受暂态分断电压 λU_{dc}, 这会影响主断开关中串联 IGBT 的数目。

$$I_{\text{Fmax}} < I_{\text{load}} + \frac{U_{\text{dc}} \arccos\left(1 - \frac{L_s L_p}{M^2}\right)}{L_p \beta} + \frac{M^2 U_{\text{dc}} \sin\left[\arccos\left(1 - \frac{L_s L_p}{M^2}\right)\right]}{L_p \beta (L_p L_s - M^2)} \quad (4\text{-}37)$$

$$I_{\text{Fmax}} = \frac{M^2 U_{\text{dc}}}{\beta L_p (L_p L_s - M^2)} e^{-\alpha T_{\text{FCR}}} \sin(\beta T_{\text{FCR}}) + I_{\text{load}} + \frac{U_{\text{dc}}}{L_p} T_{\text{FCR}} \quad (4\text{-}38)$$

式中, T_{FCR} 为故障发生到主断开关闭锁之间的时间间隔。

基于上述分析, 可以得到如下目标函数:

$$F(x) = C_{\text{I}} \times \frac{\gamma U_{\text{dc}}}{U_{\text{I}}} \times \frac{I_{\text{Fmax}}}{I_{\text{I}}} + C_{\text{D}} \times \frac{U_{\text{Dmax}}}{U_{\text{D}}} \times \frac{I_{\text{Dmax}}}{I_{\text{D}}} \quad (4\text{-}39)$$

式中, C_{I}、C_{D} 分别为 IGBT 和二极管的单价; U_{I} 和 I_{I} 分别为 IGBT 的额定电压和额定电流; U_{D} 和 I_{D} 分别为二极管的额定电压和额定电流。该目标函数为 CI-FCL 和直流断路器的近似总制造成本, 由于半导体器件成本远高于其他类型元件, 因此在式 (4-39) 中其他类型元件的成本已忽略。由式 (4-39) 可知, 目标函数 $F(x)$ 为关于变量 L_p、M、L_s、R_c、C_c、R_e 的 6 变量优化问题。

2. 约束条件

除目标函数外, 各参数还应满足相应的约束条件。首先, 该优化问题应满足基本的数学约束, 如式 (4-40) 所示。

$$\begin{cases} \beta > 0 \\ \alpha^2 + \beta^2 \geqslant 0 \\ -1 < 1 - \dfrac{L_s L_p}{M^2} < 1 \\ \left(L_s - \dfrac{M^2}{L_p} + R_c R_e C_c\right)^2 - 4\left[(R_c + R_e)C_c\left(L_s - \dfrac{M^2}{L_p}\right)\right]R_e > 0 \\ (L_s + R_c R_e C_c)^2 - 4[(R_c + R_e)C_c L_s]R_e > 0 \end{cases} \quad (4\text{-}40)$$

此外，对于通过架空线路输电的柔性直流电网，由于直流断路器通常配备有自动重合闸，因此在进行 CI-FCL 的参数设计时还应考虑自动重合闸的要求，即要求故障清除阶段 T_{CCS} 和故障恢复阶段 T_{RCS} 的总时长应小于或等于直流断路器自动重合闸的动作时间 T_{ARC}：

$$T_{\text{CCS}} + T_{\text{RCS}} \leqslant T_{\text{ARC}} \tag{4-41}$$

由 4.4.2 节可知，故障清除阶段的持续时间包含两个部分：电压 U_{FCL} 由 $U_{\text{FCL}}(t_2)$ 降为零（t_3 时刻）的电压下降时间 $T_{\text{CCS.U}}$ 和电流 i_{p} 由 $i_{\text{p}}(t_3)$ 降为零（t_4 时刻）的电流下降时间 $T_{\text{CCS.I}}$。由式(4-31)可得电压下降时间 $T_{\text{CCS.U}}$ 为

$$T_{\text{CCS.U}} = \left[\arccos \frac{(\lambda - 1)MU_{\text{dc}}}{k_3\sqrt{k_1^2 + k_2^2}} - \varphi_{\text{FCL}} - \varphi_{\text{CCS.U}} \right] \bigg/ \beta \tag{4-42}$$

式中

$$\begin{cases} k_1 = -\dfrac{MU_{\text{dc}}\mathrm{e}^{-\alpha t_2}\sin(\beta t_2)}{\beta(L_{\text{p}}L_{\text{s}} - M^2)} \\[3mm] k_2 = \dfrac{\left[\lambda - \mathrm{e}^{-\alpha t_2}\cos(\beta t_2)\right]MU_{\text{dc}}}{\beta(L_{\text{p}}L_{\text{s}} - M^2)} \\[3mm] k_3 = (L_{\text{p}}L_{\text{s}} - M^2)\sqrt{\alpha^2 + \beta^2} \\[3mm] \varphi_{\text{CCS.U}} = -\arctan\dfrac{\mathrm{e}^{-\alpha t_2}\sin(\beta t_2)}{\lambda - \mathrm{e}^{-\alpha t_2}\cos(\beta t_2)} \end{cases} \tag{4-43}$$

由式(4-32)可知，电流 $i_{\text{p}}(t)$ 在 $t_3 \sim t_4$ 时呈指数变化，工程上一般认为 4 个时间常数左右指数函数衰减为零。因此，电流下降时间 $T_{\text{CCS.I}}$ 可以近似表示为

$$T_{\text{CCS.I}} = \frac{8k_4}{k_5 - \sqrt{k_5^2 - 4k_4R_{\text{e}}}} \tag{4-44}$$

式中

$$\begin{cases} k_4 = (R_{\text{c}} + R_{\text{e}})C_{\text{c}}\left(L_{\text{s}} - \dfrac{M^2}{L_{\text{p}}}\right) \\[3mm] k_5 = L_{\text{s}} - \dfrac{M^2}{L_{\text{p}}} + R_{\text{c}}R_{\text{e}}C_{\text{c}} \end{cases} \tag{4-45}$$

由式(4-33)可知，在故障恢复阶段 CI-FCL 的副边电感电流 $i_s(t)$ 呈指数变化，因此在该故障恢复阶段的时长 T_{RCS} 可近似表示为

$$T_{RCS} = \frac{8(R_c + R_e)C_c L_s}{L_s + R_c R_e C_c - \sqrt{(L_s + R_c R_e C_c)^2 - 4(R_c + R_e)C_c L_s R_e}} \tag{4-46}$$

3. 优化算法

为了解决上述 6 变量非线性优化问题，本节采用了原理简单且便于实现的粒子群算法进行求解[9]。粒子群算法是由鸟类觅食抽象而来的算法，利用群体之间信息交互，确定整体最优值，然后其他个体根据整体最优和个体最优调整自身，通过不断更新逐渐靠近最优值。

4.4.4　仿真验证

1. 仿真模型

在 PSCAD/EMTDC 仿真软件中搭建了如图 4-33 所示的四端柔性直流电网仿真模型。图中，仅在直流线路 LINE$_{12}$ 上靠近 MMC$_1$ 侧配置本节所提 CI-FCL，其他线路端口配置限流电抗器。此外，在每条直流线路两端均配置混合式直流断路器(HCB)。仿真模型关键参数如表 4-7 所示。利用 4.4.3 节参数设计方法可求解得到 CI-FCL 的最优参数分别为 0.1H(L_p)、0.0834H(L_s)、0.0767H(M)、28μF(C_c)、9Ω(R_c)和 13Ω(R_e)。

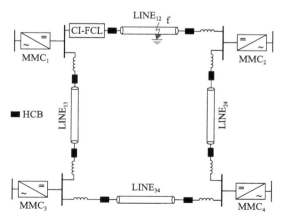

图 4-33　配置基于耦合电感的直流故障限流器的四端柔性直流电网仿真模型示意图

2. 仿真分析

在 1ms 时于直流线路 LINE$_{12}$ 的中点处设置短路故障，故障电流仿真波形如

图 4-34 所示。为了突出本节所提 CI-FCL 的优势，将 CI-FCL 替换为限流电抗器并且在相同故障场景下进行仿真，仿真结果同样示于图 4-34。由图可知，当配置本节所提 CI-FCL 时，故障电流峰值可降低 22.49%，故障电流清除时间可缩短69.47%，限流效果显著。

表 4-7　仿真模型关键参数（配置基于耦合电感的直流故障限流器）

参数名称	取值
换流器额定电压/kV	500
换流站（MMC$_1$～MMC$_4$）功率/MW	750、450、1125、2325
线路长度 LINE$_{12}$、LINE$_{13}$、LINE$_{24}$、LINE$_{34}$/km	200、100、160、120
子模块电容/mF	15
桥臂子模块数 N	250
桥臂电感/mH	29
限流电感/mH	100
MOV 残余电压/kV	800
UFD 分闸时间/ms	2

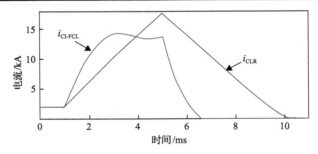

图 4-34　CI-FCL 和限流电抗器的限流效果对比

在 CI-FCL 动作过程中，各支路电压、电流波形如图 4-35 所示。由图可知，在故障发生后，由于电感耦合作用副边支路产生耦合电流，CI-FCL 进入故障限流阶段。此时，二极管 D$_e$ 承受反向电压闭锁，耗能支路不会投入。在 5ms 时直流断路器中主断开关各子模块闭锁，CI-FCL 进入故障清除阶段。6.56ms 时故障电流降为零，CI-FCL 进入故障恢复阶段。之后，于 35ms 时副边电流 i_s 衰减为零，CI-FCL 动作完成。

为了解决柔性直流电网故障电流峰值高、直流断路器耗能压力大等问题，本节提出了一种 CI-FCL，其动作过程分为正常运行阶段、故障限流阶段、故障清除阶段和故障恢复阶段。在正常运行阶段，CI-FCL 的运行损耗仅为原边电感的导通损耗，其值远小于基于电力电子器件的 FCL；在故障限流阶段，CI-FCL 利用电感

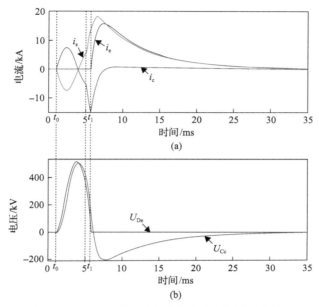

图 4-35 CI-FCL 动作过程中各支路电气量仿真波形

耦合特性等效投入限流支路，能够无延时地限制故障电流；在故障清除阶段，CI-FCL 利用耗能电阻分担 DCCB 的耗能压力，从而显著降低避雷器容量需求并且大幅缩短故障电流分断时间。

　　理论分析与仿真验证表明，所提 CI-FCL 具有良好的无延时限流效果，并且能显著降低直流断路器的耗能压力。此外，所提 CI-FCL 无须主动控制，因此具有可靠性高、投资成本低，易于实现等优点。

参 考 文 献

[1] Zhang S, Zou G B, Wei X Y, et al. Bridge-type multiport fault current limiter for applications in MTDC grids[J]. IEEE Transactions on Industrial Electronics, 2022, 69(7): 6960-6972.

[2] Huang Q, Zou G B, Sun W J, et al. Fault current limiter for the MMC-based multi-terminal DC grids[J]. IET Generation, Transmission & Distribution, 2020, 14(16): 3269-3277.

[3] 王振浩, 王尉, 侯兆静, 等. 耦合电感式双向直流限流器及其与直流断路器的联合运行策略[J]. 中国电机工程学报, 2022, 42(7): 2520-2532.

[4] Li C Y, Zhao C Y, Xu J E, et al. A pole-to-pole short-circuit fault current calculation method for DC grids[J]. IEEE Transactions on Power Systems, 2017, 32(6): 4943-4953.

[5] Huang Q, Zou G B, Zhang S, et al. A pilot protection scheme of DC lines for multi-terminal HVDC grid[J]. IEEE Transactions on Power Delivery, 2019, 34(5): 1957-1966.

[6] 李佳林, 廖凯, 杨健维, 等. 计及换流站闭锁的多端直流系统限流电抗器优化配置策略[J]. 电力系统自动化, 2021, 45(11): 102-110.

[7] Wang Y E, Wen W J, Zhang C, et al. Reactor sizing criterion for the continuous operation of meshed HB-MMC-based

MTDC system under DC faults[J]. IEEE Transactions on Industry Applications, 2018, 54(5): 5408-5416.

[8] 李岩, 龚雁峰. 多端直流电网限流电抗器的优化设计方案[J]. 电力系统自动化, 2018, 42(23): 120-128.

[9] 戚远航, 侯鹏, 金荣森. 基于 Q 学习粒子群算法的海上风电场电气系统拓扑优化[J]. 电力系统自动化, 2021, 45(21): 66-75.

第5章 柔性直流线路单端量保护原理

柔性直流电网阻尼较小，当直流线路发生短路故障时，故障发展速度极快，故障电流在数毫秒内就可达到数倍甚至数十倍的额定电流，故障影响范围广泛，严重威胁直流电网安全与可靠运行。因此，为了提高柔性直流电网的故障穿越能力和设备安全性，必须在几毫秒内定位故障线路（如张北四端柔性直流输电工程要求直流线路保护动作时间小于 3ms），这对直流保护的速动性和灵敏性提出了极高的要求。

鉴于双端量保护需要线路两端间的通信，对于远距离直流线路，其通信延时较长，因此主保护只能选择基于单端量的保护原理。然而，现有基于单端量的保护方法大多利用电流或电压量的幅值或微分值判别区内外故障，保护灵敏性和可靠性受过渡电阻的影响较大。此外，现有保护方法大多依赖数字仿真，门槛值整定过程缺乏准确的理论分析过程。为了解决上述问题，本章提出了直流线路单端量快速保护原理及判据[1,2]。

5.1 基于暂态电压首波时间的直流线路单端量保护

应用于传统基于电网换相换流器的高压直流输电系统的行波保护和基于电压或电流变化率的单端量保护方法存在抗过渡电阻能力差的问题，而且其动作速度也无法满足柔性直流线路对保护的速动性要求。对此，本节通过分析柔性直流线路边界处的故障暂态电压特征，提出了一种基于暂态电压首波时间（FRT）的直流线路单端量保护。首先，建立了多端柔性直流电网的故障暂态高频等效模型；然后，分析了发生区内故障、正向区外故障以及反向区外故障时的暂态电压波形特征差异，构建了基于暂态电压首波时间的故障线路识别判据；除此之外，基于正负极故障电流的变化率，提出了一种故障极的识别方法；最后，利用 PSCAD/EMTDC 软件搭建了四端柔性直流电网仿真模型，对所提单端量保护进行了仿真验证。仿真结果表明，所提直流线路单端量保护具有动作快速、抗过渡电阻能力强等优点。此外，与传统基于行波的保护方法相比，本节方法的门槛值整定不依赖仿真，完全依据线路参数而定，适应性强，易于实现。

5.1.1 故障暂态电压分析

1. 分析模型

为了分析直流线路发生区内外短路故障时暂态电压的波形特征，本节选择

图 5-1 所示 ±500kV 四端柔性直流电网为研究对象，其中直流线路端部配置限流电感与直流断路器，换流器采用半桥型 MMC 拓扑，电网采用对称双极接线方式。图中 DCCB 为直流断路器，$R_{ij}(ij = 12, 21,\cdots)$ 是直流线路端点，同时是保护用互感器的一次侧连接点。连接换流站的 4 条直流线路的名称及长度已在图中标出。所设置的故障点 F_1 位于直流线路 I 的末端，F_2 和 F_3 分别位于换流站 2 和换流站 1 的直流母线处。

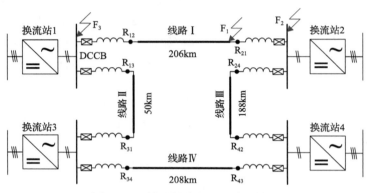

图 5-1　四端柔性直流电网分析模型

2. 故障暂态等值电路

在基于 MMC 的柔性直流系统中，在直流侧发生短路故障瞬间，由于交流系统的对称性，三相电流之和为零。因此，在分析直流侧的暂态过程时，可以忽略交流侧的影响。对于发生于 F_1 处的金属性正极接地故障，等效电路如图 5-2 所示，其中 L_B 是直流线路端口处配置的限流电感。由于只分析故障后瞬时的暂态过程，可将换流器等效为电感和电容的串联组合，其中，换流器中桥臂电感的等效值为 L_S，子模块电容的等效值为 C_S，因此，换流器可看作 L_S 和 C_S 的串联组合，L_S 和 C_S 的表达式如式 (5-1) 所示。

$$\begin{cases} L_S = \dfrac{2L_A}{3} \\ C_S = \dfrac{6C_{SM}}{N} \end{cases} \quad (5\text{-}1)$$

式中，L_A 和 C_{SM} 分别为换流器中桥臂电感和子模块电容的取值；N 为每个桥臂中子模块的数目。

直流侧发生短路故障时，会产生暂态电压波以及暂态电流波。在图 5-2 中，F_1 处发生短路故障时，故障波形在经过 R_{12} 后有两条流通路径。其中，一条穿越换流站 1，另一条穿过线路 II。将第一条路径的波阻抗定义为 Z_S，而将另一条路径的波阻抗定义为 Z_{13}。Z_S 和 Z_{13} 表达式如式(5-2)所示。

$$\begin{cases} Z_S = sL_S + \dfrac{1}{sC_S} \\[2mm] Z_{13} = sL_B + Z_c \end{cases} \tag{5-2}$$

式中，s 为拉普拉斯算子；Z_c 为直流线路的波阻抗，Z_c 的表达式如式(5-3)所示。

$$Z_c = \sqrt{\dfrac{R_0 + sL_0}{G_0 + sC_0}} \tag{5-3}$$

式中，R_0、L_0、G_0 和 C_0 分别为直流线路单位长度的电阻、电感、电导和电容。

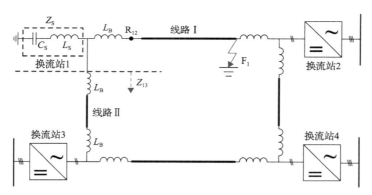

图 5-2　直流系统在故障瞬间的等效电路

Z_R 的表达式如式(5-4)所示，是 Z_{13} 与 Z_S 的比值。将表 5-1 所示分析模型的关键参数代入 Z_R，可得其幅频特性如图 5-3 所示。由图 5-3 可见，当频率 f 高于 62Hz 时，Z_R 的幅值不低于 20dB。也就是说，当暂态量的频率高于 62Hz 时，Z_{13} 所表现出的阻抗远远大于 Z_S。由此可见，暂态波形中频率高于 62Hz 的成分主要穿过换流站 1。为了简化分析过程，当 F_1 处发生短路故障时，只需考虑换流站 1。类似地，当 F_2 处发生短路故障时，只需考虑换流站 1；而 F_3 处发生短路故障时，只需考虑换流站 2。

$$Z_R = \dfrac{Z_{13}}{Z_S} \tag{5-4}$$

对于图 5-1 所示分析模型，假设保护对象为线路 I，以线路左侧端口 R_{12} 处为例分析区内短路故障、正向区外短路故障、反向区外短路故障和极间短路故障时的电压解析表达式。

表 5-1　分析模型的关键参数(基于暂态电压首波时间的直流线路单端量保护)

参数名称	取值
桥臂电感 L_A/mH	29
线路端部的限流电感 L_B/mH	200
子模块电容 C_{SM}/μF	2500
每个桥臂的子模块数 N	100
单位长度线路的电感 L_0/(mH/km)	0.847
单位长度线路的电容 C_0/(μF/km)	0.01297
单位长度线路的电阻 R_0/(mΩ/km)	39.6
单位长度线路的电导 G_0/(μS/km)	0.001

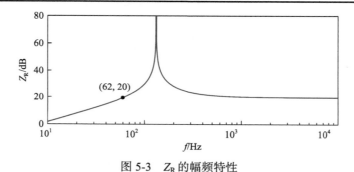

图 5-3　Z_R 的幅频特性

3. 区内短路故障暂态电压分析

当 F_1 处发生正极接地故障时,根据叠加原理,可以看作在故障点立即接入一个附加电压源,所加电压源的取值与故障点在故障前的电压大小相等,方向相反。s 域中的故障附加电路如图 5-4 所示,其中 u_0 是故障前的故障点电压。

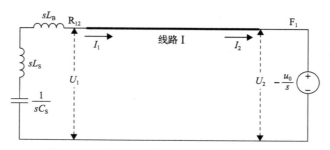

图 5-4　F_1 处发生正极接地故障时的附加电路

为了分析输电线路端口处的暂态电压,输电线路采用分布参数模型。U_1、I_1

以及 U_2、I_2 分别是 s 域中的保护 R_{12} 安装处和故障点处的电压、电流，它们满足如下关系式：

$$\begin{bmatrix} U_1 \\ I_1 \end{bmatrix} = \begin{bmatrix} \cosh(\gamma l) & Z_c \sinh(\gamma l) \\ \dfrac{1}{Z_c} \sinh(\gamma l) & \cosh(\gamma l) \end{bmatrix} \begin{bmatrix} U_2 \\ I_2 \end{bmatrix} \tag{5-5}$$

式中，l 为线路 I 的长度；γ 为传播系数；Z_c 为特征阻抗。Z_c 和 γ 的表达式分别如式 (5-3) 和式 (5-6) 所示。

$$\gamma = \sqrt{(R_0 + sL_0)(G_0 + sC_0)} \tag{5-6}$$

由图 5-4 可知，U_1 和 I_1 满足式 (5-7)，其中 L_T 为 L_S 与 L_B 之和。将式 (5-7) 代入式 (5-5)，可以得到式 (5-8)。式 (5-8) 是图 5-4 中 R_{12} 处的电压在 s 域的解析表达式。

$$U_1 = -I_1 \left(sL_T + \dfrac{1}{sC_S} \right) \tag{5-7}$$

$$U_1 = -\dfrac{u_0}{s} \dfrac{s^2 L_T C_S + 1}{sC_S Z_c \sinh(\gamma l) + (s^2 L_T C_S + 1)\cosh(\gamma l)} \tag{5-8}$$

4. 正向区外短路故障暂态电压分析

对于发生于 F_2 处的正向区外正极接地故障，故障附加电路如图 5-5 所示，其中 u_0' 是故障前 F_2 处的电压。线路 I 两端的电压和电流仍然满足式 (5-5) 所示等式，而 U_1'、I_1' 和 U_2'、I_2' 分别满足式 (5-9) 中所示的两个等式。

$$\begin{cases} U_1' = -\left(sL_T + \dfrac{1}{sC_S} \right) I_1' \\ U_2' = sL_B I_2' - \dfrac{u_0'}{s} \end{cases} \tag{5-9}$$

由式 (5-5) 和式 (5-9)，可得到 U_1' 的解析表达式如式 (5-10) 所示。

$$U_1' = -\dfrac{u_0'}{s} \dfrac{s^2 L_T C_S + 1}{Z_1 \sinh(\gamma l) + Z_2 \cosh(\gamma l)} \tag{5-10}$$

式中，Z_1 和 Z_2 的表达式如式 (5-11) 和式 (5-12) 所示。

$$Z_1 = sC_S Z_c + (s^2 L_T C_S + 1)\frac{sL_B}{Z_c} \tag{5-11}$$

$$Z_2 = s^2 C_S (L_B + L_T) + 1 \tag{5-12}$$

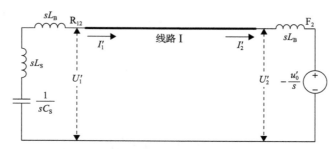

图 5-5　F_2 处发生正极接地故障时的附加电路

5. 反向区外短路故障暂态电压分析

对于发生于 F_3 处的反向区外正极接地故障，故障附加电路如图 5-6 所示。U_1''、I_1'' 和 U_2''、I_2'' 分别满足式(5-13)所示等式。线路 I 两端的电压和电流仍然满足式(5-5)所示等式。

$$\begin{cases} U_1'' = -\dfrac{u_0''}{s} - sL_B I_1'' \\ U_2'' = \left(sL_T + \dfrac{1}{sC_S}\right) I_2'' \end{cases} \tag{5-13}$$

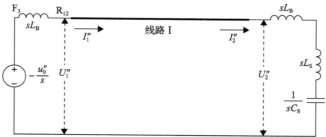

图 5-6　F_3 处发生正极接地故障时的附加电路

由式(5-5)和式(5-13)可得 U_1'' 的解析表达式如式(5-14)所示。

$$U_1'' = -\frac{u_0''}{s}\frac{(s^2 L_T C_S + 1)Z_c \cosh(\gamma l) + sC_S Z_c^2 \sinh(\gamma l)}{Z_3 \sinh(\gamma l) + Z_4 \cosh(\gamma l)} \tag{5-14}$$

在式(5-14)中，Z_3 和 Z_4 分别满足式(5-15)和式(5-16)所示等式。

$$Z_3 = s^3 L_B L_T C_S + s C_S Z_c^2 + s L_B \tag{5-15}$$

$$Z_4 = s^2 C_S Z_C (L_T + L_B) + Z_c \tag{5-16}$$

6. 极间短路故障暂态电压分析

对于极间短路故障，暂态分析过程几乎与正极接地故障相同。以区内故障为例进行说明，分析电路如图 5-7 所示，其中图 5-7(a)是故障点 F_1 处发生极间短路故障时的等效电路，图 5-7(b)为故障附加电路。为便于分析，线路 I*是两条线路 I 的串联等效电路。

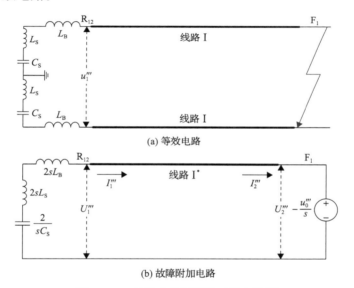

(a) 等效电路

(b) 故障附加电路

图 5-7　F_1 处发生极间短路时的电路图

图 5-7(a)中，u_1''' 是 R_{12} 处正负极之间的电压；图 5-7(b)中，u_0''' 是 F_1 处故障前的正负极电压。采用与正极接地故障时相同的分析过程，可以得出 U_1''' 的表达式，其表达式与式(5-8)中 U_1 的表达式相比，除了 u_0 由 u_0''' 代替之外，其余部分完全相同。此外，区外故障时的极间短路故障分析过程与正极接地故障分析过程几乎相同。

由于系统的正负极对称性，负极接地故障的分析过程与正极接地故障的分析过程完全相同，因此，以上所做分析只考虑正极接地故障以及极间短路故障。暂态电压的分析过程将用于以下的保护原理分析以及区内外故障判别的门槛值整定。

5.1.2　基于暂态电压首波时间的直流线路单端量保护方案

1. 启动判据

启动判据必须具备足够的灵敏性，以保证保护区内发生任何故障时都能立即启动。可以利用 du/dt 或 di/dt 作为启动判据，然而，鉴于直流线路端口的限流电感会降低 di/dt，因此，最好利用 du/dt 作为启动判据。一方面，传统直流系统的启动判据同样适用于柔性直流系统；另一方面，本节主要目的是介绍一种基于单端量的区内外故障判别方法，因此，不再对启动判据做过多介绍。

2. 区内外故障识别判据

此处以式(5-8)为例介绍式(5-8)、式(5-10)和式(5-14)的拉普拉斯反变换过程。式(5-8)所包含的双曲函数使其拉普拉斯反变换的主要难点为得到极点，因此，此处主要介绍得到其极点的方法及过程。式(5-17)中等号左侧为式(5-8)的分母，因此，式(5-17)的根就是式(5-8)的极点。

$$s^2 C_S Z_c \sinh(\gamma l) + s(s^2 L_T C_S + 1)\cosh(\gamma l) = 0 \qquad (5\text{-}17)$$

假设输电线路中没有有功损耗，则 $R_0=G_0=0$。进而，Z_c 和 γ 可以简化为式(5-18)所示等式，此时，式(5-17)仅有虚根。将虚根 $s_n=j\omega_n$ 代入式(5-17)，可以得到式(5-19)，其中 τ 的表达式如式(5-20)所示。

$$\begin{cases} Z_c = \sqrt{L_0 / C_0} \\ \gamma = s\sqrt{L_0 C_0} \end{cases} \qquad (5\text{-}18)$$

$$\tan(\omega_n \tau) = \frac{-\omega_n^2 L_T C_S + 1}{\omega_n C_S Z_c} \qquad (5\text{-}19)$$

$$\tau = l\sqrt{L_0 C_0} \qquad (5\text{-}20)$$

将表 5-1 所示参数的具体数值代入式(5-19)，可以得到式(5-17)的虚根估计值。借助 MATLAB 中的"fsolve"函数，利用所得到的虚根估计值，可以得到式(5-17)的精确根，进而可以得到式(5-8)的拉普拉斯反变换。

由上述拉普拉斯反变换方法，将(5-8)、式(5-10)和式(5-14)中的系统参数代入具体数值，并进行拉普拉斯反变换，再加上故障前 R_{12} 处的电压值，就可以得到故障电压在时域的解析表达式，分别如式(5-21)～式(5-23)所示。区内故障、正向区外故障和反向区外故障对应的解析波形分别如图 5-8(a-1)、图 5-8(b-1)和

图 5-8(c-1)所示。

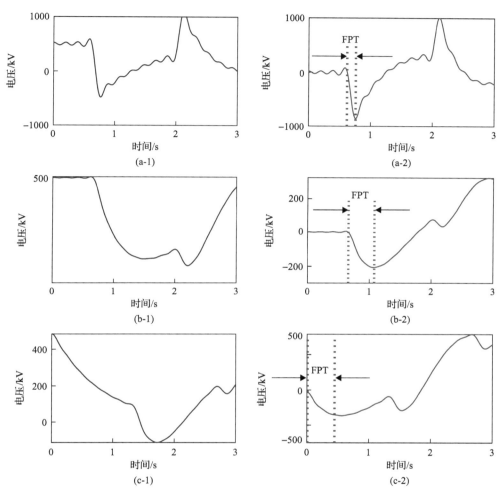

图 5-8　解析波形和对应的滤波后的波形

(a-1)和(a-2)对应 F_1 处的正极接地故障；(b-1)和(b-2)对应 F_2 处的正极接地故障；
(c-1)和(c-2)对应 F_3 处的正极接地故障

$$
\begin{aligned}
u_1 = {} & 224.11\mathrm{e}^{-10.25t}\cos(181.97t - 0.1992) + 404.02\mathrm{e}^{-16.37t}\cos(2856.20t - 0.0002) \\
& + 196.55\mathrm{e}^{-21.97t}\cos(7132.30t + 3.1391) + 123.68\mathrm{e}^{-22.86t}\cos(11645.0t - 0.0018) \\
& + 89.60\mathrm{e}^{-23.12t}\cos(16206.0t + 3.1402) + 70.09\mathrm{e}^{-23.24t}\cos(20785.00t - 0.0011) \\
& + 57.52\mathrm{e}^{-23.30t}\cos(25372.0t + 3.1407) + 48.76\mathrm{e}^{-23.33t}\cos(29963.0t - 0.0008) + \cdots
\end{aligned}
$$

$$(5\text{-}21)$$

$$u_1' = 317.67e^{-6.81t}\cos(148.23t - 0.1001) + 227.78e^{-2.95t}\cos(1765.00t + 0.0019)$$
$$+ 57.28e^{-18.32t}\cos(5260.80t + 3.1326) + 19.38e^{-21.67t}\cos(9569.20t - 0.0065)$$
$$+ 9.24e^{-22.56t}\cos(14054.0t + 3.1369) + 5.34e^{-22.91t}\cos(18594.0t - 0.0037) + \cdots$$

$$(5-22)$$

$$u_1'' = 169.59e^{-6.81t}\cos(148.23t - 0.0459) + 220.36e^{-2.95t}\cos(1765.00t + 0.0025)$$
$$+ 56.94e^{-18.32t}\cos(5260.80t - 0.0089) + 19.31e^{-21.67t}\cos(9569.20t - 0.0065)$$
$$+ 9.23e^{-22.56t}\cos(14054.0t - 0.0047) + 5.33e^{-22.91t}\cos(18594.0t - 0.0036) + \cdots$$

$$(5-23)$$

由 5.1.1 节的分析可知，对于简化后的等效模型，只有暂态量中高于 62Hz 的部分才会有效。为了得到高频部分，本节选用 5 阶巴特沃思高通滤波器，将其截止频率设定为 100Hz，从而能够完全滤除低于 62Hz 的部分。则图 5-8(a-1)、图 5-8(b-1) 和图 5-8(c-1) 所示电压波形所对应的滤波后的波形分别如图 5-8(a-2)、图 5-8(b-2) 和图 5-8(c-2) 所示。将滤波后所得的高频电压波形从开始突变到到达最低点的时间长度定义为首波时间(FPT)。F_1、F_2 和 F_3 处发生正极接地故障时，首波时间的值列于表 5-2 中。

表 5-2　F_1、F_2 和 F_3 处分别发生正极接地故障时的 FPT 解析值

故障点	故障类型	FPT/ms
F_1	区内故障	0.120
F_2	区外故障	0.400
F_3	区外故障	0.420

由式(5-21)～式(5-23)中列出的电压解析结果，最低频率的成分由于频率低于 100Hz 而会被滤除。对于其余频率的波形，区外故障时某一频率波形的幅值比区内故障时相似频率波形的幅值衰减更快，这是由线路端口处限流电感的滤波作用导致的。而对于区内故障，由于没有限流电感的滤波作用，电压首波下降得更快，导致首波时间较短。

由以上分析可知，区内故障时的首波时间明显小于区外故障时的首波时间，因此，可以利用首波时间来判别区内外故障。首波时间可以由式(5-24)得到。

$$FPT = \Delta T \cdot n \tag{5-24}$$

式中，ΔT 为采样步长；n 为波形从开始突变到到达最小值之间的采样间隔数。所建立的区内外故障判据如式(5-25)所示。

$$
\begin{cases}
\text{FPT} \leqslant \text{FPT}_{\text{set}} \rightarrow \text{区内故障} \\
\text{FPT} > \text{FPT}_{\text{set}} \rightarrow \text{区外故障}
\end{cases}
\tag{5-25}
$$

式中，FPT_{set} 为门槛值，可以通过实际工程的具体参数解析计算获得。

3. 故障极识别判据

直流线路发生短路故障时，故障回路的阻抗值远远小于正常运行状况下的负荷阻抗值。即使考虑正负极之间耦合作用的影响，故障极的电流变化也会远远大于非故障极；而对于极间短路故障，两极电流变化率相近。因此，可以利用两极电流的变化判别故障极：

$$
\begin{cases}
\Delta I_{\text{p}} = \left| I_{\text{p2}} - I_{\text{p1}} \right| \\
\Delta I_{\text{n}} = \left| I_{\text{n2}} - I_{\text{n1}} \right|
\end{cases}
\tag{5-26}
$$

$$
\begin{cases}
\dfrac{\Delta I_{\text{p}}}{\Delta I_{\text{n}}} > k_{\text{set}} \rightarrow \text{正极接地故障} \\[2mm]
\dfrac{1}{k_{\text{set}}} \leqslant \dfrac{\Delta I_{\text{p}}}{\Delta I_{\text{n}}} \leqslant k_{\text{set}} \rightarrow \text{极间短路故障} \\[2mm]
\dfrac{\Delta I_{\text{p}}}{\Delta I_{\text{n}}} < \dfrac{1}{k_{\text{set}}} \rightarrow \text{负极接地故障}
\end{cases}
\tag{5-27}
$$

在发生短路故障后，鉴于故障极的短路电流在故障后的最初几毫秒之内持续上升，因此可以利用采样时间窗中最初和最末的采样值来评估正负极电流的变化情况。式(5-26)中，ΔI_{p} 和 ΔI_{n} 分别是正极和负极的电流变化量，I_{p1} 和 I_{n1} 是采样数据窗中正负极的初始电流值，而 I_{p2} 和 I_{n2} 是采样数据窗中正负极的最末采样值。所建立故障极识别判据如式(5-27)所示，其中 k_{set} 是门槛值。理论上，对于正极接地故障，$\Delta I_{\text{p}}/\Delta I_{\text{n}}$ 远远大于 1；发生负极接地故障时，$\Delta I_{\text{p}}/\Delta I_{\text{n}}$ 接近于 0；而对极间短路故障，$\Delta I_{\text{p}}/\Delta I_{\text{n}}$ 等于 1。

4. 整体保护方案

多端柔性直流电网的保护方案主要由三部分组成：保护启动判据、区内外故障识别判据以及故障极识别判据。保护方案的整体流程如图 5-9 所示，其中，模块 I 和模块 II 分别是区内外故障识别和故障极识别。为了减少保护所用时间，保护启动后，区内外故障识别和故障极识别同时进行。如果首波时间满足 $\text{FPT} < \text{FPT}_{\text{set}}$，并且选择出故障极之后，就给相应的直流断路器发送跳闸信号，进而将故障区段切除。

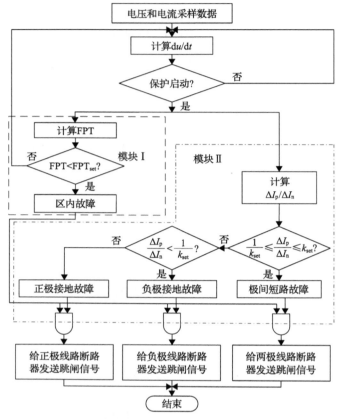

图 5-9　保护方案流程图

5.1.3　仿真验证

1. 仿真模型

为了验证所设计保护方案的正确性及可行性,在 PSCAD/EMTDC 中搭建了如图 5-1 所示的四端柔性直流电网仿真模型,仿真模型的关键参数如表 5-1 所示。仿真模型中保护的采样频率选为 100kHz,而采样时间窗选为 1ms。根据表 5-2 中所列出的解析结果,同时考虑保护的可靠性和选择性,将 $\mathrm{FPT_{set}}$ 设置为 0.2ms,而将 k_{set} 设置为 1.2。

2. 典型单极接地故障仿真

考虑到系统的正负极对称性,以正极接地故障为例来验证发生单极接地故障时所提保护方法的有效性。故障点 $\mathrm{F_1}$、$\mathrm{F_2}$ 和 $\mathrm{F_3}$ 的位置如图 5-1 所示,故障发生时刻设定为 3.500s。当正极接地故障发生于 $\mathrm{F_1}$、$\mathrm{F_2}$ 和 $\mathrm{F_3}$ 时,$\mathrm{R_{12}}$ 处的电压波形分别如图 5-10(a-1)、图 5-10(b-1)和图 5-10(c-1)所示，而对应的滤波后的高频电压波形分别如图 5-10(a-2)、图 5-10(b-2)和图 5-10(c-2)所示。仿真结果列于表 5-3 中。

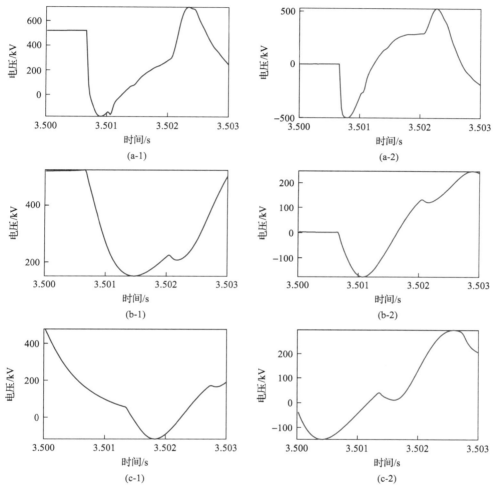

图 5-10　正极接地故障时的电压仿真波形

(a-1)和(a-2)故障位于 F_1；(b-1)和(b-2)故障位于 F_2；(c-1)和(c-2)故障位于 F_3

表 5-3　F_1、F_2 和 F_3 处分别发生正极接地故障时的仿真结果

故障点	FPT/ms	故障区间判别	$\Delta I_p / \Delta I_n$	故障选极结果
F_1	0.110	区内故障	4.245	正极接地故障
F_2	0.420	区外故障	6.166	正极接地故障
F_3	0.420	区外故障	5.211	正极接地故障

比较图 5-8 与图 5-10 所示滤波后的电压波形，以及表 5-2 与表 5-3 中的首波时间，可以发现解析结果与仿真结果在一定程度上是对应的。首波时间的解析结果可以满足门槛值设定的精度要求。由以上分析可见，故障暂态电压的解析方法是有效的。表 5-3 所示 $\Delta I_{\mathrm{p}}/\Delta I_{\mathrm{n}}$ 的值同样验证了本节所提出的故障选极方法的有效性。

3. 典型极间短路故障仿真

故障点 F_1、F_2 和 F_3 处分别发生极间短路故障时，故障电压的仿真波形分别如图 5-11 所示。图 5-11（a-1）、图 5-11（b-1）和图 5-11（c-1）分别为极间短路故障发生

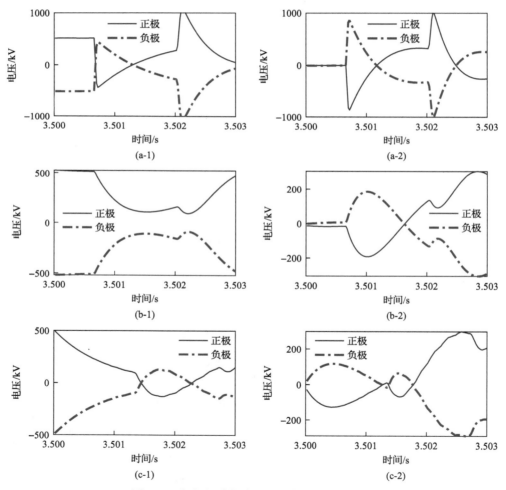

图 5-11　极间短路故障时的故障电压仿真波形

（a-1）和（a-2）故障位于 F_1；（b-1）和（b-2）故障位于 F_2；（c-1）和（c-2）故障位于 F_3

于 F_1、F_2 和 F_3 时的电压波形，而图 5-11 (a-2)、图 5-11 (b-2) 和图 5-11 (c-2) 为相应的滤波后的电压波形。由图 5-11 可见，发生极间短路故障时，故障电压具有明显的对称性。

首波时间和 $\Delta I_p/\Delta I_n$ 的仿真结果列于表 5-4。表 5-4 中区内外故障判别和故障选极结果显示，发生极间短路故障时，所提保护方法可以正确地判别区内外故障并选出故障极。

表 5-4　F_1、F_2 和 F_3 处分别发生极间短路故障时的仿真结果

故障点	FPT/ms	故障区间判别	$\Delta I_p/\Delta I_n$	故障选极结果
F_1	0.090	区内故障	0.999	极间短路
F_2	0.390	区外故障	1.009	极间短路
F_3	0.420	区外故障	1.007	极间短路

4. 抗过渡电阻能力仿真

为了验证所提保护方法的抗过渡电阻能力，本节将对过渡电阻较大时的情况进行仿真分析。

设置正极接地故障发生在 F_1 处，当故障点过渡电阻分别为 50Ω、200Ω 和 400Ω 时，R_{12} 处的电压波形如图 5-12 (a) 所示，相应滤波后的波形如图 5-12 (b) 所示，仿真数据及判别结果如表 5-5 所示。

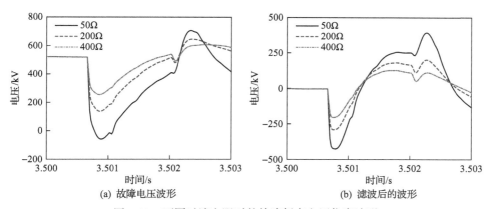

图 5-12　不同过渡电阻时的故障暂态电压仿真波形

表 5-5　不同过渡电阻时的仿真结果

过渡电阻/Ω	FPT/ms	故障区间判别结果	$\Delta I_p/\Delta I_n$	故障选极结果
50	0.110	区内故障	3.763	正极接地
200	0.110	区内故障	3.321	正极接地
400	0.110	区内故障	3.172	正极接地

otev2c

由图 5-12 和表 5-5 可见，随着过渡电阻的增大，暂态电压幅值逐渐减小，但是首波对应时间不变；而且即使过渡电阻高达 400Ω，该保护方法仍然能够正确识别区内故障。由此可见，该保护方法不受大过渡电阻的影响，这是该保护方法的主要优势。

针对多端柔性直流电网单端量保护方法存在的抗过渡电阻能力弱而引发的可靠性及选择性低等问题，本节分别求取了保护区内、正向区外以及反向区外发生短路故障时的暂态电压理论解析表达式。据此，为直流线路提出一种基于电压首波时间的单端量保护方法。所提保护方法利用电压首波时间大小判别区内外故障，并利用采样数据窗内的故障电流变化量判别故障极。大量仿真结果证明了所提保护方法的有效性及可行性，具体结论如下所述。

(1) 该保护方法具有超高速的动作性能。一方面，由于所提出的保护方法在较短的数据窗中就能够判别出暂态电压的首波时间，因此所选取的采样时间窗较短；另一方面，本节所设计的保护方案中，保护启动后故障区间判别和故障选极同时进行，进一步节省了故障判别的时间。所提出的保护方法只利用单端电压和电流信息，在 1ms 之内就可以正确判别区内外故障及故障极，因此，具有超快的故障识别速度。

(2) 该保护方法的抗过渡电阻能力强。与基于电流变化率或电压变化率的保护方法不同，本节所提出的保护方法基于电压首波时间，其对过渡电阻的变化不敏感，过渡电阻很大时电压首波时间依然没有显著变化。因此，该保护方法能够可靠识别区内过渡电阻较大的故障和区外故障。

(3) 该保护方法的适应性强。基于理论分析，列写出了区内故障、正向区外故障以及反向区外故障时的暂态电压解析式，给出了首波时间求取方法和门槛值的整定方法。门槛值的整定完全依据线路参数计算结果，而不依赖仿真软件，因此，具有扎实的理论基础和更强的适应性。

5.2　基于线模电压行波的直流线路单端量保护

目前提出的直流线路保护大多存在速动性和灵敏性无法同时满足的问题，并且门槛值整定存在困难。为此，本节提出了一种基于线模电压行波的直流线路单端量保护。首先，分析了典型故障场景下柔性直流电网行波传播过程，推导了初始线模电压行波的频域表达式；其次，分析了区内故障与区外故障的初始线模电压行波的特征差异，提出了正向区外故障识别原理，并设计了相应的识别判据；再次，推导了最严峻区外故障下初始线模电压行波的表达式，给出了保护门槛值的整定方法；最后，分析了过渡电阻、故障类型、噪声干扰等影响因素对于所提单端量保护方案的影响，大量的仿真算例验证了所提保护方案的灵敏性和可靠性。

5.2.1　故障暂态分析

1. 分析模型

本节选择如图 5-1 所示四端柔性直流电网模型分析典型故障暂态特征，其关键参数如表 5-6 所示。图中，换流站 1~4 均采用半桥 MMC 拓扑，主接线为对称双极接线方式。其中，换流站 1 和 3 的额定功率为 1500MW，换流站 2 和 4 的额定功率为 3000MW。直流线路采用分布式依频架空线路模型，其长度如图 5-1 所示。故障 F_1 设置在直流线路 I 末端，故障 F_2 和 F_3 分别设置在换流站 2 和 1 的直流母线处。

表 5-6　分析模型的关键参数(基于线模电压行波的直流线路单端量保护)

参数名称	取值
直流侧额定电压/kV	500
桥臂电感/mH	30
每个桥臂子模块个数	250
子模块电容/mF	15
限流电抗器/mH	150

在基于半桥 MMC 的柔性直流电网中，由于换流站不具备限制故障电流和自清除故障的能力，因此为了限制故障电流的上升速度以及为直流保护和直流断路器的动作争取时间，直流线路两端通常需要配置限流电抗器[3]。由于限流电抗器对高频信号具有强衰减作用，因此可以作为区内故障与区外故障的边界[4]。对于 R_{12} 和 R_{21} 来说，故障 F_1 为区内故障，而故障 F_2 和 F_3 为区外故障。

2. 行波传播过程分析

由于柔性直流电网故障发展速度极快，直流保护仅有数毫秒的动作时间，因此其需要在故障暂态阶段识别并定位故障线路，在此阶段故障特性主要表现为行波特性。本节选择图 5-13 所示示意图分析柔性直流电网行波传播过程，m 和 n 分别表示左侧和右侧相邻直流线路数量，L_1 和 L_2 分别表示直流线路两端的限流电抗器。对于单端量保护来说，保护 R 需要利用本地测量信息将区内故障(如线路末端故障 F_1)与区外故障(如正向区外故障 F_2 和反向区外故障 F_3)进行区分。仅通过电流导数等方法就可将反向区外故障与区内故障区分开来。因此，实现保护选择性的关键是区分区内故障和正向区外故障。

由行波理论可知，直流线路发生短路故障后，故障点将会产生故障行波并且沿直流线路向两端传播，当故障行波遇到波阻抗不连续处(如线路端口等)时会发

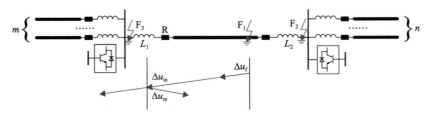

图 5-13　行波传播过程示意图

生折反射。如图 5-13 所示，当发生区内故障 F_1 后，故障点将会产生电压行波 Δu_f，该行波沿直流线路传播后到达的首个波阻抗不连续点为线路端口。当发生正向区外故障 F_2 时，故障点产生的电压行波将会首先经过限流电抗器 L_2，之后沿直流线路向对端线路端口传播。由于限流电抗器对于高频信号有较强的衰减作用，因此发生正向区外故障后保护 R 首先检测到的故障行波高频信号含量要远低于区内故障，利用该故障特征可以识别区内故障和正向区外故障。

对于保护 R 来说，其最严峻的工作状态是区分线路末端 F_1 处的高阻单极接地故障和线路对端直流母线 F_2 处的金属性极间短路故障。如图 5-13 所示，假设故障点处初始电压行波为 Δu_f，则保护 R 检测到的电压行波 Δu_{det} 为

$$\begin{cases} \Delta u_{det} = (1+\varGamma)\Delta u_{in} \\ \Delta u_{in} = e^{-\gamma l}\Delta u_f \end{cases} \tag{5-28}$$

式中，Δu_f 为故障点处的初始电压行波；Δu_{in} 为保护 R 处的入射电压行波；$\varGamma$ 为线路端口行波反射系数，由线路特征阻抗和等效线路端口阻抗决定；γ 为行波衰减系数；l 为行波传播距离。

由于直流线路正负极线之间存在电磁耦合，不利于准确分析行波传播特征，因此，利用变换矩阵将正负极电压 u_p、u_n 解耦，得到地模电压 u_0 和线模电压 u_1：

$$\begin{bmatrix} u_0 \\ u_1 \end{bmatrix} = \frac{1}{\sqrt{2}}\begin{bmatrix} 1 & 1 \\ 1 & -1 \end{bmatrix}\begin{bmatrix} u_p \\ u_n \end{bmatrix} \tag{5-29}$$

线模电压行波具有比地模电压行波更快的传播速度和更小的衰减系数，且不受柔性直流电网接地方式的影响。由于直流线路通常较长，因此本节选择线模电压行波构造保护判据，线模电压行波可由式 (5-30) 求得：

$$\Delta u_1 = \frac{1}{\sqrt{2}}(\Delta u_p - \Delta u_n) \tag{5-30}$$

式中，Δu_p 和 Δu_n 分别为正极和负极电压 u_p、u_n 的故障分量。

由文献[5]可知，在 F_1 处发生经过渡电阻的单极接地故障后，故障点处初始线模电压行波满足

$$\Delta u_{f,F1}(s) = -\frac{\sqrt{2}Z_1}{Z_0 + Z_1 + 4R_f} \times \frac{U_{dc}}{s} \tag{5-31}$$

式中，R_f 为故障点过渡电阻；U_{dc} 为直流电网额定电压；Z_0 和 Z_1 分别为直流线路地模特征阻抗和线模特征阻抗，可由式(5-32)求得：

$$\begin{cases} Z_0 = \sqrt{(Z_s + Z_m)/(Y_s + Y_m)} \\ Z_1 = \sqrt{(Z_s - Z_m)/(Y_s - Y_m)} \end{cases} \tag{5-32}$$

式中，Z_s 和 Z_m 分别为直流线路的自阻抗和互阻抗；Y_s 和 Y_m 分别为直流线路的自导纳和互导纳。

在 F_2 处发生金属性极间短路故障后，故障点处的初始线模电压行波满足

$$\Delta u_{f,F2}(s) = -\frac{\sqrt{2}Z_1}{Z_1 + sL} \times \frac{U_{dc}}{s} \tag{5-33}$$

式中，L 为限流电抗器电感值。

分别将式(5-31)和式(5-33)代入式(5-28)，可得 F_1 处发生高阻单极接地故障和 F_2 处发生金属性极间短路故障后保护 R 检测到的线模电压行波，其表达式如下：

$$\begin{cases} \Delta u_{det,F1} = -e^{-\gamma_1 l} \times \sqrt{2}(1+\Gamma)Z_1 \times H_1(s) \times \frac{U_{dc}}{s} \\ \Delta u_{det,F2} = -e^{-\gamma_1 l} \times \sqrt{2}(1+\Gamma)Z_1 \times H_2(s) \times \frac{U_{dc}}{s} \\ H_1(s) = \frac{1}{Z_0 + Z_1 + 4R_f} \\ H_2(s) = \frac{1}{Z_1 + sL} \end{cases} \tag{5-34}$$

式中，γ_1 为线模电压行波衰减系数，其可由式(5-35)求得：

$$\gamma_1 = \sqrt{(Z_s - Z_m) \times (Y_s - Y_m)} \tag{5-35}$$

3. 区内外故障行波特征差异

由上述分析可知，线路末端 F_1 处区内高阻单极接地故障和线路对端直流母线 F_2 处区外金属性极间短路故障的主要区别在于，故障点产生的初始线模电压行波在到达保护 R 处之前是否经过限流电抗器。对比式(5-34)中两种故障场景下初始线模电压行波表达式 $\Delta u_{det,F1}$ 和 $\Delta u_{det,F2}$ 可知，其差异体现在 $H_1(s)$ 和 $H_2(s)$ 上。

由于地模特征阻抗 Z_0 和线模特征阻抗 Z_1 主要表现为电阻特性，因此 $H_1(s)$ 可近似看作常数，其作用为使$\Delta u_{\text{det,F1}}(s)$ 的所有频率分量按相同比例衰减，而 $H_2(s)$ 的作用相当于将$-Z_1/L$ 的极点引入$\Delta u_{\text{det,F2}}(s)$。由于 $H_2(s)$ 对高频分量的衰减作用远大于 $H_1(s)$ 而对低频分量的衰减作用远小于 $H_1(s)$，并且 $H_1(s)$ 和 $H_2(s)$ 的幅值随频率连续单调变化，因此必然存在一个频率使得 $H_1(s)$ 和 $H_2(s)$ 幅值相等，此频率点被定义为临界频率f_c。由式(5-34)可计算 $H_1(s)$ 和 $H_2(s)$ 的伯德图，如图 5-14 所示，式(5-34)中地模特征阻抗 Z_0 和线模特征阻抗 Z_1 取值分别如图 5-15 和图 5-16 所示，过渡电阻 R_f 取为 300Ω。

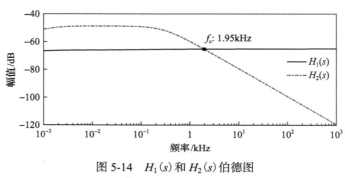

图 5-14 $H_1(s)$ 和 $H_2(s)$ 伯德图

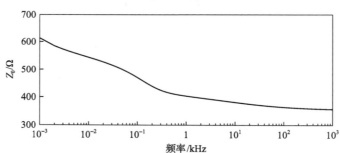

图 5-15   地模特征阻抗 Z_0 幅频特性曲线

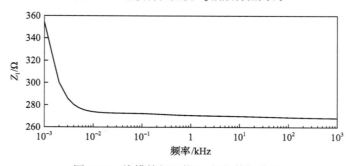

图 5-16   线模特征阻抗 Z_1 幅频特性曲线

由图 5-14 可知，直流线路的临界频率 f_c 为 1.95kHz。当频率 f 大于临界频率

f_c 时，$H_1(s)$ 的幅值大于 $H_2(s)$，并且随频率增大，$H_1(s)$ 与 $H_2(s)$ 的幅值差异也逐渐增大。当频率 f 小于临界频率 f_c 时，$H_1(s)$ 的幅值小于 $H_2(s)$。由上述分析可知，区内故障与正向区外故障时高频分量幅值特征差异明显，可据此构建保护判据。

5.2.2　基于线模电压行波的直流线路单端量保护方案

1. 小波变换

由 5.2.1 节分析可知，利用初始线模电压行波高于临界频率 f_c 的高频分量可识别区内故障和正向区外故障。小波变换是一种优秀的时频分析工具，对故障行波等非稳态信号具有良好的分析能力，利用小波变换可以方便地提取信号特定频段的频率分量[6]。Mallat 算法是一种常用的离散小波变换，通过一系列滤波和二值采样实现快速计算。Mallat 算法的计算过程如下[7]：

$$\begin{cases} a_j(k) = \sum_n a_{j-1}(n)h_0(n-2k) \\ d_j(k) = \sum_n a_{j-1}(n)h_1(n-2k) \end{cases} \tag{5-36}$$

式中，h_0 和 h_1 分别为低通和高通滤波器；$a_j(k)$ 为第 j 个尺度的低频系数（$j=0$ 时，$a_0(k)$ 为原始信号），表征原始信号从 0Hz 到 $f_s/2^{j+1}$Hz 的频率分量，f_s 为信号的采样频率；$d_j(k)$ 为第 j 个尺度的高频系数，表征原始信号从 $f_s/2^{j+1}$Hz 到 $f_s/2$Hz 的频率分量。因此，通过调整尺度参数 j 可以得到原始信号 $f_s/2^{j+1}$Hz 到 $f_s/2^{j}$Hz 频段内的频率分量。考虑到 Mallat 算法的冗余性，利用小波变换模极大值（WTMM）可以更简洁地表征信号特征。小波变换模极大值被定义为小波变换系数的局部最大值，其大小和符号分别可以近似地表示不同频段信号的幅值和极性。

2. 启动判据

当直流线路发生短路故障后，其电压会产生明显跌落，因此可通过电压变化率大小检测是否发生故障。因此，参考常规直流输电系统线路保护的启动判据，本节利用电压变化量近似表示电压变化率，构建保护启动判据：

$$\begin{cases} \Delta u(k) = u(k+1) - u(k) \\ |\Delta u(k)| > D_{set} \end{cases} \tag{5-37}$$

式中，$u(k)$ 为正极或者负极的电压采样值；D_{set} 为保护启动门槛值，其取值应保证区内故障时启动判据可靠动作。当任一极测量电压满足式（5-37）时，保护启动。

3. 故障方向识别原理及判据

电流导数是识别正向故障和反向故障的一种非常简单有效的方法，电流导数的符号表示故障的方向。定义电流正方向为母线指向线路，则对于正极线路来说，电流导数为正表示正向故障，电流导数为负表示反向故障；而对于负极线路来说，电流导数为正表示反向故障，电流导数为负表示正向故障。因此，本节利用电流变化量 Δi_p、Δi_n 近似表示电流导数来构建正向故障识别判据，具体如下所示：

$$\begin{cases} \Delta i_p(k) = i_p(k+1) - i_p(k) \\ \Delta i_p(k) > \Delta I_{set} \end{cases} \quad (5\text{-}38)$$

$$\begin{cases} \Delta i_n(k) = i_n(k+1) - i_n(k) \\ \Delta i_n(k) < -\Delta I_{set} \end{cases} \quad (5\text{-}39)$$

式中，$i_p(k)$ 和 $i_n(k)$ 分别为正负极线路的电流采样值；ΔI_{set} 为避免噪声等因素干扰而设置的门槛值，其值大于零。如果连续三个采样点满足式(5-38)或式(5-39)，则判定发生正向故障，需要继续通过区内故障识别判据区分区内故障和正向区外故障，反之则判定为区外故障。

4. 故障极识别判据

直流线路故障根据故障极的不同可分为正极接地故障、负极接地故障和极间短路故障。由于直流线路发生短路故障后，故障极线路电流急剧变化，而非故障极线路电流仅由于耦合作用略微变化，因此通过线路电流变化量即可判别故障极线。本节构建的故障极识别判据如下：

$$\begin{cases} \Delta i_p(k) = i_p(k+1) - i_p(k) \\ S_p = \sum_{j=0}^{N} \left| \Delta i_p(k+j) \right| \end{cases} \quad (5\text{-}40)$$

$$\begin{cases} \Delta i_n(k) = i_n(k+1) - i_n(k) \\ S_n = \sum_{j=0}^{N} \left| \Delta i_n(k+j) \right| \end{cases} \quad (5\text{-}41)$$

$$\begin{cases} \dfrac{S_p}{S_n} > S_{set} \rightarrow 正极接地故障 \\[2mm] \dfrac{S_p}{S_n} < \dfrac{1}{S_{set}} \rightarrow 负极接地故障 \\[2mm] \dfrac{1}{S_{set}} \leqslant \dfrac{S_p}{S_n} \leqslant S_{set} \rightarrow 极间短路故障 \end{cases} \quad (5\text{-}42)$$

式中，$i_p(k)$ 和 $i_n(k)$ 分别为正负极线路的电流采样值；S_p、S_n 分别为正极和负极线路电流变化量之和；N 为采样点个数；S_{set} 为故障极识别判据门槛值。

5. 区内故障识别判据

由 5.2.1 节分析可知，区内故障时初始线模电压行波中频率大于临界频率 f_c 的高频分量幅值大于区外故障，因此可以利用该高频分量识别区内故障和正向区外故障，高频分量的幅值利用小波变换模极大值进行量化。为了减少计算量、节约计算成本，本节选择第一尺度小波变换模极大值构建保护判据。对于采样频率为 f_s 的信号，通过第一尺度小波变换从原始信号中提取的信号频带为 $(f_s/4,\ f_s/2)$。为保证提取的高频分量频率均大于临界频率 f_c，要求保护采样频率 f_s 大于 $4f_c$。为了提高保护灵敏度，可在此基础上进一步提高保护的采样频率。

将电压采样信号代入式(5-30)求解线模电压行波，并且对求得的线模电压行波进行基于 Mallat 算法的小波变换，从而获得第一尺度首个小波变换模极大值 M_1。为了避免噪声等干扰的影响，M_1 需满足

$$\begin{cases} M_1 < 0 \\ |M_1| > K_{set} \end{cases} \tag{5-43}$$

式中，K_{set} 为避免干扰影响而设置的门槛值，其值大于零。此外，如式(5-34)所示，发生正向故障后初始线模电压行波极性为负，因此式(5-43)要求 M_1 小于零。最后，构建区内故障识别判据：

$$\begin{cases} |M_1| > M_{th} \\ M_{th} = K_{rel}|M_0| \end{cases} \tag{5-44}$$

式中，K_{rel} 为可靠系数，其值大于 1；M_0 为正向区外故障时小波变换模极大值的最大值，即 F_2 处发生金属性极间短路故障后保护检测到的第一尺度首个小波变换模极大值，该值的确定方法见本节第 7 部分。当 M_1 满足式(5-44)时，判定发生区内故障，反之则判定为区外故障。

6. 保护方案流程图

本节所提保护方案流程图如图 5-17 所示，其中第 Ⅰ 部分为启动判据，第 Ⅱ 部分为故障方向识别判据，第 Ⅲ 部分为故障极识别判据，第 Ⅳ 部分为区内故障识别判据。

7. 保护门槛值的理论整定方法

在式(5-44)中，保护门槛值 M_{th} 的确定需要得到正向区外故障下小波变换模极

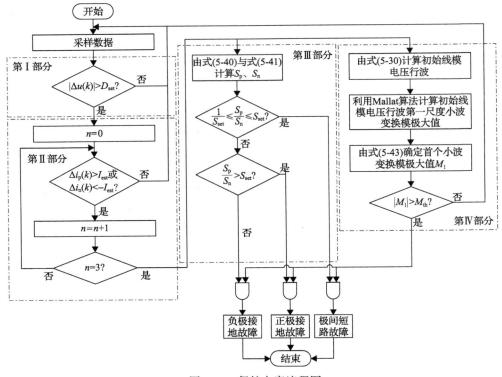

图 5-17　保护方案流程图

大值的最大值 M_0，即 F_2 处发生金属性极间短路故障后保护检测到的第一尺度首个小波变换模极大值。对于大规模多端柔性直流电网来说，采用精确电磁暂态模型仿真来确定门槛值需要花费大量的时间和计算资源。因此，为了提高保护门槛值整定效率、节约计算资源，本节提出一种不依赖仿真的门槛值整定理论解析方法。该方法首先通过数值计算得到 F_2 处发生极间短路故障后保护测量到的线模电压行波，之后对线模电压行波进行小波变换，即可确定小波变换模极大值，进而求取保护门槛值。

由式 (5-34) 可知，为了得到保护 R 处检测到的线模电压行波，还需要确定线模电压行波衰减系数 γ_1 和线路端口行波反射系数 Γ。其中，线模电压行波衰减系数 γ_1 可由 PSCAD/EMTDC 软件中的 Line Constant Program 获得（也可根据实际的线路参数计算得到），线路端口行波反射系数 Γ 可以利用如图 5-18 所示彼得松 (Peterson) 等效电路推导得出，图中，相邻直流线路可以用线模特征阻抗 Z_1 表示。假设相邻的 m 条直流线路配置相同，则相邻的 m 条直流线路可以等效为特征阻抗 Z_1/m 与等效限流电抗器 L/m 的串联支路。此外，由图 5-17 可知，当频率高于 10Hz 时，线模特征阻抗 Z_1 随频率的变化基本保持不变。因此，为了简化计算，线模特

征阻抗 Z_1 取为常数。由于在保护动作时间内，换流站内 MMC 处于子模块电容放电阶段，因此 MMC 可以近似等效为 LC 串联支路，其等效阻抗为 Z_{conv}，其具体参数如下：

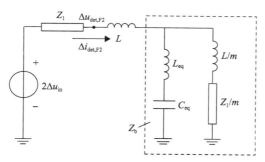

图 5-18 Peterson 等效电路

$$Z_{\text{conv}} = sL_{\text{eq}} + \frac{1}{sC_{\text{eq}}} \tag{5-45}$$

$$\begin{cases} L_{\text{eq}} = \dfrac{2}{3} L_{\text{arm}} \\ C_{\text{eq}} = \dfrac{6C_{\text{sm}}}{N} \end{cases} \tag{5-46}$$

式中，L_{arm} 为桥臂电感；N 为每个桥臂中子模块数量；C_{sm} 为子模块电容。

进一步由图 5-19 可得

$$\begin{cases} \Delta i_{\text{det,F2}}(s) = \dfrac{2\Delta u_{\text{in}}(s)}{Z_1 + sL + Z_{\text{b}}} \\[4mm] Z_{\text{b}} = \dfrac{\left(sL_{\text{eq}} + \dfrac{1}{sC_{\text{eq}}}\right) \cdot \dfrac{Z_1 + sL}{m}}{sL_{\text{eq}} + \dfrac{1}{sC_{\text{eq}}} + \dfrac{Z_1 + sL}{m}} \\[4mm] \Delta u_{\text{det,F2}}(s) = \Delta i_{\text{det,F2}}(sL + Z_{\text{b}}) \end{cases} \tag{5-47}$$

$$\Delta u_{\text{in}}(s) = \Delta u_{\text{f,F2}}(s) = -\frac{\sqrt{2}Z_1}{Z_1 + sL} \cdot \frac{U_{\text{dc}}}{s} \tag{5-48}$$

式中，电压入射波 Δu_{in} 未考虑直流线路的衰减作用。对式 (5-47) 中线模电压行波的频域表达式 $\Delta u_{\text{det,F2}}(s)$ 进行拉普拉斯反变换即可得到其时域表达式 $\Delta u_{\text{det,F2}}(t)$，之后对其进行小波变换，并求取第一尺度小波变换模极大值 M_{p0}。由于在式(5-48)中计算电压入射波 Δu_{in} 时并未考虑直流线路对行波的衰减作用，因此计算得到的第一尺度小波变换模极大值 M_{p0} 比实际值偏大。因此，利用式(5-49)对第一尺度小波变换模极大值 M_{p0} 进行修正：

$$M_0 = K_e M_{p0} \tag{5-49}$$

式中，K_e 为表征直流线路对行波的衰减作用而设置的比例系数，为简化计算，其值可由式(5-50)近似求得：

$$K_e = e^{-\gamma_1(f)\cdot l}\Big|_{f=f_s/2} \tag{5-50}$$

以图 5-13 所示分析模型中 F_2 处区外金属性极间短路故障为例，将关键参数(如线模特征阻抗 Z_1 等)代入式(5-47)和式(5-48)，在 MATLAB 中对 $\Delta u_{det,F2}(s)$ 进行拉普拉斯反变换，得到线模电压行波时域波形 $\Delta u_{det,F2}(t)$，如图 5-19 所示。由图 5-19 可知，本节所提线模电压行波时域波形计算方法具有较高的准确性。

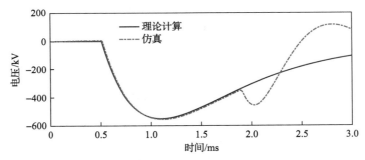

图 5-19　理论计算与仿真线模电压行波波形对比

利用式(5-49)对线模电压行波进行直流线路衰减修正后，图 5-19 中理论计算得到的线模电压行波的第一尺度首个小波变换模极大值为 58.12；对图 5-19 中仿真得到的线模电压行波进行小波变换，求解得到的第一尺度首个小波变换模极大值为 62.71。由计算结果可知，理论计算与仿真得到的小波变换模极大值相差不大。因此，对于分析模型来说，采用理论计算得到的保护门槛值能够满足保护整定准确性的需求。

5.2.3　仿真验证

1. 仿真模型

为了验证本节所提直流线路单端量快速保护方案的有效性，在 PSCAD/

EMTDC 仿真软件中搭建了如图 5-1 所示的四端柔性直流电网仿真模型,其中选择直流线路 I 左侧保护 R_{12} 作为研究对象。直流线路采用分布式依频架空线路模型,仿真模型的其他关键参数如表 5-6 所示。由图 5-14 可知,临界频率 f_c 为 1.95kHz。因此,由 5.2.2 节分析可知,保护 R_{12} 的采样率至少应大于 $4f_c$,即 7.80kHz。为提高保护的灵敏性,保护采样频率设为 25kHz。为了保证保护的数据窗包含线模电压行波首波头,选取保护启动前 0.5ms 至保护启动后 1ms 的时间段作为保护的数据窗。保护方案中,启动门槛值 D_{set} 设为 15kV;故障极识别判据门槛值 S_{set} 设为 2;故障方向识别判据门槛值 ΔI_{set} 设为 0.1kA;区内外故障识别判据中,由 5.2.2 节确定 M_0 为–58.12,考虑可靠系数 K_{rel} 为 1.3,则保护门槛值 M_{th} 设为 75.56。

2. 典型故障仿真

对于图 5-1 中保护 R_{12} 来说,其最严峻的工作状态为区分 F_1 处区内末端高阻单极接地故障、F_2 处正向区外金属性极间短路故障和 F_3 处反向区外金属性极间短路故障。因此,首先对三种典型故障分别进行仿真,以验证保护的有效性,故障时刻均设置为 3.5000s。故障发生后直流线路线模电压如图 5-20 所示。

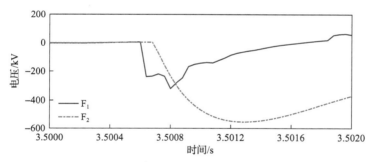

图 5-20　直流线路线模电压仿真波形

当短路故障发生后,保护启动判据迅速动作,之后利用故障方向识别判据能够准确识别反向区外故障 F_3,从而保证在发生反向区外故障时可靠不动作。

定义保护灵敏度系数 K_{sen} 为

$$K_{sen} = \frac{|M_1|}{M_{th}} \tag{5-51}$$

对图 5-20 中线模电压行波进行小波变换,并求解第一尺度首个小波变换模极大值 M_1。当 F_1 处发生区内高阻正极接地故障时,第一尺度首个小波变换模极大值为–134.9,其绝对值远大于保护门槛值 M_{th},此时保护灵敏度系数为 1.79;当 F_2 处发生区外金属性极间短路故障时,第一尺度首个小波变换模极大值为–62.47,其绝对值小于保护门槛值 M_{th}。因此,所提区内故障识别判据在最严峻的工作状态下仍然能够可靠动作。此外，利用式(5-40)和式(5-41)计算得到区内正极接地故障时正极和负极线路电流变化量之和 S_p、S_n 分别为 14.58kA 和 0.71kA，S_p/S_n 远大于 S_{set}，判定发生区内正极接地故障，与故障设置情况相同。

综上所述，在典型故障场景下，保护方案中各部分判据均能正确动作并且具有较高的灵敏度，保护动作时间小于 2ms，能够满足柔性直流电网对于保护速动性、灵敏性和可靠性的要求。由于保护方案中启动判据、故障方向识别判据和故障极识别判据简单可靠，因此后续将主要分析区内故障识别判据的动作性能。

3. 抗过渡电阻能力分析

为了研究故障点过渡电阻对于保护动作性能的影响，在直流线路 I 中点处设置正极接地故障，故障点过渡电阻分别设置为 0Ω、50Ω 和 300Ω。三种故障场景下线路线模电压仿真波形如图 5-21 所示。

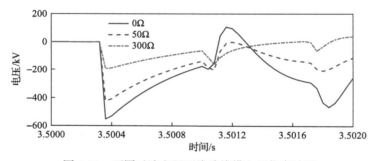

图 5-21　不同过渡电阻下线路线模电压仿真波形

对图 5-21 所示线模电压施加小波变换，得到不同过渡电阻下第一尺度首个小波变换模极大值分别为–390.2、–298.3 和–136.7，其灵敏度系数分别为 5.16、3.95 和 1.81。由仿真算例可知，随着过渡电阻的增大，第一尺度首个小波变换模极大值逐渐降低，对应保护灵敏度也逐渐降低。但是，即使在高阻故障下，保护仍然具有较高的灵敏度，能够满足直流线路保护的选择性要求。

针对柔性直流电网直流线路保护速动性与灵敏性难以同时满足、门槛值整定困难等问题，本节提出一种基于线模电压行波的单端量快速保护方法并构建了完整的保护方案。该保护方案利用电压变化量作为保护的启动判据，能够保证区内故障时快速、可靠启动；利用电流变化量识别反向区外故障和故障极，判据简单有效，可靠性高。此外，本节通过理论分析确定典型故障场景下线模电压行波频域特征差异，发现区内故障时线模电压行波中频率大于临界频率的高频分量幅值大于区外故障，据此构建了区内故障识别判据。本节给出了保护门槛值的整定方法，整定过程不依赖仿真，大幅降低了计算资源的占用，提高了保护门槛值整定效率。本节分析了过渡电阻、噪声干扰等影响因素对于所提单端量保护方案的影响，大量仿真算例表明所提保护方案在各种故障情形下均能可靠正确动作。

参 考 文 献

[1] Huang Q, Zou G B, Wei X Y, et al. A non-unit line protection scheme for MMC-based multi-terminal HVDC grid[J]. International Journal of Electrical Power & Energy Systems, 2019, 107: 1-9.

[2] Zhang S, Zou G B, Wang C J, et al. A non-unit boundary protection of DC line for MMC-MTDC grids[J]. International Journal of Electrical Power & Energy Systems, 2020, 116: 105538.

[3] Li R, Xu L, Holliday D, et al. Continuous operation of radial multiterminal HVDC systems under DC fault[J]. IEEE Transactions on Power Delivery, 2016, 31(1): 351-361.

[4] 侯俊杰, 宋国兵, 常仲学, 等. 基于暂态功率的高压直流线路单端量保护[J]. 电力系统自动化, 2019, 43(21): 203-212.

[5] Zhang Y, Tai N L, Xu B. Fault analysis and traveling-wave protection scheme for bipolar HVDC lines[J]. IEEE Transactions on Power Delivery, 2012, 27(3): 1583-1591.

[6] 何正友. 小波分析在电力系统暂态信号处理中的应用[M]. 北京: 中国电力出版社, 2011.

[7] Mallat S. A Wavelet Tour of Signal Processing[M]. San Diego: Academic Press, 1999.

第6章　柔性直流线路双端量保护原理

基于单端量的保护方法动作速度快，然而，由于只应用了单端暂态故障信息且采样数据窗较短，保护可靠性易受大过渡电阻的影响。基于双端量的保护方法能够充分利用输电线路两端的故障信息，因此，具有更强的区内外故障判别能力，保护具有绝对的选择性。然而，由于信号在输电线路两端之间传输的延时较长而保护速度较慢，因此，经常作为后备保护。传统直流系统利用电流差动保护作为后备保护，然而需要两端数据严格同步，此外，为了避免故障暂态过程的影响，时间延迟常常达到几百毫秒，因此，不能直接应用于多端柔性直流系统。为了充分利用直流线路两端的故障信息，提高保护的选择性和可靠性，本章提出了柔性直流线路双端量保护原理及判据[1,2]。

6.1　基于限流电感电压极性的直流线路纵联保护

多端柔性直流电网对保护的速动性有极高的要求，导致基于单端量的保护所取采样时间窗非常短，进而在一定程度上降低了其保护的可靠性。为了充分利用直流线路两端的故障信息，提高保护的选择性和可靠性，本节提出一种基于限流电感电压极性的直流线路纵联保护。理论分析表明，发生区内故障时，线路两端的限流电感电压极性均为正；而发生区外故障时，线路两端的限流电感电压极性相反。基于区内外故障时的输电线路两端限流电感的电压极性差异，本章构建了一种基于限流电感电压极性的区内外故障识别判据。发生单极接地故障时，为了避免非故障极由于耦合作用的影响而误动，深入分析了耦合作用对限流电感电压极性的影响，提出了利用积分值来避免耦合影响的应对措施。最后，利用 PSCAD/EMTDC 软件搭建了柔性直流电网模型，仿真结果验证了所做理论分析的正确性以及所提保护方法的有效性。

6.1.1　限流电感电压分析

1. 研究对象

本节将图 6-1 所示四端柔性直流电网作为研究对象，分析区内外故障时直流线路两端限流电感上的暂态电压特征差异，并基于所做理论分析，研究提出一种柔性直流线路纵联保护方法。该模型中换流站采用半桥 MMC 形式，网架结构为对称双极接线，输电线路采用架空线，直流线路两端都安装限流电抗器和直流断路器。L_B 是直流线路端点处限流电感的电感值，u_L 为限流电感上的电压值。输电线路的名称及长度已在图 6-1 中标出。图中，故障点 $F_1 \sim F_9$ 的具体位置如下：F_1、F_5、F_6、F_7 位于线路中点，F_2 和 F_4 位于线路端部，F_3 和 F_8 位于换流站出口母线处，F_9 在交流侧。

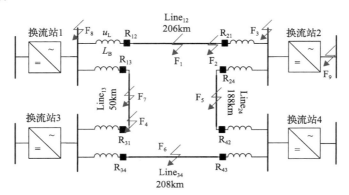

图 6-1　四端柔直电网拓扑示意图

2. 限流电感电压与模量电压

直流线路发生短路故障时，最初的几毫秒内主要的放电元件为换流站中的子模块电容，因此，可以将换流站等效为串联的电容和电感。图 6-1 中换流站 1 的等效结构如图 6-2 所示，C_S 和 L_S 分别是换流站的等效电容和等效电感，可以通过式(6-1)获得：

$$
\begin{cases}
C_S = \dfrac{6C_{SM}}{N} \\[2mm]
L_S = \dfrac{2L_A}{3}
\end{cases}
\tag{6-1}
$$

式中，C_{SM} 为子模块电容的取值；N 为每个桥臂所包含子模块的数目；L_A 为换流器中桥臂电感的取值。

对于图 6-2 中所示直流侧故障，由文献[3]可知，故障电压的地模和线模分量如下：

$$
\begin{cases}
\Delta u_0 = -\dfrac{\sqrt{2}Z_0 U_p}{Z_0 + Z_1 + 2R_g} \\[3mm]
\Delta u_1 = -\dfrac{\sqrt{2}Z_1 U_p}{Z_0 + Z_1 + 2R_g}
\end{cases}
\tag{6-2}
$$

式中，Z_0 和 Z_1 分别为直流线路的地模波阻抗和线模波阻抗；R_g 为故障点的过渡电阻；U_p 为正极额定电压。

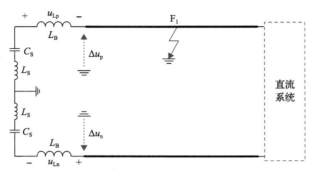

图 6-2　直流线路故障时的换流站暂态等效电路

考虑到行波在传播过程中的衰减，故障电压在直流线路端口处的地模和线模分量 Δu_0^* 和 Δu_1^* 如下所示：

$$\begin{cases} \Delta u_0^* = \Delta u_0 \mathrm{e}^{-\alpha_0 t} \varepsilon(t-\tau_0) \\ \Delta u_1^* = \Delta u_1 \mathrm{e}^{-\alpha_1 t} \varepsilon(t-\tau_1) \end{cases} \tag{6-3}$$

式中，α_0 和 α_1 分别为地模和线模波的衰减系数；τ_0 和 τ_1 分别为地模和线模波从故障点传播到直流线路端点所用时间；$\varepsilon(t)$ 为单位阶跃函数。

将地模和线模电压故障分量转化到正负极故障分量电压，转换方程如下所示：

$$\begin{cases} \Delta u_p = \dfrac{1}{\sqrt{2}}(\Delta u_0^* + \Delta u_1^*) \\ \Delta u_n = \dfrac{1}{\sqrt{2}}(\Delta u_0^* - \Delta u_1^*) \end{cases} \tag{6-4}$$

式中，Δu_p 和 Δu_n 分别为直流线路端点的正负极故障分量电压。

定义 u_{Lp} 和 u_{Ln} 分别是正极和负极的限流电感电压，其正极性端分别如图 6-2 所示，也就是把换流站侧定义为正极线路上限流电感电压 u_{Lp} 的正极性端，而将直流线路侧定义为负极线路上限流电感电压 u_{Ln} 的正极性端。u_{LS} 是桥臂电感 L_S 两端的电压，而 i_{dc} 是直流侧故障电流。由图 6-2 可得

$$\begin{cases} i_{dc} = I_{dc} + \dfrac{1}{L_B} \displaystyle\int_{t_0}^{t} u_{Lp}\mathrm{d}t \\ i_{dc} = I_{dc} + \dfrac{1}{L_S} \displaystyle\int_{t_0}^{t} u_{LS}\mathrm{d}t \end{cases} \tag{6-5}$$

式中，I_{dc} 为直流侧额定电流；t_0 为故障行波到达时刻。由式(6-5)可知 u_{Lp} 和 u_{LS} 满足

$$u_{LS} = \frac{L_S}{L_B} u_{Lp} \tag{6-6}$$

在故障发生后的最初几毫秒内，MMC 端口电压下降，而换流站持续输出额定电压。因此，电压差施加在桥臂电感 L_S 和限流电感 L_B 上[4]。因此，u_{Lp} 和 u_{LS} 满足

$$u_{Lp} + u_{LS} = -\Delta u_p \tag{6-7}$$

由式(6-1)、式(6-6)和式(6-7)可得，u_{Lp} 和 Δu_p 的关系式如下：

$$u_{Lp} = -\frac{3L_B}{2L_A + 3L_B} \Delta u_p \tag{6-8}$$

3. 区内故障时线路两端限流电感电压的极性关系

以线路 Line_{12} 为例来分析区内故障时线路两端限流电感电压的极性。对于发生于故障点 F_1 处的单极接地故障，等效电路的单线图如图 6-3 所示，其中，u_{ijp} 和 $u_{ijn}(ij=12, 21)$ 分别是正极和负极线路两端限流电感的电压，U_f 是故障附加电源。

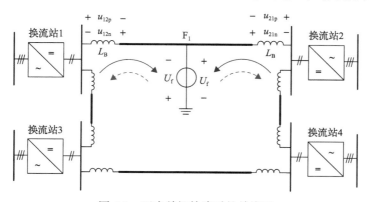

图 6-3　区内单极故障时的单线图

当 F_1 处发生正极接地故障时，根据叠加原理，U_f 的极性为负，图 6-3 中实线箭头所示方向为正极线路故障分量电流的方向。由 $u = L \cdot di/dt$ 可知，故障电流的增加势必引起 u_{12p} 和 u_{21p} 的正极性突变。

同样地，当发生负极接地故障时，U_f 的极性为正，图 6-3 中虚线箭头所示方向为负极线路上故障分量电流的方向。因此，故障分量电流的增加会引起 u_{12n} 和 u_{21n} 的正极性突变。

对于发生于线路 $Line_{12}$ 上的极间短路故障，由于系统的正负极完全对称，u_{12p} 和 u_{21p} 的突变极性和正极接地故障时相同；而 u_{12n} 和 u_{21n} 的突变极性和负极接地故障时相同。

由以上分析可见，当发生区内故障时，直流线路两端限流电感上的电压极性相同，而且都为正极性。

4. 区外故障时线路两端限流电感电压的极性关系

本小节也将以线路 $Line_{12}$ 为例，来分析区外发生短路故障时，线路两端限流电感的电压极性。区外 F_4 处发生短路故障时，等效电路如图 6-4 所示。

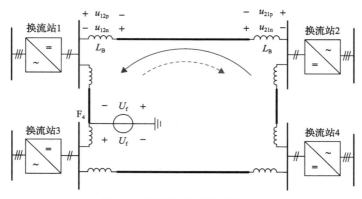

图 6-4　区外故障时的等效电路

当 F_4 处发生正极接地故障时，U_f 的极性为负，图 6-4 中实线的箭头所示方向为流经线路 $Line_{12}$ 的故障分量电流方向。容易看出，此时，故障分量电流的增加必然引起 u_{12p} 的负极性突变，而 u_{21p} 会发生正极性突变。

对于 F_4 处的负极接地故障，图 6-4 中的虚线箭头所示方向为故障分量电流的方向。故障分量电流的增加必然会引起 u_{12n} 的负极性突变和 u_{21n} 的正极性突变。

由于系统正负极间的对称性，对于发生于区外的极间短路故障，u_{12p} 和 u_{21p} 的突变极性和发生正极接地故障时相同；而 u_{12n} 和 u_{21n} 的突变极性和发生负极接地故障时相同。

由以上分析可见，对于发生于区外的短路故障，被保护输电线路两端限流电感的电压极性相反。

5. 正负极电压耦合作用分析

对于单极接地故障，由于正负极间的电磁耦合作用，非故障极限流电感上的电压也会发生突变。对于在 3.0000s 时发生于 F_1 和 F_2 处的正极接地故障，线路 $Line_{12}$ 两端限流电感电压 u_{12} 和 u_{21} 的仿真波形分别如图 6-5 和图 6-6 所示。由图 6-5

可见，当正极接地故障发生于线路端部的 F_2 处时，负极线路两侧限流电感耦合电压 u_{12n} 和 u_{21n} 的第一个电压波极性相反；当故障发生于线路中间位置时，由图 6-6 所示波形可知，u_{12n} 和 u_{21n} 的极性相同，且均为正。故障点不同，非故障极限流电感耦合电压的极性存在差异，理论分析如下所述。

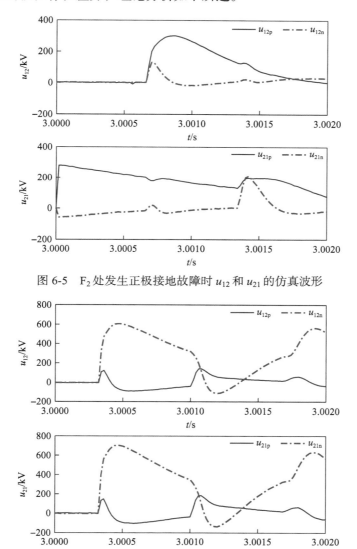

图 6-5　F_2 处发生正极接地故障时 u_{12} 和 u_{21} 的仿真波形

图 6-6　F_1 处发生正极接地故障时 u_{12} 和 u_{21} 的仿真波形

基于式(6-8)中所示 u_{Lp} 和 Δu_p 之间关系的推导过程，同样可以推导出 u_{Ln} 和 Δu_n 之间的关系：

$$u_{Ln} = \frac{3L_B}{2L_A + 3L_B}\Delta u_n \qquad\qquad (6\text{-}9)$$

式中，Δu_n 为线路端口处负极电压的故障分量。根据式(6-2)～式(6-4)和式(6-9)，可以得到 u_{Ln} 的表达式：

$$u_{Ln} = \frac{3L_B}{2L_A + 3L_B}\cdot\left[-\frac{Z_0 U_p}{Z_0 + Z_1 + 2R_g}e^{-\alpha_0 t}\varepsilon(t-\tau_0) + \frac{Z_1 U_p}{Z_0 + Z_1 + 2R_g}e^{-\alpha_1 t}\varepsilon(t-\tau_1) \right]$$
$$(6\text{-}10)$$

定义 R_{12} 和 R_{21} 分别为输电线路 $Line_{12}$ 上靠近换流站 1 和换流站 2 处的继电保护装置。对于发生于 F_2 处的正极接地故障，由于故障点靠近保护 R_{21}，故障发生后地模波和线模波同时到达 R_{21}，因此，式(6-10)可以简化为

$$u_{Ln} = \frac{3L_B}{2L_A + 3L_B}\cdot\left(-\frac{Z_0 U_p}{Z_0 + Z_1 + 2R_g} + \frac{Z_1 U_p}{Z_0 + Z_1 + 2R_g} \right) \qquad (6\text{-}11)$$

由于 $Z_0 > Z_1$，由式(6-11)可见，对于第一个电压波，u_{Ln} 的极性为负，正如图 6-5 中 u_{21n} 波形所示。

对于 R_{12}，由于线模波的波速高于地模波波速，式(6-10)中 τ_1 小于 τ_0。因此，u_{Ln} 最初的极性为正。然而，由于 $Z_0 > Z_1$，地模波到达后，u_{Ln} 的极性将变为负极性，正如图 6-5 中 u_{12n} 的波形所示。

对于线路中间的故障点 F_1，线模波都要早于地模波到达线路 $Line_{12}$ 的两端。因此，u_{12n} 和 u_{21n} 在最初都将为正极性，而后地模波到达后都将变为负极性，如图 6-6 所示。

由以上分析可见，当正极接地故障发生在直流线路端口时，由于正负极线路间的耦合作用，非故障极线路两端限流电感电压极性相反。然而，当故障点远离线路端口时，非故障极线路两端限流电感电压极性可能相同，而且极性都为正。对此情况，必须采取措施，避免非故障极线路保护误动。

6.1.2　直流线路纵联保护方案

1. 启动判据

由于本节所提出的双端量保护方法利用限流电感电压判别区内外故障，因此，为了简化操作步骤，在所介绍保护方案中，利用限流电感电压 u_L 来判断系统中是否有故障发生。由 6.1.1 节的分析过程及仿真波形可知，发生短路故障时，限流电感电压会迅速上升。为了准确判断出系统中是否有故障发生，故障启动判据采用

文献[5]所介绍的梯度算法，通过计算限流电感电压 u_L 的梯度，进而判断是否需要启动后续保护步骤。故障启动判据如下：

$$\left| \nabla u_L(k) \right| > \Delta_1 \tag{6-12}$$

$$\nabla u_L(k) = \frac{1}{3} \sum_{j=0}^{2} u_L(k-j) - \frac{1}{3} \sum_{j=3}^{5} u_L(k-j) \tag{6-13}$$

式中，Δ_1 为启动门槛值；$\nabla u_L(k)$ 为限流电感电压第 k 个采样值的电压梯度。

2. 区内外故障判别判据

由 6.1.1 节的分析可知，发生区内故障时，线路两端限流电感的电压极性都为正，而发生区外故障时，线路两端限流电感电压极性相反，基于此，可以建立基于限流电感电压极性的纵联保护方法。

然而，对于远离线路端口的单极接地故障，由于正负极间的耦合作用，非故障极线路两端限流电感电压极性关系与故障极线路两端限流电感电压极性关系可能相同。但是，耦合作用引起的突变非常小，而且，地模波到达后，非故障极限流电感的电压极性将变为负。为了避免耦合作用的干扰，利用采样数据窗中 $u_L(t)$ 的积分值来判别限流电感电压突变极性。积分表达式如下：

$$S = \int_{t_F}^{t_F + \Delta T} u_L(t) \mathrm{d}t \tag{6-14}$$

式中，S 为积分值；t_F 为保护启动时刻；ΔT 为采样时间窗的长度。其离散形式如下：

$$S = \sum_{k=1}^{\Delta T / \Delta t} u_L(k) \cdot \Delta t \tag{6-15}$$

式中，Δt 为采样步长。

保护判据如式(6-16)所示，其中 P 为限流电感电压极性的逻辑值，Δ_2 是门槛值。当 S 大于 Δ_2 时，P 的逻辑值为 1，表示限流电感电压的极性为正；而当 S 小于 Δ_2 时，P 的逻辑值为 0，表示限流电感电压的极性为负。

$$P = \begin{cases} 1, & S > \Delta_2 \\ 0, & S \leqslant \Delta_2 \end{cases} \tag{6-16}$$

将线路两端定义为 M 端和 N 端，则通过比较 M 端和 N 端限流电感上电压极性的逻辑值就能够判别区内外故障。区内外保护判据如下所示：

$$\begin{cases} P_{\mathrm{M}} \ \& \ P_{\mathrm{N}} = 1 \rightarrow \text{区内故障} \\ P_{\mathrm{M}} \ \& \ P_{\mathrm{N}} = 0 \rightarrow \text{区外故障} \end{cases} \tag{6-17}$$

式中，P_{M} 和 P_{N} 分别为 M 端和 N 端的 P 值；& 表示逻辑值相与。

3. 门槛值整定方法

对于门槛值 $\varDelta_1$ 的整定，应该同时考虑保护的灵敏性和可靠性。$\varDelta_1$ 的整定标准是对于任何区内故障，都要保证保护能够可靠启动，而对于小的干扰不必启动。因此，将 $\varDelta_1$ 的取值选择为正极额定电压值的 10%。

门槛值 $\varDelta_2$ 的整定原则是，当发生单极接地故障时，要保证非故障极不会因为耦合作用而发生误动作。由 6.1.1 节的分析可知，当单极接地故障发生于线路一端时，另一端的耦合作用最为严重，由式 (6-2)～式 (6-4) 可知，当一端发生正极接地故障，地模波没有到达另一端之前，另一端非故障极的电压满足式 (6-18)。由式 (6-9) 和式 (6-18) 可得式 (6-19)。在式 (6-19) 中，u'_{Ln} 是非故障极限流电感上由于耦合作用而流过的首个电压波的幅值估计值。

$$\Delta u_{\mathrm{n}} = -\frac{1}{\sqrt{2}} \cdot \Delta u_1^* < -\frac{1}{\sqrt{2}} \cdot \Delta u_1 = \frac{Z_1 U_{\mathrm{p}}}{Z_0 + Z_1} \tag{6-18}$$

$$u_{\mathrm{Ln}} < u'_{\mathrm{Ln}} = \frac{3L_{\mathrm{B}} Z_1 U_{\mathrm{p}}}{(2L_{\mathrm{A}} + 3L_{\mathrm{B}})(Z_0 + Z_1)} \tag{6-19}$$

$$\varDelta_2 = \frac{3}{2} u_{\mathrm{Ln}} T_{1-0} \tag{6-20}$$

在线模波到达线路另一端之后，而地模波到达线路另一端之前的时间段内，非故障极限流电感的电压上升。由于线模波和地模波的极性相反，而地模波的幅值大约是线模波幅值的两倍，因此，地模波到达后，非故障极限流电感电压会下降。将线模波和地模波到达时间差定义为 T_{1-0}。鉴于地模波比线模波衰减更为严重，因此可以认为非故障极限流电感电压从最大值减小到 0 需要两倍的上升时间。因此，$\varDelta_2$ 可以由式 (6-20) 估算得到。

4. 双端量保护流程图

本节所提出的双端量保护方法的流程图如图 6-7 所示。下标 i 代表 p 或 n，即正极或负极。光纤用于输电线路两端之间的信号传输。图 6-7 中的关键步骤是保护启动和区内外故障判别，分别对应步骤 3 和步骤 8。保护启动之后，开始计算

$S_{Mi}(S_{Mp}, S_{Mn})$。通过比较 S_{Mi} 和 $\varDelta_2$，可以得到 P_{Mi} 和 P_{Ni}。如果 P_{Mi} 和 P_{Ni} 都为 1，说明 i 极发生区内故障，应该给相应极直流线路两端的断路器发送触发信号，将故障线路切除。否则，就判断为区外故障。

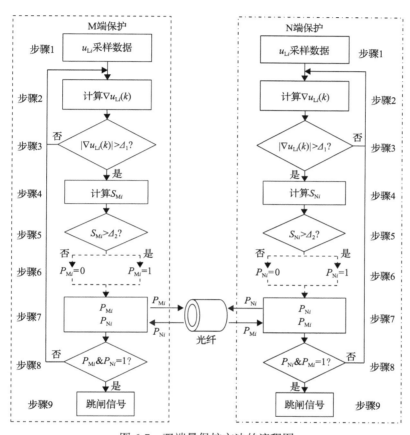

图 6-7　双端量保护方法的流程图

下面以 M 端保护系统为例，对该双端量保护的操作流程进行详细说明。系统正常运行时，持续地利用采样所得限流电感电压值 u_{Li} 来计算其梯度值 $\nabla u_{Li}(k)$，同时将该梯度值的模与门槛值 $\varDelta_1$ 相比较，如果所得梯度值小于或等于门槛值，则表明没有故障发生，继续比较下一组数据；如果梯度值大于门槛值，则保护启动，进入下一步区内外故障判别步骤。利用限流电感电压值计算 S_{Mi}，并将其与门槛值 $\varDelta_2$ 比较，如果小于或等于门槛值，则将 P_{Mi} 置 0，否则置 1，并将 P_{Mi} 的值保持。此后，通过光纤将 P_{Mi} 传递到直流线路对端，并将 P_{Mi} 和对端传递过来的 P_{Ni} 做逻辑 "与" 运算，如果所得逻辑值为 1，则判断为区内故障，给本端直流断路器发送跳闸信号，如果逻辑值为 0，则保护返回。

6.1.3 仿真验证

1. 仿真模型

为了验证本节所提出的双端量保护方法的有效性，参考张北四端柔性直流电网的网架结构及相关参数，在 PSCAD/EMTDC 中搭建了如图 6-1 所示仿真模型。模型关键参数如表 6-1 所示，输电线路采用依频架空线路模型[6]。以线路 $Line_{12}$ 两端的保护为例来说明本节所介绍保护方法的有效性。所有故障的起始时刻都设定为 3.0s，采样频率采用 50kHz，采样时间窗选取为 0.5ms。根据 6.1.2 节所介绍的门槛值整定方法，$\varDelta_1$ 设置为 50kV，而 $\varDelta_2$ 设置为 19.46V·s。在故障点 F_1、F_2、F_4、F_5、F_8 和 F_9 处设置不同短路故障，对该保护方法的有效性都进行了仿真验证。

表 6-1 仿真模型的关键参数

参数名称	取值
限流电感 L_B/mH	200
子模块电容 C_0/μF	2500
桥臂电感 L_A/mH	29
每个桥臂的子模块数目 N	244
换流站 1 的额定有功功率/MW	1500
换流站 2 的额定有功功率/MW	1500
换流站 3 的额定有功功率/MW	3000
换流站 4 的额定有功功率/MW	3000
直流侧额定电压/kV	±500
线模、地模波波阻抗/Ω	269.3、597.6
线模、地模波波速/(km/ms)	294、260

对于以下仿真结果，线路 $Line_{12}$ 上靠近换流站 1 处测得的变量下标用 "12" 表示，如 S_{12} 和 P_{12}，而线路 $Line_{12}$ 上靠近换流站 2 处测得的变量用下标 "21" 表示，如 S_{21} 和 P_{21}。

2. 区内故障仿真

对于发生在 F_1 和 F_2 处的金属性正极接地故障及发生于 F_1 处的金属性负极接地故障和极间短路故障，仿真数据和判别结果列于表 6-2。

表 6-2　区内故障时的故障判别结果

故障设置	极性	∇u_{12}/kV	S_{12}/(V·s)	P_{12}	∇u_{21}/kV	S_{21}/(V·s)	P_{21}	判别结果
F_2 处正极接地	正极	315.8	239.7	1	491.9	243.3	1	区内正极接地故障
	负极	194.7	20.7	0	101.2	−41.2	0	
F_1 处正极接地	正极	468.7	269.7	1	547.6	307.7	1	区内正极接地故障
	负极	110.0	−22.6	0	129.3	−23.8	0	
F_1 处负极接地	正极	108.2	−26.3	0	124.0	−27.9	0	区内负极接地故障
	负极	450.6	262.4	1	524.7	299.6	1	
F_1 处极间短路	正极	708.2	314.6	1	830.3	363.4	1	区内极间短路故障
	负极	709.5	318.7	1	829.2	365.9	1	

表 6-2 中的判别结果显示，故障极线路两端限流电感电压的极性逻辑值为 1，而非故障极线路两端限流电感电压的极性逻辑值为 0。因此，本节所提保护方法可以可靠识别区内故障并能够正确判别故障极。

3. 区外故障仿真

对于区外故障，以最为严重的极间短路故障为例来验证所提保护方法的工作可靠性。对于发生于 F_8、F_4 和 F_5 处的极间短路故障，仿真结果和故障判别结果列于表 6-3 中，对于发生于 F_8 处的极间短路故障，线路两端的限流电感电压极性的逻辑值相反。而对于 F_4 和 F_5 处的极间短路故障，故障引起的线路 Line_{12} 两端限流电感电压的突变不能使保护启动，更不会误动作。因此，对于区外故障，所介绍保护方法不会误动作。

表 6-3　区外故障时的仿真结果

故障设置	极性	∇u_{12}/kV	S_{12}/(V·s)	P_{12}	∇u_{21}/kV	S_{21}/(V·s)	P_{21}	判别结果
F_8 处极间短路	正极	494.5	−189.0	0	50.3	112.6	1	区外故障
	负极	489.3	−187.0	0	50.3	108.6	1	
F_4 处极间短路	正极	107.1	−47.4	0	7.7	—	—	区外故障
	负极	99.8	−45.4	0	7.3	—	—	
F_5 处极间短路	正极	4.7	—	—	62.9	−32.3	0	区外故障
	负极	4.2	—	—	63.3	−33.2	0	

对于发生于 F_9 处的交流侧故障，即使是最为严重的三相短路故障，也不能使线路 Line_{12} 两侧的保护启动。因此，交流侧故障发生时，该保护方法不会误动作。

4. 抗过渡电阻能力仿真

为了验证所提保护方法的抗过渡电阻能力，F_1 和 F_2 处发生正极接地故障，过渡电阻为 200Ω 和 400Ω 时，仿真数据和判别结果如表 6-4 所示。表 6-4 显示，随着过渡电阻的增大，u_L 的梯度值和 S 的幅值减小。但是，即使过渡电阻为 400Ω，保护仍然可以正确判定该短路故障为区内故障。

表 6-4　过渡电阻较大时区内故障仿真

故障设置	过渡电阻/Ω	极	∇u_{12}/kV	S_{12}/(V·s)	P_{12}	∇u_{21}/kV	S_{21}/(V·s)	P_{21}	判别结果
F_2 处正极接地	200	正极	190.3	125.8	1	278.9	123.4	1	区内正极接地
		负极	117.3	6.9	0	79.3	−32.7	0	
	400	正极	135.3	84.8	1	192.2	80.9	1	区内正极接地
		负极	83.5	3.9	0	62.3	−25.3	0	
F_1 处正极接地	200	正极	196.5	118.2	1	227.9	135.0	1	区内正极接地
		负极	45.9	—	—	54.7	−7.9	0	
	400	正极	125.5	76.2	1	144.9	87.2	1	区内正极接地
		负极	29.2	—	—	35.1	—	—	

以上仿真结果证明，本节所提保护方法速动性强，选择性、灵敏性及可靠性高。主要结论如下。

(1) 所提保护方法的原理和算法简单，容易实现。该保护方法不需要快速傅里叶变换将故障信号分解到不同的频率段，也不需要小波变换来获取故障行波。此外，该双端量保护方法不需要两端信号的严格时间同步，降低了保护的实现难度，同时有助于提高保护的可靠性。

(2) 所提保护方法的灵敏性及选择性较高。由于每一端只是用故障信息判别限流电感电压的突变极性，进而判断故障方向，因此，与单端量保护方法相比，所提保护方法的灵敏性和选择性具有绝对的优势。即使发生过渡电阻达到 400Ω 的区内故障，所提保护方法仍然能够正确动作。

(3) 所提保护方法动作速度快。对于所提保护方法，只需要很短的采样时间窗就能判别出限流电感的极性，因此，提高了保护的动作速度。除此之外，所提保护方法利用限流电感电压的积分值判别区内外故障，在判别出故障区段的同时能够判别出故障极，因此，该保护方法不需要额外的故障极判别步骤，这进一步提高了保护的速动性。

6.2　基于线模故障电流首波极性特征的直流线路双端量保护

直流线路双端量保护方案充分利用了直流线路两端的电气量信息，具有更高的选择性，为了保证故障的可靠切除，通常为线路配置双端量保护方案作为线路的后备保护，单端量保护方案和双端量保护方案相互配合，同时保证了动作速度和选择性。本节通过对直流线路两端的故障电流首波特征进行分析，提出了一种基于线模故障电流首波极性特征的直流线路双端量保护方案。首先，建立了直流线路线模故障分量等效电路，分析了区内外故障时直流线路两端线模故障电流首波极性差异，并以此构建了区内外故障识别判据。此外，通过对正负极故障电流积分运算的分析，构建了故障极识别判据，用于识别故障类型。最后，通过在PSCAD/EMTDC 中搭建的张北四端柔性直流电网仿真模型对所提双端量保护方案的有效性进行了仿真验证。

6.2.1　线模故障电流首波极性特征分析

本节研究对象为四端柔性直流电网，具体见图 6-1。

1. 区内短路故障线模故障电流首波分析

由于柔性直流输电系统采用对称结构，因此可以通过相模变换的方式将正负极分量转换为地模和线模分量，线模分量具有传播速度快、受线路衰减影响较小、在各种故障类型下均存在等优势，因此，本节通过对线模故障电压电流行波进行分析，以此来构建保护判据。线模故障电压电流表达式如下：

$$\begin{cases} \Delta u_{1F} = \dfrac{\sqrt{2}}{2}\left(\Delta u_p - \Delta u_n\right) \\ \Delta i_{1F} = \dfrac{\sqrt{2}}{2}\left(\Delta i_p - \Delta i_n\right) \end{cases} \tag{6-21}$$

式中，Δu_{1F}、Δi_{1F} 分别为线模故障电压、电流分量；Δu_p、Δu_n 分别为正、负极故障电压分量；Δi_p、Δi_n 分别为正、负极故障电流分量。

当直流线路区内发生正极接地故障时，线路 Line$_{12}$ 的线模故障分量等效电路如图 6-8 所示。图中，F 代表故障点，Δu_{1F} 代表故障点处的线模故障电压首波，Δi_{F12} 代表保护测量装置 R$_{12}$ 测量得到的线模故障电流首波，Δi_{F21} 代表保护测量装置 R$_{21}$ 测量得到的线模故障电流首波。

当直流线路发生单极接地故障时，故障极故障电压分量的绝对值远大于正常

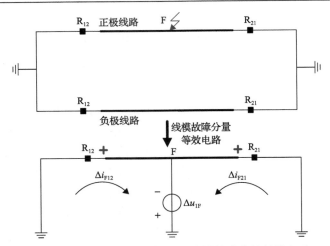

图 6-8　区内正极接地故障时的线模故障分量等效电路

极故障电压分量绝对值。由式(6-21)可知，线模故障电压的符号主要取决于故障极的故障电压。因此，当线路发生正极接地故障时，Δu_{1F} 的符号由正极故障电压 Δu_p 决定，因为正常运行时的正极额定电压 $u_p > 0$，故障后正极电压 $u_{p,f}$ 将趋近于 0，所以正极故障电压 $\Delta u_p < 0$，进而可得 Δu_{1F} 为负。规定电流的正方向为从母线流向线路，从图 6-8 中可以直观看出，直流线路两端保护测量装置 R_{12} 和 R_{21} 测量得到的线模故障电流首波极性都为正，极性相同。

当线路发生负极接地故障时，故障极为负极，由式(6-21)可知，Δu_{1F} 的符号由 $-\Delta u_n$ 决定，因为正常运行时的负极额定电压 $u_n < 0$，故障后负极电压 $u_{n,f}$ 将趋近于 0，所以负极故障电压 $\Delta u_n > 0$，则 $-\Delta u_n < 0$，可得 Δu_{1F} 为负，与图 6-8 所示正极接地故障时的线模故障分量等效电路相同。因此，当发生区内负极接地故障时，直流线路两端的线模故障电流首波极性都为正，极性相同。同理可知，当发生区内极间短路故障时，直流线路两端的线模故障电流首波同样满足上述特征。

2. 区外短路故障线模故障电流首波分析

当直流线路区外发生正极接地故障时，以换流站 2 直流母线处 F_3 点发生故障为例进行分析，线路 $Line_{12}$ 的线模故障分量等效电路如图 6-9 所示。当区外发生正极接地故障时，Δu_{1F} 极性的分析与区内相同，也为负，从图中可以看出，对于保护测量装置 R_{12}，故障点相当于正方向，线模故障电流首波极性为正，而对于保护测量装置 R_{21}，故障点相当于反方向，线模故障电流首波极性为负，因此，直流线路两端的线模故障电流首波极性为一正一负，极性相反。

当直流线路区外发生负极接地故障时，以换流站 S_2 直流母线处 F_3 点发生故障

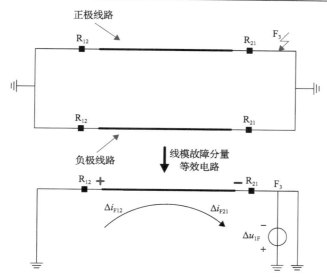

图 6-9　F_3 发生正极接地故障时的线模故障分量等效电路

为例进行分析，线路 $Line_{12}$ 的线模故障分量等效电路同样如图 6-9 所示。因此，当区外发生负极接地故障时，保护测量装置 R_{12} 测量得到的线模故障电流首波极性为正，保护测量装置 R_{21} 测量得到的线模故障电流首波极性为负，极性相反。同理可知，当发生区外极间短路故障时，直流线路两端的线模故障电流首波同样满足上述特征。

3. 其余线路故障时线模故障电流首波分析

从前述分析可知，无论故障类型是正极接地故障、负极接地故障还是极间短路故障，当故障发生在区内时，线路两端线模故障电流首波极性都为正，极性相同，当故障发生在本条线路区外时，线路两端线模故障电流首波极性一正一负，极性相反。对于多端柔性直流电网来说，当某条线路故障时，故障行波沿着故障点向本线路两端传播，并进入相邻线路，非故障线路故障电流首波也可能出现极性相同的情况，以线路 $Line_{34}$ 的中点 F_6 发生正极接地故障为例进行说明，线模故障分量等效电路如图 6-10 所示。

从图 6-10 可以看出，非故障线路 $Line_{12}$ 两端保护测量装置测得的线模故障电流首波极性也可能相同，但是同为负极性。

综合上述分析，可以得到如下结论。

当直流线路发生区内故障时，线路两端保护测量装置测得的线模故障电流首波的极性都为正，当直流线路发生区外故障时，测得的线模故障电流首波的极性有两种可能，第一种可能是一正一负，极性相反，第二种可能是虽然极性相同，

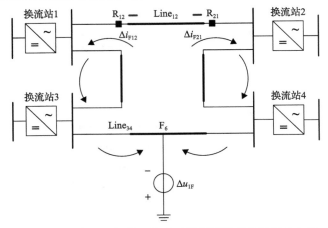

图 6-10　F_6 发生正极接地故障时的线模故障分量等效电路

但都为负极性。此外，当故障类型为正极接地故障、负极接地故障和极间短路故障时，以上结论均成立。可见，区内外故障时线路两端线模故障电流首波极性存在显著差异，且与故障类型无关，基于此差异构建保护判据能够实现区内外故障的有效识别，且不需分正负极分别讨论，有效性大大提高。

6.2.2　直流线路双端量保护方案

1. 启动判据

当系统正常运行时，直流线路线模故障电流为 0，当直流线路发生故障时，线模故障电流会上升，基于此可以构建故障启动判据。为了保证区内发生任何故障时保护都可靠启动，以区内线模故障电流最小的故障类型对保护门槛进行整定，即区内末端发生高阻接地故障。当系统发生故障时，线模故障电流在短时间内迅速上升，取门槛值为故障电流峰值的 10%，可得故障启动判据如下：

$$|\Delta i_1| > 0.1 I_{1m} \tag{6-22}$$

式中，$|\Delta i_1|$ 为保护测量装置测得的线模故障电流绝对值；I_{1m} 为区内末端发生经 500Ω 过渡电阻正极接地故障时的线模故障电流首峰值。

2. 区内外故障识别判据

由 6.2.1 节可知，当直流线路发生区内故障时，线路两端线模故障电流首波的极性都为正，当直流线路发生区外故障时，线路两端线模故障电流首波的极性相反或都为负极性，且正极接地故障、负极接地故障和极间短路故障都满足此结论。

为了提高判据的可靠性，定义线模故障电流的积分值，表达式如下：

$$S_{ij} = \int_{t_{ij}}^{t_{ij}+\Delta T} i_{ij}(t)\mathrm{d}t \tag{6-23}$$

式中，i_{ij} 为保护测量装置 R_{ij} 测得的线模故障电流；t_{ij} 为线模故障电流突变点时刻；ΔT 为采样数据窗长度；S_{ij} 为采样数据窗中线模故障电流的积分值。

定义 FH_{ij} 如下：

$$\mathrm{FH}_{ij} = \begin{cases} 1, & S_{ij} > \mathrm{FH}_{\mathrm{th}} \\ 0, & S_{ij} < \mathrm{FH}_{\mathrm{th}} \end{cases} \tag{6-24}$$

式中，FH_{ij} 为保护测量装置 R_{ij} 的线模故障电流首波极性逻辑值，其值取 1 代表正极性，其值取 0 代表负极性；$\mathrm{FH}_{\mathrm{th}}$ 为保护门槛值，其值应保证区内发生任何故障时保护都能正确动作，任何区内故障都满足 S_{ij} 大于 $\mathrm{FH}_{\mathrm{th}}$，因此以区内末端发生高阻接地故障对 $\mathrm{FH}_{\mathrm{th}}$ 进行整定。

基于直流线路区内外故障时，线模故障电流首波极性的差异，建立区内外故障识别判据：

$$\begin{cases} \mathrm{FH}_{ij} \,\&\, \mathrm{FH}_{ji} = 1 \to \text{区内故障} \\ \mathrm{FH}_{ij} \,\&\, \mathrm{FH}_{ji} = 0 \to \text{区外故障} \end{cases} \tag{6-25}$$

通过以上分析可知，当直流线路两端极性逻辑值相与的结果为 1，即直流线路两端线模故障电流首波极性都为正极性时，判定发生区内故障；当直流线路两端极性逻辑值相与的结果为 0，即直流线路两端线模故障电流首波极性相反或都为负极性时，判定发生区外故障。

3. 故障极识别判据

当直流线路发生不同类型故障时，正负极故障电流波动程度存在显著差异，可以利用正负极故障电流积分的绝对值代表波动程度，据此建立故障极识别判据：

$$\begin{cases} \left|S_{\mathrm{f,p}}\right| > \left(1 + k_{\mathrm{rel2}}\right)\left|S_{\mathrm{f,n}}\right| \to \text{正极接地故障} \\ \left|S_{\mathrm{f,n}}\right| > \left(1 + k_{\mathrm{rel2}}\right)\left|S_{\mathrm{f,p}}\right| \to \text{负极接地故障} \\ \left(1 - k_{\mathrm{rel2}}\right)\left|S_{\mathrm{f,n}}\right| \leqslant \left|S_{\mathrm{f,p}}\right| \leqslant \left(1 + k_{\mathrm{rel2}}\right)\left|S_{\mathrm{f,n}}\right| \to \text{极间短路故障} \end{cases} \tag{6-26}$$

式中，k_{rel2} 为可靠系数，通过分析可知，其值在 0～1，可将其取为 0.5；$S_{\mathrm{f,p}}$ 为采样数据窗中正极故障电流的积分；$S_{\mathrm{f,n}}$ 为采样数据窗中负极故障电流的积分。$S_{\mathrm{f,p}}$ 和 $S_{\mathrm{f,n}}$ 的表达式如式 (6-27) 所示。

$$\begin{cases} S_{f,p} = \displaystyle\int_{t_f}^{t_f + \Delta T} i_{f,p}\,\mathrm{d}t \\[2ex] S_{f,n} = \displaystyle\int_{t_f}^{t_f + \Delta T} i_{f,n}\,\mathrm{d}t \end{cases} \qquad (6\text{-}27)$$

当故障点不在线路中点时，由于故障行波到达线路两端时刻不同，保护测量装置两端测量得到的故障电流并不完全相等，为了提高保护动作速度，$i_{f,p}$ 和 $i_{f,n}$ 分别代表故障电流首波先到达的一端的正负极故障电流，t_f 代表故障电流首波先到达的一端的故障电流突变点时刻。当故障点在线路中点时，首波到达线路两端的时刻相同，由于系统结构的对称性，在采样数据窗内两端电流接近相等，任取一端即可。

4. 整体保护方案

图 6-11 所示为直流线路双端量保护方案流程图，以直流线路 Line$_{12}$ 的保护为

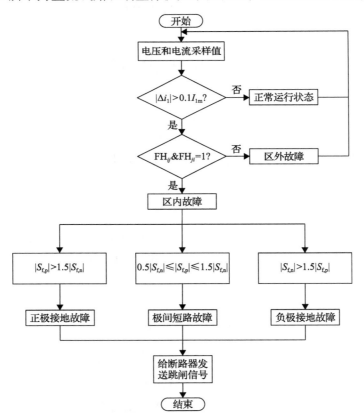

图 6-11 直流线路双端量保护方案流程图

例对其进行说明，系统对采集到的电压电流数据进行运算，当$|\Delta i_1|>0.1I_{1m}$时，则判定线路发生故障，进而通过比较线路两端保护测量装置 R_{12} 和 R_{21} 的线模故障电流首波的极性，判定是否发生区内故障，如果线路两端线模故障电流首波的极性都为正，即 $FH_{ij}\,\&\,FH_{ji}=1$，则判定发生区内故障，再进行故障类型的识别，如果正极故障电流积分绝对值远大于负极故障电流积分绝对值，即 $|S_{f,p}|>1.5|S_{f,n}|$，则判定发生正极接地故障，如果负极故障电流积分绝对值远大于正极故障电流积分绝对值，即 $|S_{f,n}|>1.5|S_{f,p}|$，则判定发生负极接地故障，如果正负极故障电流积分绝对值接近相等，即 $0.5|S_{f,n}|\leqslant|S_{f,p}|\leqslant1.5|S_{f,n}|$，则判定发生极间短路故障。

6.2.3 仿真验证

1. 仿真模型

本节在 PSCAD/EMTDC 中搭建了四端柔性直流电网仿真模型，与理论分析相对应，以保护测量装置 R_{12} 和 R_{21} 之间线路 $Line_{12}$ 的保护为例，对所提保护方案进行仿真验证。采样频率设置为 100kHz，采样数据窗长度 ΔT 设置为 0.5ms，故障发生时刻设置为 3.5000s，区内外故障识别判据的保护门槛 FH_{th} 根据区内末端 F_2 点发生经 500Ω 过渡电阻正极接地故障进行整定，设置为 10A·ms。

2. 区内故障仿真分析

为了验证本节所提双端量保护方案在区内动作的准确性，以线路 $Line_{12}$ 的 F_1 点发生金属性故障为例进行仿真分析，故障类型分别设置为正极接地故障、负极接地故障和极间短路故障。

各故障场景下区内外故障的仿真结果列于表 6-5 中。图 6-12 为线路 $Line_{12}$ 中点 F_1 发生正极接地故障时，两端保护测量装置 R_{12} 和 R_{21} 测量得到的线模故障电流和正负极故障电流波形。

表 6-5　F_1 点故障时的仿真结果

故障点	故障类型	S_{12}/(A·ms)	S_{21}/(A·ms)	$FH_{12}\&FH_{21}$	$|S_{f,p}|$/(A·ms)	$|S_{f,n}|$/(A·ms)	判别结果
F_1	正极接地	218.79	218.70	1	326.18	16.77	区内正极接地故障
	负极接地	220.90	219.74	1	16.02	328.43	区内负极接地故障
	极间短路	552.35	553.63	1	390.33	390.81	区内极间短路故障

从仿真结果可见，当区内线路中点 F_1 发生正极接地、负极接地和极间短路故障时，线路两端线模故障电流的积分值 $S_{12}>FH_{th}$，$S_{21}>FH_{th}$，$FH_{12}\&FH_{21}=1$，根据区内外故障识别判据，判定为区内故障，判别结果可靠准确。当故障极为正极时，正极故障电流积分的绝对值 $|S_{f,p}|$ 大于 1.5 倍负极故障电流积分的绝对值 $|S_{f,n}|$，

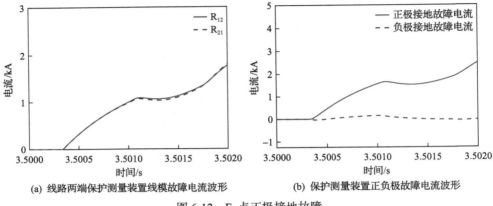

(a) 线路两端保护测量装置线模故障电流波形　　　(b) 保护测量装置正负极故障电流波形

图 6-12　F_1 点正极接地故障

根据故障极识别判据，故障类型为正极接地故障；当故障极为负极时，$|S_{f,n}|>$ $1.5|S_{f,p}|$，识别故障类型为负极接地故障，当故障极为正负极时，$0.5|S_{f,n}|<S_{f,p}<$ $1.5|S_{f,n}|$，识别故障类型为极间短路故障，不同故障类型的仿真结果验证了故障极识别判据的有效性。

3. 区外故障仿真分析

当直流线路区外发生故障时，保护判据应对区外故障进行可靠识别，使保护不动作，保证双端量保护的选择性，为了验证本节所提双端量保护判据对区外故障识别的准确性，分别以换流站 2 直流母线处 F_3 点、线路 $Line_{13}$ 中点 F_7、线路 $Line_{24}$ 中点 F_5、线路 $Line_{34}$ 中点 F_6 发生不同类型故障为例，进行仿真验证，仿真结果列于表 6-6 中。

表 6-6　区外不同位置发生故障时的仿真结果

故障点	故障类型	$S_{12}/(A·ms)$	$S_{21}/(A·ms)$	$FH_{12}\&FH_{21}$	$|S_{f,p}|/(A·ms)$	$|S_{f,n}|/(A·ms)$	判别结果
	正极接地	54.20	−185.51	0	—	—	区外故障
F_3	负极接地	53.97	−185.30	0	—	—	区外故障
	极间短路	110.33	−378.00	0	—	—	区外故障
	正极接地	−63.19	17.98	0	—	—	区外故障
F_7	负极接地	−63.01	18.41	0	—	—	区外故障
	极间短路	−156.80	45.52	0	—	—	区外故障
	正极接地	15.44	−50.38	0	—	—	区外故障
F_5	负极接地	15.44	−49.62	0	—	—	区外故障
	极间短路	36.56	−116.45	0	—	—	区外故障

续表

故障点	故障类型	$S_{12}/(\mathrm{A\cdot ms})$	$S_{21}/(\mathrm{A\cdot ms})$	$\mathrm{FH_{12}\&FH_{21}}$	$\|S_{f,p}\|/(\mathrm{A\cdot ms})$	$\|S_{f,n}\|/(\mathrm{A\cdot ms})$	判别结果
	正极接地	−5.28	−5.48	0	—	—	区外故障
F_6	负极接地	−5.17	−5.71	0	—	—	区外故障
	极间短路	−13.19	−14.36	0	—	—	区外故障

从仿真结果可见，当区外 F_3、F_5、F_6、F_7 点发生正极接地、负极接地和极间短路故障时，$\mathrm{FH_{12}\&FH_{21}}=0$，根据区内外故障识别判据，判定为区外故障，判别结果可靠准确。

4. 抗过渡电阻能力仿真分析

为了验证本节所提双端量保护方案的抗过渡电阻能力，以区内 F_2 点发生经 0Ω、100Ω、300Ω、500Ω 过渡电阻正极接地故障为例，进行仿真分析。仿真结果列于表 6-7 中。

表 6-7　不同过渡电阻时的仿真结果

过渡电阻/Ω	$S_{12}/(\mathrm{A\cdot ms})$	$S_{21}/(\mathrm{A\cdot ms})$	$\mathrm{FH_{12}\&FH_{21}}$	$\|S_{f,p}\|/(\mathrm{A\cdot ms})$	$\|S_{f,n}\|/(\mathrm{A\cdot ms})$	判别结果
0	222.22	144.10	1	244.35	40.57	区内正极接地故障
100	163.73	106.46	1	180.39	29.83	区内正极接地故障
300	106.90	69.68	1	117.94	19.40	区内正极接地故障
500	79.28	51.81	1	87.62	14.35	区内正极接地故障

从仿真结果可见，当过渡电阻变大时，故障电流积分值逐渐减小，但即使过渡电阻为 500Ω，S_{12} 和 S_{21} 依然显著大于保护门槛 $\mathrm{FH_{th}}$，且 $|S_{f,p}|>1.5|S_{f,n}|$，均判别为区内正极接地故障，判别结果可靠准确、灵敏度高，验证了保护判据在高阻故障时的有效性。

6.3　基于线模故障分量功率的直流线路方向纵联保护

方向纵联保护仅需向对端传输方向识别结果，进而识别出区内外故障，具有无须数据同步、通信量小、工程实用性强等优点。然而柔性直流电网的方向纵联保护大多依赖限流电感构成的边界条件，且易受过渡电阻的影响。针对上述问题，提出一种不依赖线路端部电感边界的直流线路方向纵联保护方法。理论分析发现，直流线路发生区内故障时，线路两端线模故障分量功率极性相同，而发生区外故障时，线路两端线模故障分量功率极性相反。由此，构造了基于线模故障分量功率极性比较的方向纵联保护判据。最后，通过电磁暂态仿真对所提方法进行验证。结果表明，该方法抗过渡电阻能力和抗噪声干扰能力强，采样频率适中，工程适用性强。

6.3.1 分析模型

本节构建如图 6-1 所示的四端柔性直流电网作为分析模型，系统参数见表 6-1。直流侧通过三个 MMC 与交流电源互联，换流站 1~4 均采用半桥 MMC 拓扑，主接线采用对称双极结构。其中，换流站 1 和 2 的额定功率为 1500MW，换流站 3 和 4 的额定功率为 3000MW。直流输电线路采用架空线模型，每条直流线路端部均配备限流电感和保护装置。

6.3.2 故障特性分析

由于输电线路具有分布参数特性，当线路发生故障后，在故障点会产生一个向线路两端传播的行波，并在阻抗不连续点发生折反射。考虑到地模分量受频率影响大，衰减比线模分量快，稳定性差，本节选择线模分量进行分析。利用对称分量法可计算出极间短路故障和单极接地故障下的线模故障分量电压(line-mode fault component voltage，LFCV)，如式(6-28)所示。

$$\begin{cases} \Delta u_{f1\_PPF} = -\dfrac{\sqrt{2}Z_{c1}U_p}{Z_{c0}+Z_{c1}+2R_g} \\[4mm] \Delta u_{f1\_SPGF} = -\dfrac{2\sqrt{2}Z_{c1}U_p}{2Z_1+R_g} \end{cases} \tag{6-28}$$

式中，U_p 为额定电压；R_g 为过渡电阻；Z_{c1} 和 Z_{c0} 分别为线模波阻抗和地模波阻抗；Δu_{f1_SPGF} 和 Δu_{f1_PPF} 分别为发生单极接地故障和极间短路故障后的故障点的 LFCV。由式(6-28)可知，故障后的 LFCV 极性均为负。

本节重点分析线路两端保护处的首波，利用 Peterson 等效电路分析发生区内外故障时的行波特征。

1. 区内故障分析

当线路发生极间短路故障时，在初始阶段主要为子模块电容迅速放电，因此 MMC 可以等效为 L_{eq} 和 C_{eq} 的串联。

当图 6-1 中的区内 F_1 点发生故障后，复频域下保护 R_{12} 和保护 R_{21} 的 Peterson 等效电路如图 6-13 所示，其中 L_{dc} 为限流电感，Z_{c1} 为线模波阻抗。考虑到行波在线路上传播时存在衰减和色散，则时域下保护 R_{12} 处和保护 R_{21} 处的 LFCV 可近

似为

$$
\begin{cases}
\Delta u_{12}(t) \approx \dfrac{2\Delta u_{f1\_PPF}(1-k_{a1}x_1)L_{sum}}{2L_{sum}-Z_{c1}\tau_{a1}x_1}(e^{-Z_{c1}t/2L_{sum}}-e^{-t/\tau_{a1}x_1}) \\[4mm]
\Delta u_{21}(t) \approx \dfrac{2\Delta u_{f1\_PPF}(1-k_{a1}x_2)L_{sum}}{2L_{sum}-Z_{c1}\tau_{a1}x_2}(e^{-Z_{c1}t/2L_{sum}}-e^{-t/\tau_{a1}x_2})
\end{cases}
\tag{6-29}
$$

式中，$L_{sum}=L_{eq}+L_{dc}$；x_1 和 x_2 为行波从故障点到保护 R_{12} 和 R_{21} 的传播距离；τ_{a1} 和 k_{a1} 分别为单位距离下的行波色散时间常数和衰减系数；t 为行波传播时间。

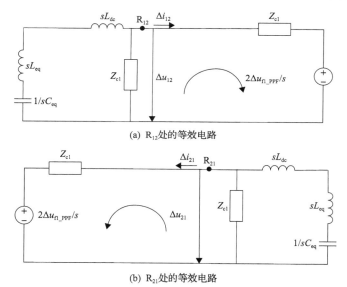

(a) R_{12} 处的等效电路

(b) R_{21} 处的等效电路

图 6-13　F_1 处发生极间短路故障时的 Peterson 等效电路

主要参数的数量级如表 6-8 所示，其中，x 代表 x_1 和 x_2。因此，行波的传递函数满足 $\dfrac{1-k_{a1}x}{\tau_{a1}x}>0$，架空线的参数满足 $\dfrac{1}{\tau_{a1}x} \gg \dfrac{Z_{c1}}{2L_{sum}}$。考虑到 Δu_{f1_PPF} 极性为负，结合式 (6-28) 可得 $\Delta u_{12}(t)$ 和 $\Delta u_{21}(t)$ 的极性均为负。

表 6-8　主要参数的数量级

主要参数	数量级
L_{dc}	10^{-1}H
$\tau_{a1}x$	10^{-5}
L_{eq}	10^{-2}H
C_{eq}	10^{-3}F
Z_{c1}	$10^{2}\Omega$

规定电流的正方向为从母线流向线路。根据线路两端的电压极性，可得图 6-13 的电流方向图，因此保护 R_{12} 和 R_{21} 处的线模故障分量电流(line-mode fault component current，LFCC) $\Delta i_{12}(t)$ 和 $\Delta i_{21}(t)$ 极性均为正。

定义线模故障分量功率(line-mode fault component power，LFCP)为 LFCV 和 LFCC 的乘积，即

$$\Delta P(t) = \Delta u(t) \cdot \Delta i(t) \tag{6-30}$$

式中，$\Delta P(t)$ 为 LFCP；$\Delta u(t)$ 为 LFCV；$\Delta i(t)$ 为 LFCC。

由以上 LFCV 和 LFCC 的极性可得，发生区内故障时保护 R_{12} 和 R_{21} 处的 LFCP $\Delta P_{12}(t)$ 和 $\Delta P_{21}(t)$ 极性均为负。

2. 区外故障分析

当图 6-1 中的 F_3 点发生极间短路故障后，电压行波从故障点 F_3 传播到保护 R_{21}，在直流线路 $Line_{12}$ 上发生衰减和色散后到达保护 R_{12}。故障后，保护 R_{12} 和 R_{21} 处的 Peterson 等效电路如图 6-14 所示。因此，考虑到行波在线路 $Line_{12}$ 上的衰减，F_3 处发生故障时，时域下保护 R_{12} 和 R_{21} 处的 LFCV 分别为

$$\begin{cases} \Delta u_{in12}(t) \approx \dfrac{4\Delta u_{f1\_PPF}}{3}(1-k_{a1}L)\left(\dfrac{2L_{sum}}{Z_{c1}}-\dfrac{2L_{sum}}{Z_{c1}}e^{-Z_{c1}t/2L_{sum}}+\tau_{a1}L\right) \\ \Delta u_{in21}(t) = \dfrac{4\Delta u_{f1\_PPF}}{3}(1-e^{-2Z_{c1}t/L_{dc}}) \end{cases} \tag{6-31}$$

式中，L 为线路 $Line_{12}$ 的长度。

由于 $1-k_{a1}L>0$，且 Δu_{f1_PPF} 的极性为负，由式(6-31)可知 $\Delta u_{12}(t)$ 和 $\Delta u_{21}(t)$ 极性均为负。

根据线路两端的电压极性，可得到图 6-14 中的电流方向示意图，由于保护 R_{12} 和 R_{21} 处的 LFCV 极性均为负，因此保护 R_{12} 处的 $\Delta i_{12}(t)$ 极性为正，保护 R_{21} 处的 $\Delta i_{21}(t)$ 极性为负。由此可得，区外 F_3 发生故障时，保护 R_{12} 处的 LFCP 的极性为负，保护 R_{21} 处的 LFCP 极性为正。

当图 6-1 中的 F_8 点发生极间短路故障时，考虑到拓扑中 F_8 点与 F_3 点对称，则故障特征也相同。参考 F_3 点的故障特征分析，因此，当 F_8 点发生极间短路故障时，保护 R_{12} 点的 LFCP 的极性为正，保护 R_{21} 点的 LFCP 极性为负。

由于图 6-1 中拓扑的接线方式为对称双极接线，线路正负极间对称，系统发生极间短路故障和单极接地故障时的故障回路相同，因此以上分析对单极接地故障同样适用。由此可得，对于极间短路故障和单极接地故障，区内发生故障时，线路两端 LFCP 极性相同；区外发生故障时，线路两端 LFCP 极性相反。

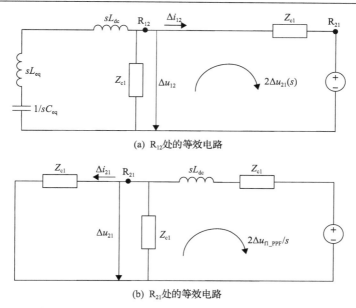

(a) R_{12}处的等效电路

(b) R_{21}处的等效电路

图 6-14　F_3 处发生极间短路故障时的 Peterson 等效电路

6.3.3　直流线路方向纵联保护方案

1. 启动判据

由 6.3.2 节的分析可知，当线路发生故障后，LFCV 幅值会迅速上升。因此故障启动判据采用 LFCV 幅值，具体如式 (6-32) 所示。

$$|\Delta u_1| > 0.1 u_{\text{rate}} \tag{6-32}$$

式中，Δu_1 为 LFCV；u_{rate} 为启动门槛值，这里取线模额定电压。

2. 故障识别判据

由 6.3.2 节的分析可知，当区内发生故障时，线路两端 LFCP 的极性相同，而区外发生故障时，线路两端 LFCP 的极性相反。由此建立基于 LFCP 的方向纵联保护判据。为提高保护的可靠性，利用 LFCP 的和值判断极性，如式 (6-33) 所示：

$$S = \sum_{k=1}^{N} \Delta P(k) \tag{6-33}$$

式中，ΔP 为 LFCP；S 为 ΔP 的和值；N 为数据窗中的采样点数。

保护判据如式 (6-34) 所示，其中 R 为 LFCP 极性的逻辑值。当 S 小于 0 时，R

的逻辑值为 1，表示 LFCP 的极性为负；而当 S 大于或等于 0 时，R 的逻辑值为 0，表示 LFCP 的极性为正。根据 6.3.2 节的理论分析可构造纵联保护的故障识别判据：

$$R = \begin{cases} 1, & S < 0 \\ 0, & S \geqslant 0 \end{cases} \tag{6-34}$$

$$\begin{cases} R_{\mathrm{M}} \ \& \ R_{\mathrm{N}} = 1 \rightarrow 区内故障 \\ R_{\mathrm{M}} \ \& \ R_{\mathrm{N}} = 0 \rightarrow 区外故障 \end{cases} \tag{6-35}$$

式中，R_{M} 和 R_{N} 分别为线路 M 端和 N 端的 R 值。

3. 故障选极判据

当柔直电网直流侧发生极间短路故障时，正负极的电压幅值均减小，且两极的电压变化量相同；而当发生单极接地故障时，故障极的电压幅值减小，考虑到极间的耦合作用，非故障极的电压也会发生小幅变化，但非故障极的变化量明显小于故障极的变化量。因此采用极电压构造故障选极判据。

定义极电压变化量为

$$\begin{cases} \Delta u_{\mathrm{p}} = |u_{\mathrm{p}2} - u_{\mathrm{p}1}| \\ \Delta u_{\mathrm{n}} = |u_{\mathrm{n}2} - u_{\mathrm{n}1}| \end{cases} \tag{6-36}$$

式中，Δu_{p} 和 Δu_{n} 为正负极电压的变化量；u_{p} 和 u_{n} 为正负极电压，下标 "1" 和 "2" 分别表示数据窗中的第一个和最后一个数据。

因此，故障选极判据如式 (6-37) 所示，其中 k_{set} 为整定值。理论上，对于正极接地故障，$\Delta u_{\mathrm{p}}/\Delta u_{\mathrm{n}}$ 远大于 1；对于负极接地故障，$\Delta u_{\mathrm{p}}/\Delta u_{\mathrm{n}}$ 远小于 1；对于极间短路故障，$\Delta u_{\mathrm{p}}/\Delta u_{\mathrm{n}}$ 约为 1。考虑到保护的可靠性和选择性，k_{set} 设置为 1.2。

$$\begin{cases} \dfrac{\Delta u_{\mathrm{p}}}{\Delta u_{\mathrm{n}}} > k_{\mathrm{set}} \rightarrow 正极接地故障 \\[3mm] \dfrac{1}{k_{\mathrm{set}}} \leqslant \dfrac{\Delta u_{\mathrm{p}}}{\Delta u_{\mathrm{n}}} \leqslant k_{\mathrm{set}} \rightarrow 极间短路故障 \\[3mm] \dfrac{\Delta u_{\mathrm{p}}}{\Delta u_{\mathrm{n}}} < \dfrac{1}{k_{\mathrm{set}}} \rightarrow 负极接地故障 \end{cases} \tag{6-37}$$

4. 保护流程图

根据以上分析，设计了一种基于 LFCP 的直流线路方向纵联保护方法。以直流线路 MN 为例,图 6-15 所示为整体保护流程,线路两端保护信号采用光纤传输。方法采用 LFCV 判断保护是否启动,当保护启动之后,采用极电压变化量判断故障类型,同时通过比较线路两端 LFCP 极性判断故障区段。以 M 端保护为例,对本节所提纵联保护方法进行说明。其主要步骤如下。

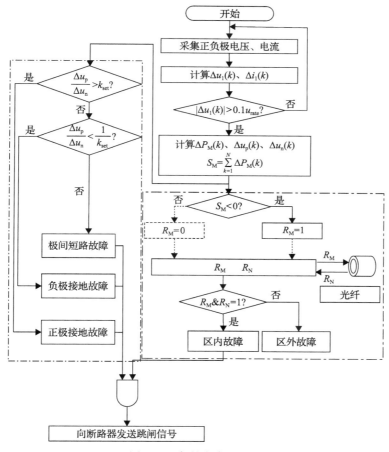

图 6-15　保护方案流程图

　　(1) 故障启动。系统正常运行时,保护装置持续地对电压电流进行采样,并计算 LFCV 和 LFCC,即 Δu_1 和 Δi_1。同时,对比 $|\Delta u_1|$ 和门槛值 $0.1u_{\text{rate}}$,如果幅值大于门槛值,则表明发生故障,保护启动,进入下一步;如果幅值小于或等于门槛值,则表明没有故障发生,继续判断下一组数据。

　　(2) 故障识别。利用 Δu_1 和 Δi_1 计算 ΔP_{M},并根据式(6-33)和式(6-34)分别计算 S_{M} 和 R_{M}。同时,通过光纤向线路 N 端发送 R_{M} 值并接收从 N 端发来的 R_{N} 值。根据式(6-35)判断故障区段。

（3）故障选极。故障启动后，由式（6-36）计算 Δu_{p} 和 Δu_{n}，并通过式（6-37）确定故障极。

6.3.4 仿真验证

为验证所提保护方法的有效性，在 PSCAD/EMTDC 中搭建如图 6-1 所示的仿真模型。系统主要参数如表 6-1 所示。保护采样频率选择 100kHz，采样时间窗长度取 1ms。下面以直流线路 Line_{12} 上的保护 R_{12} 和 R_{21} 为例，通过设置多种故障来验证所提保护方案的有效性。

1. 极间短路故障仿真

设置 F_1、F_3 和 F_8 处发生金属性极间短路故障，图 6-16～图 6-18 为仿真结果，故障发生时刻为 2s。

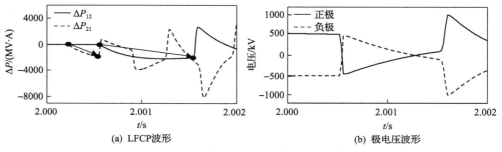

(a) LFCP波形 (b) 极电压波形

图 6-16　F_1 处发生极间短路故障时的仿真结果

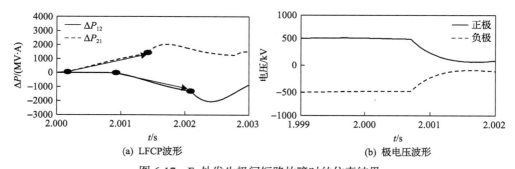

(a) LFCP波形 (b) 极电压波形

图 6-17　F_3 处发生极间短路故障时的仿真结果

如图 6-16（a）所示，当区内 F_1 处发生极间短路故障时，保护 R_{12} 和 R_{21} 处的 LFCP 极性均为负，与 6.3.2 节关于区内发生极间短路故障的理论分析一致，因此可判断线路 Line_{12} 发生极间短路故障。

当区外 F_3 处发生极间短路故障时，LFCP 波形如图 6-17（a）所示。由于 F_3 处的故障是保护 R_{12} 的正向故障，而对于保护 R_{21} 则为反向故障，因此 R_{12} 处的 LFCP

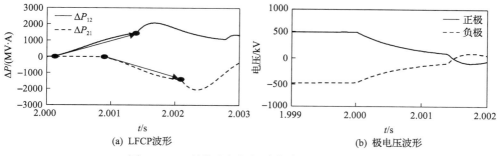

图 6-18　F_8 处发生极间短路故障时的仿真结果

极性为负，R_{21} 处的 LFCP 极性为正。鉴于此，保护 R_{12} 判断故障为正向故障，保护 R_{21} 判断故障为反向故障，通过极性比较，可判断故障为区外故障。

同样地，当 F_8 处发生极间短路故障时，仿真结果如图 6-18(a) 所示。可以看出保护 R_{12} 处的 LFCP 极性为正，R_{21} 处的 LFCP 极性为负，可判断故障为区外故障。

图 6-16～图 6-18 中(b)图为极电压波形。可以看出，当 F_1、F_3、F_8 处发生极间短路故障时，极电压的变化量几乎相同，$\Delta u_p / \Delta u_n$ 约为 1，由式(6-37)可识别为极间短路故障。

由上可知，极间短路故障的仿真结果与理论分析一致，所提出的方向纵联保护可正确判别极间短路故障。

2. 单极接地故障仿真

设置 F_1、F_3 和 F_8 处发生金属性正极接地故障，故障发生时刻为 2s，仿真结果如图 6-19～图 6-21 所示。

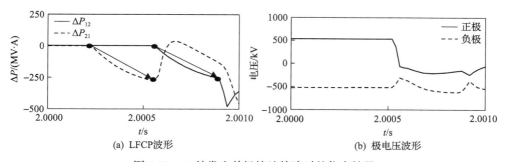

图 6-19　F_1 处发生单极接地故障时的仿真结果

从图 6-18(a)可以看出，区内发生单极接地故障时，保护 R_{12} 和 R_{21} 检测到的 LFCP 极性均为负，与前面理论分析一致，由此可判断线路 Line_{12} 发生区内故障。

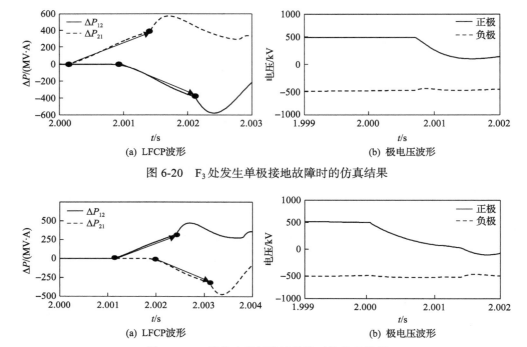

图 6-20 F_3 处发生单极接地故障时的仿真结果

图 6-21 F_8 处发生单极接地故障时的仿真结果

同样地,从图 6-20(a)和图 6-21(a)可知,当发生区外故障 F_8 和 F_3 时,保护 R_{12} 和 R_{21} 均能正确判断出故障方向,通过极性比较可识别为区外故障。

图 6-18~图 6-21 中(b)图为极电压波形。可以看出,当 F_1、F_3 和 F_8 处发生正极接地故障时,$\Delta u_p/\Delta u_n$ 分别为 160.62、39.31 和 26.46,远大于 k_{set},因此由式(6-37)可识别为正极接地故障。

基于此,可得出所提保护方法对单极接地故障同样适用,保护能正确判别单极接地故障。

3. 抗过渡电阻能力分析

表 6-9 为过渡电阻分别取 200Ω 和 400Ω 时线路两端的仿真结果。从表 6-9 可以看出,不同过渡电阻下,LFCP 的极性不受影响,保护仍能准确判断故障区段。仿真结果表明,过渡电阻虽然影响 LFCP 的幅值,但本节所提保护对 LFCP 数值大小的要求仅仅是能可靠判断极性即可,因此 LFCP 的数值大小对于保护的影响较小。同时,本节所提保护判据是基于故障后一段时间内的 LFCP 之和,因此即使过渡电阻很大,保护也能准确判别故障。

表 6-9 不同过渡电阻下单极接地故障的仿真结果

过渡电阻/Ω	故障位置	单极接地故障			
		$S_{12}/(\text{MV}\cdot\text{A})$	$S_{21}/(\text{MV}\cdot\text{A})$	$\Delta u_p/\Delta u_n$	判别结果
200	F_1	−274.19	−260.32	18.15	区内正极接地故障
	F_8	−85.69	123.51	13.33	区外正极接地故障
	F_3	112.77	−146.06	9.38	区外正极接地故障
400	F_1	−85.13	−75.27	11.35	区内正极接地故障
	F_8	−56.67	94.05	8.77	区外正极接地故障
	F_3	89.71	−101.36	7.44	区外正极接地故障

参 考 文 献

[1] Huang Q, Zou G B, Zhang S, et al. A pilot protection scheme of DC lines for multi-terminal HVDC grid[J]. IEEE Transactions on Power Delivery, 2019, 34(5): 1957-1966.

[2] Zou G B, Feng Q, Huang Q, et al. A fast protection scheme for VSC based multi-terminal DC grid[J]. International Journal of Electrical Power & Energy Systems, 2018, 98: 307-314.

[3] Zhang Y, Tai N L, Xu B. Fault analysis and traveling-wave protection scheme for bipolar HVDC lines[J]. IEEE Transactions on Power Delivery, 2012, 27(3): 1583-1591.

[4] Li R, Xu L, Yao L. DC fault detection and location in meshed multiterminal HVDC systems based on DC reactor voltage change rate[J]. IEEE Transactions on Power Delivery, 2017, 32(3): 1516-1526.

[5] Kong F, Hao Z G, Zhang S, et al. Development of a novel protection device for bipolar HVDC transmission lines[J]. IEEE Transactions on Power Delivery, 2014, 29(5): 2270-2278.

[6] Marti J R. Accurate modelling of frequency-dependent transmission lines in electromagnetic transient simulations[J]. IEEE Transactions on Power Apparatus and Systems, 1982, PAS-101(1): 147-157.

第7章　柔性直流线路雷击干扰识别方法

我国由于幅员辽阔，从南向北气候跨度较大，地理条件恶劣，气候条件变化剧烈，输电线路容易遭受天气影响，其中以雷击最为频繁。雷击输电线路时，雷电波会以雷击行波的方式向线路两端传播，严重时会导致线路发生短路故障，有时雷击虽然未造成故障，却有可能造成保护的误动作。

雷击行波与故障行波都有很多高频分量，而目前柔性直流线路均采用高频的行波保护，保护如果不能有效识别非故障雷击干扰，则可能发生误动。当前，鲜有文献报道柔性直流线路雷击识别的方法，因此准确识别柔性直流架空线路的短路故障、故障雷击以及雷击干扰，对提高柔性直流线路保护的可靠性意义重大。

本章分析了雷电在柔性直流系统中的放电机理，并且对非故障雷击、故障雷击以及普通短路故障的行波特征进行了研究，提出了相应的雷击干扰识别方法[1]。

7.1　柔性直流线路雷击暂态分析

7.1.1　雷击分析模型

1. 输电系统模型

用于雷击分析的输电系统模型如图 7-1 所示，其中输电线路均设置有杆塔、避雷线、绝缘子及其闪络判据等。

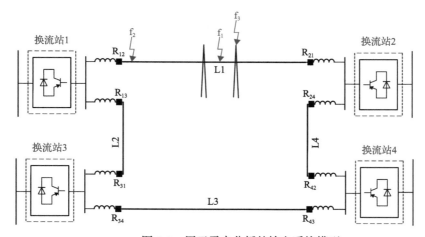

图 7-1　用于雷分析的输电系统模型

由于雷电波在导线传播的过程中，导线电阻、冲击电晕、导线对地电导以及大地损耗电阻会造成雷电波电能与磁能的损耗，所以雷电波在传输过程中将发生衰减和变形。此外，由于需要分析在雷击情况下宽频率范围之内的暂态特性，因此采用分布式依频架空线路模型进行仿真模型的搭建，该模型是有关分布参数行波的模型，采用频域处理技术以及模量分析技术进行求解，适用于分析频率变化范围较大的仿真研究。

2. 雷电模型

雷电是自然界中常见的现象，其形成过程涉及复杂的物理反应和化学反应，但是从建模的角度来说，可以把雷击的过程简化为两个阶段：雷电先导阶段与主放电阶段[2-3]。

（1）在雷电产生之前，雷云在天空中聚集，并且会与大地之间产生电位差，地面附近会感应出和雷云相反的电荷，因此雷云和大地以及二者之间的空间形成了天然的大电容器。随着电荷逐渐累积，雷云与大地之间的电场强度会逐渐增大，直到场强足够大时，之间的空气会被击穿，雷云与大地之间形成导电通道，这个过程称为雷电先导阶段。

（2）当开始雷电先导的过程后，放电过程逐步从雷云向大地推进，当下行先导即将到达地面的时候，根据尖端放电理论，地面上较尖锐的部分会产生向上的迎面先导。当从雷云向地面的先导与从地面尖端向雷云的先导相遇时，雷电通道打通，会产生强烈的正、负荷中和过程，在极短时间内产生十分强大的电流，这个过程称为雷电的主放电阶段。

由此可见，对雷电的精确建模必须考虑到雷电产生过程中电荷中和产生的电流幅值、雷电通道的波阻抗等因素。因此，可以将雷电放电的过程等效为如图 7-2 所示的彼得逊电路。图中 i_L 为雷电流，Z_1 为被击电路波阻抗，Z_0 为雷电通道波阻抗。

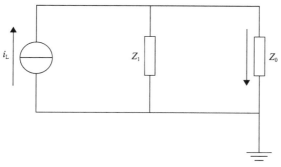

图 7-2　雷电流等值电路

然而由于雷电的高随机性，雷电模型难以通过解析计算获得，因此目前使用的雷电模型一般由实测参数总结得到。各国测得的雷电波形数据基本一致，其波头长度一般为 1～5μs，波尾长度为 2～50μs。我国在电力系统防雷保护计算中，通常选择 2.6μs/50μs 的波形参与计算。目前较为准确的是双指数模型，其表达式如下：

$$i(t) = I_0(\mathrm{e}^{-\alpha t} - \mathrm{e}^{-\beta t}) \tag{7-1}$$

式中，I_0 为雷电流幅值；α 和 β 分别为时间常数。

在防雷计算中，杆塔的建模尤为重要，因为其波阻抗与雷击时塔顶电位以及由塔顶注入的冲击电流有关。目前用于防雷计算的杆塔模型有单一波阻抗模型、多波阻抗模型以及集中电感模型等。

目前我国的防雷计算就是采用单一波阻抗模型来模拟杆塔，将杆塔横担部分等效为电感，主体部分等效为波阻抗，考虑了行波在杆塔中的传播。本节采用单一波阻抗模型对杆塔进行模拟，如图 7-3 所示。

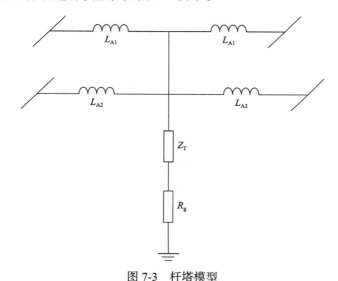

图 7-3　杆塔模型

对于直流系统，杆塔主要由上、下横担以及杆塔主体构成，图 7-3 中上横担连接的是两根避雷线，L_{A1} 为上横担的等效电感；下横担连接的分别为正、负极传输线路，L_{A2} 为下横担的等效电感，Z_T 为杆塔主体的等效波阻抗，R_g 为杆塔的接地电阻。

3. 绝缘子闪络模型

当雷击杆塔或避雷线时，在雷电流的作用下，杆塔横担上与输电线路上的电

位会发生变化,当绝缘子上的电位差大于其所能承受的电压时,绝缘子将被击穿,
从而发生闪络事故,即输电线路通过绝缘子和杆塔与大地相连,此时即为雷击线
路导致线路发生接地短路故障。

绝缘子上的闪络电压并非为固定值,而是满足电压的伏秒特性曲线(绝缘子上
的最大电压与时间的关系曲线)。到目前为止,用于判断绝缘子闪络的方法有以下
三种。

(1)50%放电电压法:在我国,判断绝缘子是否闪络以绝缘子两端的过电压作
为依据,当绝缘子两端的过电压超过绝缘子的耐受冲击电压的 50%时,即视为绝
缘子发生闪络。经验公式如下:

$$U_{50\%} = 153L_x + 132 \tag{7-2}$$

式中,$U_{50\%}$为绝缘子耐受冲击电压的 50%;L_x为绝缘子的长度。这种方法较为简
单,将闪络电压视为一个固定值,由此所得的结果较为保守,适用于在工程中进
行定性分析。

(2)伏秒特性法:此方法将绝缘子两端所承受的过电压与其伏秒特性描绘在同
一个坐标系中,当这两条曲线相交时视为绝缘子发生闪络。伏秒特性可以用绝缘
子长度的函数表示:

$$U(L_x) = 400L_x + \frac{720L_x}{t^{0.75}} \tag{7-3}$$

式中,$U(L_x)$为绝缘子闪络电压;t为运行时间。但是由于不同材质的绝缘子伏秒
特性有较大的差别,实际上难以准确得到其曲线。50%放电电压法与伏秒特性法
示意图如图 7-4 所示。

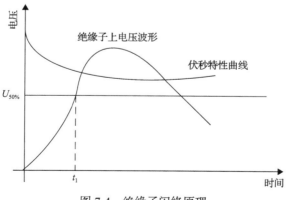

图 7-4　绝缘子闪络原理

(3)先导法:此方法认为绝缘子击穿过程与雷电先导过程相似,将绝缘子在雷

击作用下的闪络过程视为同样长度的空气击穿过程。当线路受到雷击时，绝缘子两端电位差变大，其上的电场强度增加，当达到临界值的时候，先导开始，直到先导长度与绝缘子空气间隙长度相同时，绝缘子击穿，闪络发生。先导法最为贴近于绝缘子闪络的物理过程，但是其参数分散性大，且由于对于长空气间隙的放电实验仍存在争议，因此学术界关于先导法还没有统一的模型。

根据以上分析，由于伏秒特性法和先导法都有各自的缺陷，并且我国的防雷计算主要采用的为50%放电电压法，因此本节采用此方法构建绝缘子闪络模型。

7.1.2　雷击故障机理与波形分析

1. 雷击类型

雷击输电系统可以分为反击、绕击以及感应雷击，其中反击包括雷击杆塔以及雷击避雷线，如图 7-5 所示。发生雷电绕击时，雷电直接击打在导线上，使得导线与杆塔之间的电位差增加，从而导致绝缘子闪络。而发生反击时一般不会引起故障，因为避雷线与杆塔均是直接接地，雷击之后雷电流将直接被导入大地，不会对系统的运行产生非常大的影响。但是若雷击电流过高，由于杆塔接地电阻及其波阻抗，塔顶或避雷线会产生较高的暂态电压，正、负极线与杆塔之间的电位差过大，也会导致绝缘子闪络。

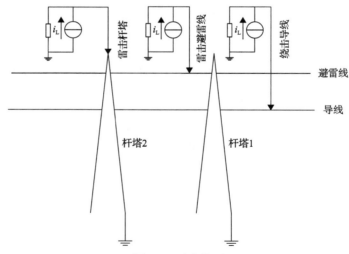

图 7-5　雷击类型

根据叠加定理，普通接地故障可以等效为在故障点并联一个幅值相等、极性相反的电压源。同理，为了更清楚地表示雷击后系统的暂态附加电路，雷击故障可以等效为在故障点并联一个幅值相等、极性相反的电压源之外，再并联一个雷电流源，如图 7-6 所示。而非故障雷击则能够等效为只在雷击点并联一个雷电流源，如图 7-7 所示。

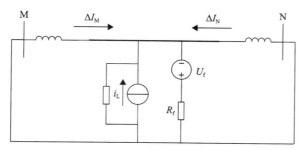

图 7-6　故障雷击等效附加电路

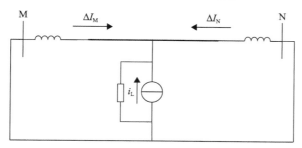

图 7-7　非故障雷击等效附加电路

2. 雷击故障暂态分析

由图 7-6 得知，雷击故障暂态电路可等效为除在故障点并联一个附加电压源外，也在此处并联一个雷电流源。由于杆塔的档距一般为 500m，且因为雷击造成绝缘子闪络后接地点一般在杆塔处，所以可以忽略雷击点到杆塔之间的线路阻抗，分析时将雷电流源与电压源连接在电路的同一点上。根据叠加定理，可以将图 7-6 的雷击故障电路分为电压源单独作用的电路(即单极接地故障暂态电路)与雷电流源单独作用的暂态电路，对两者分别进行理论分析。

当柔性直流输电系统直流侧发生短路故障后，在换流站母线出口会发生高频振荡，可以得到柔性直流线路单极接地故障的详细拓扑，如图 7-8 所示。由于直流断路器等设备的外壳均有一定的对地电容，在故障暂态模型中加入了额外的电容支路，这些相应的对地电容使系统的模型更加复杂，导致理论分析更加困难，然而这些对地电容普遍数值较小，一般在皮法级，与直流导线的电容相比可以略去，因此在进行分析时可以将其忽略。并且将直流断路器、直流导线的电阻忽略，换流站对地电阻和电感也从系统中删去。上述换流站采用真双极接线模式，且由于分析对象为正极接地故障，负极线路以及其连接的换流器也可以从等效电路中略去。

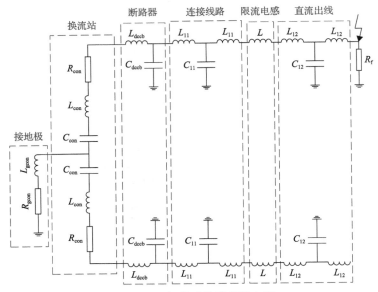

图 7-8　正极接地故障等效电路

L_{dccb}：断路器等效电感；L_{11}：线路等效电感；L_{12}：直流出线等效电感；R_f：过渡电阻；C_{12}：直流出线等效电容；C_{11}：线路等效电容；C_{dccb}：断路器等效电容；R_{con}：换流站等效电阻；L_{con}：换流站等效电感；C_{con}：换流站等效电容；L_{gcon}：接地极等效电感；R_{gcon}：接地极等效电阻

根据以上分析，图 7-8 可简化为图 7-9。从图 7-9 中能够看出，故障后柔性直流系统主要有三条放电回路。其中回路 1 表示的是换流站子模块的放电过程，发生故障后换流站子模块电容通过直流导线向故障点放电。回路 2 与回路 3 表示的是限流电感两端直流线路的放电过程。故障前线路电压恒定，为了维持电压稳定，直流线路的对地电容均为充满电的状态，当发生故障后，传输线路通过故障点接地，导线的对地电容开始向故障点放电。

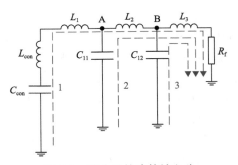

图 7-9　简化的故障等效电路

图 7-9 中 L_1、L_2 与 L_3 的表达式如下：

$$\begin{cases} L_1 = L_{dccb} + L_{11} \\ L_2 = L + L_{11} + L_{12} \\ L_3 = L_{12} \end{cases} \quad (7\text{-}4)$$

上述电路中电感、电容等储能元件较多，致使电路方程的阶数较高，难以求解。一般的电路方程式只能针对一阶或者二阶的低级动态电路求解，当阶数较高时，时域中的电路求解微分方程式难以得到解析解。因此，当电路储能元件过多时，一般使用拉普拉斯变换，将时域中的电路方程式变化至复频域中，在复频域中列写电路方程式，求得电压或者电流的复频域表达式，再对其进行拉普拉斯反变换，得到时域中需求量的结果。为了对图 7-9 中的电路进行理论分析，将其转化为如图 7-10 所示的复频域电路，并且使用节点电压法列写下述电压的求解方程式。

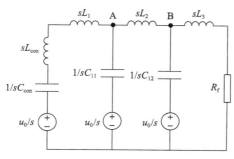

图 7-10　复频域电路

$$\begin{cases} \left[\dfrac{1}{s(L_{con}+L_1)+sC_{con}} + sC_{11} + \dfrac{1}{sL_2} \right] U_A - \dfrac{1}{sL_2} U_B \\ = \dfrac{u_0}{s} \left\{ \left[\dfrac{1}{s(L_{con}+L_1)+sC_{con}} + sC_{11} + \dfrac{1}{sL_2} \right] + sC_{11} \right\} \\ \left(\dfrac{1}{sL_2} + \dfrac{1}{sL_3+R_f} + sC_{12} \right) U_B - \dfrac{1}{sL_2} U_A = u_0 C_{12} \end{cases} \quad (7\text{-}5)$$

式中，U_A 与 U_B 分别为图 7-10 中 A 点与 B 点的电压，其中将 U_B 视为换流站出口的电压。将参数代入式(7-5)，并进行拉普拉斯反变换，能够得到故障后换流站出口的暂态电压，如图 7-11 所示。

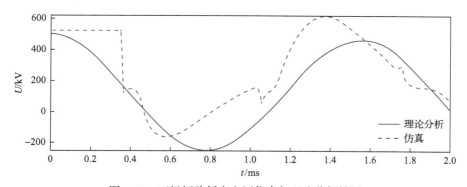

图 7-11　正极短路暂态电压仿真与理论分析结果

由图 7-11 可知，理论分析所得的换流站出口电压振荡的频率与仿真分析所得结果基本一致，幅值略有 20% 的误差，原因可能在于被忽略的直流断路器等大型器件的对地电容以及行波的折反射等。鉴于以上原因，此理论分析仅用于为柔性直流系统中故障雷击行波的形成机理与相关特性提供依据，谨慎用于保护门槛值的整定。

当行波在直流线路上传播时，会在故障点处（故障雷击的故障点即为杆塔）和线路两端发生折反射，如图 7-12 所示。

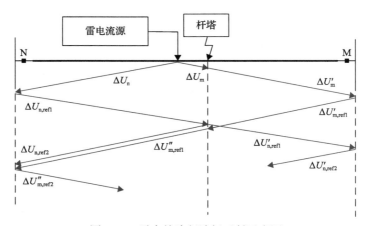

图 7-12　雷击故障行波折反射示意图

由附加电压源 U_f 所产生的电压、电流行波以及雷电流源 i_L 产生的行波均会在直流线路中产生折反射，并且会影响到保护安装处所采集到的行波波形。相对于雷电流源 i_L 产生的幅值较高、高频分量更多的雷电行波来说，电压源 U_f 所产生的电压、电流行波幅值较低，其折反射可以忽略不计。

在雷电绕击于直流线路上时，往往会引起绝缘子闪络，雷击行波会同时向线路两端进行传播。由图 7-12 可知，雷击点的阻抗为两侧导线的波阻抗并联，因此能够得到注入雷击点的电流为

$$i_Z = i_L \frac{z_0}{z_0 + \dfrac{z_T}{2}} \tag{7-6}$$

式中，z_0 和 z_T 分别为线路与杆塔的波阻抗，本节参考张北四端柔性直流输电工程参数，分别取 490Ω 和 300Ω。

进而得到电压行波初值 ΔU_n 和 ΔU_m 为

$$\Delta U_n = \Delta U_m = i_L \frac{z_T z_0}{2z_0 + z_T} \tag{7-7}$$

在行波沿导线传播的过程中，由于导线自身的电阻以及对地电导的存在，当导线上的电压超过导线的起晕电压时，将发生电晕现象，电晕将消耗能量，因此会使行波的幅值降低，并且波形产生畸变。分布参数等值电路如图 7-13 所示，其中 r_e 和 g_e 分别为单位长度导线上的电阻和对地电导，L_e 和 C_e 分别为单位长度导线上的电容和电感，x 为导线长度，u 和 i 为电压和电流。

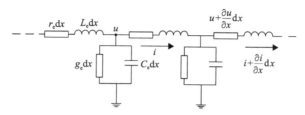

图 7-13　分布参数等值电路

当导线上不发生电晕时，只需考虑行波在导线电阻和对地电导上的损耗，行波的损耗系数表示为

$$\beta = e^{-\frac{1}{2}\left(\frac{r_e}{z_0} + z_0 g_e\right)l}$$
(7-8)

式中，l 为行波在导线中的传输距离。

实际上，行波传输过程中的损耗主要由电阻造成，因此可以将电导从中去除，得到简化的损耗系数：

$$\beta = e^{-\frac{r_e}{2z_0}l}$$
(7-9)

行波每次经过故障点处时，都会发生折反射，反射波会沿着行波来时的方向返回，而折射波有两个方向，分别为沿着线路继续向前传播和沿着故障接地点向大地传播。图 7-14 所示为在故障点处（即杆塔处）的彼得松等效电路。

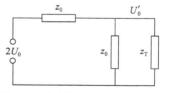

行波在故障点折射后，沿着杆塔向大地传输的折射波不会再反射回到系统中，而是被大地吸收，所以在后续分析中行波在线路折反射的过程只需要考虑在故障点折射后依然沿着线路传播的折射波，图 7-14 中 U_0' 即为行波在故障点折射后的行波初始幅值。

图 7-14　杆塔处彼得松等效电路

因此能够得到 U_0' 的表达式为

$$U_0' = 2\frac{z_0 // z_T}{z_0 // z_T + z_0} U_0$$
(7-10)

式中，"//"表示并联。

至此，入射波的幅值 U_0 已知，经过故障点分别沿着线路和沿着杆塔传播的折射波幅值 U_0' 也已知。因此根据能量等效原则，可以求得在故障点反射波的幅值，表达式如下：

$$\frac{U_0'^2}{z_0} + \frac{U_0'^2}{z_T} + \frac{U_{\text{ref}}^2}{z_0} = \frac{U_0^2}{z_0} \tag{7-11}$$

式中，U_{ref} 为在故障点反射波的幅值。

由于线路末端换流站的波阻抗极大，因此可以认为当行波传播至线路末端后发生全反射，反射前后行波的幅值相同。

将行波的每一级折反射波初始幅值乘以其在线路上传输的时间因子以及衰减系数，再依次相加，能够得到所需时间范围内线路末端保护安装处的行波波形，以传输线路 N 端为例，测得的行波如下：

$$
\begin{aligned}
U_{l,n}(t) = &\Delta U_n\left(t - \frac{l_1}{v}\right)\beta_{l1} + \Delta U_m\left(t - \frac{l_2}{v}\right)K_1^2\beta_{l2} \\
&+ \Delta U_n\left(t - \frac{l_3}{v}\right)K_2\beta_{l3} + \Delta U_n\left(t - \frac{l_4}{v}\right)K_1^2\beta_{l4} + \cdots
\end{aligned}
\tag{7-12}
$$

式中，下标 l 为行波观测点的位置；K_1 为反射系数；K_2 为折射系数；l_1 为从雷击点到线路末端 N 的距离；l_2 为线路全长加上从雷击点到线路末端 M 的距离；l_3 为三倍雷击点到线路末端 N 的距离；l_4 为两倍线路全长加上从雷击点到 N 的距离；ΔU_n 和 ΔU_m 为向线路 N 端和 M 端传播的行波初始幅值。

然而当雷击发生在某一极线上时，另外的一极传输线路上由于正负极之间的耦合关系，也会感应出相应的电压、电流行波，因此为了便于理论分析，使用模量变换将正、负极的电压、电流转换为线、地模电压、电流。地模分量由于衰减速度远远高于线模分量，只适用于较短的线路，柔性直流输电线路一般传输距离为几十到几百千米，难以使用地模分量分析，因此本节采用雷击行波的线模分量进行理论分析，模量变换式如下：

$$
\begin{cases}
\begin{bmatrix} u_0 \\ u_1 \end{bmatrix} = \dfrac{1}{\sqrt{2}}\begin{bmatrix} 1 & 1 \\ 1 & -1 \end{bmatrix}\begin{bmatrix} u_p \\ u_n \end{bmatrix} \\[3mm]
\begin{bmatrix} i_0 \\ i_1 \end{bmatrix} = \dfrac{1}{\sqrt{2}}\begin{bmatrix} 1 & 1 \\ 1 & -1 \end{bmatrix}\begin{bmatrix} i_p \\ i_n \end{bmatrix}
\end{cases}
\tag{7-13}
$$

雷击极线与健康极线之间的感应电压满足表达式：

$$u_{\text{induce}} = \frac{z_0}{z_{\text{m}}} u_{\text{lightning}} \tag{7-14}$$

式中，$u_{\text{lightning}}$ 为雷击极线的行波幅值；u_{induce} 为健康极线的耦合行波幅值；z_{m} 为两极之间的互波阻抗，其表达式如下：

$$z_{\text{m}} = 60 \ln \frac{d_{\text{kn}}}{d_{\text{k'n}}} \tag{7-15}$$

其中，d_{kn} 为两极线之间的距离；$d_{\text{k'n}}$ 为雷击极线与健康极线的镜像之间的距离。

因此能够获得在雷电流源单独作用下的线模雷击行波的表达式：

$$U_{l,\text{n},1}(t) = U_{l,\text{n}}(t) \frac{z_{\text{m}} - z_0}{\sqrt{2} z_{\text{m}}} \tag{7-16}$$

因为忽略了在 U_{f} 单独作用下正负极之间的耦合作用，则另一健康极的电压电流仍然为未故障时的额定值，未发生变化。因此在 U_{f} 单独作用下的线模暂态故障分量电压行波为

$$U_{\text{B},1}(t) = \frac{U_{\text{B}}(t) - U_{\text{e}}}{\sqrt{2}} \tag{7-17}$$

式中，U_{e} 为故障极线电压额定值；$U_{\text{B}}(t)$ 为换流站出口电压。

将式(7-16)与式(7-17)所得结果相加即为雷击故障情况下的线模暂态故障分量电压行波：

$$U_{\text{lf},1}(t) = U_{\text{B},1}(t) + U_{l,\text{n},1}(t) \tag{7-18}$$

线模电流行波也可以通过上述方法得到，与电压不同的是，当雷电流源单独作用时，雷击电流行波在线路中传输时衰减得非常快，当其传输到线路末端保护安装处时，已经可以忽略，因此雷击故障情况下的线模暂态故障分量电流行波可以直接使用单极接地故障的线模暂态故障分量电流行波替代。

在求得雷击故障情况下的线模暂态故障分量电压行波与电流行波后，能够得到传输线路上的反行波：

$$u^{-} = \frac{U_{\text{lf},1} - z_0 i_{\text{lf},1}}{2} \tag{7-19}$$

式中，$i_{\text{lf},1}$ 为雷击故障情况下的线模暂态故障分量电流行波。

以发生在图 7-1 线路 L1 上 f_1 点幅值为 15kA 的雷击电流为例，对此理论分析进行仿真验证，分别得到仿真结果以及理论分析结果，如图 7-15 所示，二者幅值

与趋势基本一致。

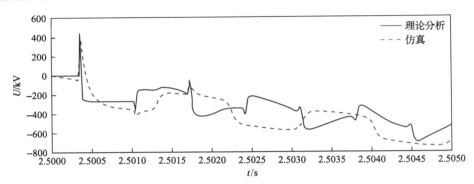

图 7-15　雷击故障行波仿真与理论分析结果

3. 非故障雷击暂态分析

如图 7-7 所示，非故障雷击与雷击故障的主要区别在于非故障雷击的雷电流幅值较小，在其绕击于传输线路上后并不能造成绝缘子闪络，因此只有雷电流源作用于线路上，此时行波折反射如图 7-16 所示。

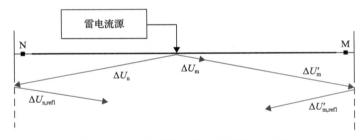

图 7-16　非故障雷击行波折反射示意图

所以此情况下输电线路中只有式(7-16)所示的电压行波。由于未发生实质上的故障，且非故障雷击幅值均较小，电流行波传播至线路末端保护安装处时幅值已经衰减到非常低的数值，可以认为在此情况下雷击前后保护安装处所采集到的电流没有发生变化。

在图 7-1 所示的仿真模型中设置幅值为 10kA，发生于线路 L1 上 f_1 点的非故障雷击，验证理论分析的准确性，结果如图 7-17 所示。

从图 7-15 以及图 7-17 能够看出，在发生雷击故障后，线模反行波会由于雷击影响上下波动，但是行波的总体趋势为单调递减；而在发生非故障雷击时，此时的线模反行波依然上下波动，但是总体趋势维持不变，因此可以根据此特征差异构建识别判据。

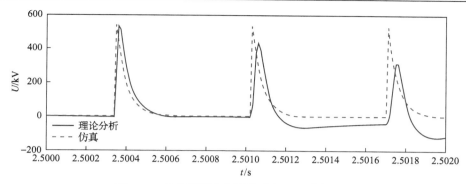

图 7-17　非故障雷击行波仿真与理论分析结果

7.2　基于包络线的雷击干扰识别方法

7.2.1　雷击类型识别判据

由 7.1 节的理论分析可知，故障雷击与非故障雷击的时域行波波形在总体趋势上有较大的差别。据此，本节提出一种基于包络线的雷击干扰识别方法。通过拟合雷击行波的上下包络线并且求其积分，再通过上下包络线积分的比值来判断发生的雷击类型。此识别方法并不单独作为输电线路保护使用，而是作为保护方案的补充，以防止保护在非故障雷击情况下发生误动作。

实际上雷击故障不仅会造成单极接地故障，在雷电流幅值特别高的情况下，还有可能造成连接正、负极线的两个绝缘子均发生闪络，形成极间短路故障。此时正、负两极连通，因此两极的行波波形基本对称，且由于造成这种情况的雷击电流幅值较高，此时行波幅值远远高于其他情况。

除了绕击传输导线之外，反击避雷线或者杆塔即使不造成绝缘子闪络也会在正、负极线上感应出相应的电流、电压，不过这种情况与感应雷击相似，感应导致的行波幅值一般较小。

因此，根据上述所分析的各种雷击情况下行波幅值的特征，构建出判别雷击类型的判据：

$$K = \left| u_{\max} - u_{\min} \right| \leqslant K_{\text{set1}} \tag{7-20}$$

$$K_{\text{set1}} < K \leqslant K_{\text{set2}} \tag{7-21}$$

$$K_{\text{set2}} < K \leqslant K_{\text{set3}} \tag{7-22}$$

式中，$u_{\max}$ 和 $u_{\min}$ 分别为采样时间内电压行波的最大值与最小值；K_{set1}、K_{set2} 和

K_{set3} 分别为门槛值，它们三者的关系为 $K_{set1}<K_{set2}<K_{set3}$。因为雷击杆塔或避雷线且未引起故障时，导线上的行波是感应出来的，幅值最小，所以当满足式(7-20)时，为雷击杆塔或避雷线，此时应判断为扰动；对于单极故障，当满足式(7-21)时，为普通单极接地故障，否则为雷击干扰或者雷击故障；对于双极故障，当满足式(7-22)时，为普通极间短路故障，否则为雷击干扰或者雷击故障。

由于仅依靠式(7-21)和式(7-22)难以区分雷击干扰以及雷击故障的情况，因此根据 7.1 节提到的行波时域波形差别，分别求得行波的极大值与极小值，再使用三次样条插值法，分别将极大值点与极小值点拟合为上下包络线，从而构造识别判据，如下所示：

$$
\begin{cases}
L_{up} = \dfrac{\sum\limits_{k=1}^{N} l_{up}(k)}{N} \\[4mm]
L_{down} = \dfrac{\sum\limits_{i=1}^{M} l_{down}(i)}{M}
\end{cases}
\tag{7-23}
$$

$$
J = \dfrac{\sum\limits_{k=1}^{N} l_{up}(k)}{N} \Bigg/ \dfrac{\sum\limits_{i=1}^{M} l_{down}(i)}{M} > J_{set}
\tag{7-24}
$$

式中，l_{up} 与 l_{down} 分别为上、下包络线；N 与 M 分别为上下包络线的总共的离散数据点数量；J_{set} 为门槛值，若 $J>J_{set}$，则发生了故障雷击，否则发生的为非故障雷击。

7.2.2　考虑雷击干扰识别的保护方案

图 7-18 所示为附加此雷击识别方法的整体保护方案。

首先在故障启动判据启动后，判断为发生区内故障(可能发生误判)。若判断为单极故障，则计算线模行波的幅值以判断发生的是否为小幅值雷击干扰或单极接地故障，若都不满足，则计算线模行波的上下包络线判断发生的是雷击干扰还是雷击故障。而若判断为双极故障，则计算线模行波幅值以判断是否为小幅值雷击干扰或极间短路故障，若都不满足，则计算线模行波的上下包络线判断是否为雷击故障。

7.2.3　仿真验证

为了验证所提的雷击识别方法的可行性，搭建的四端柔性直流输电系统如图 7-1

所示，在线路 L1 上设置杆塔，分别在 f_1、f_2 和 f_3 位置设置了区内不同过渡电阻的正极接地故障、极间短路故障、绕击雷击故障、绕击雷击干扰以及雷击杆塔与避雷线等场景。

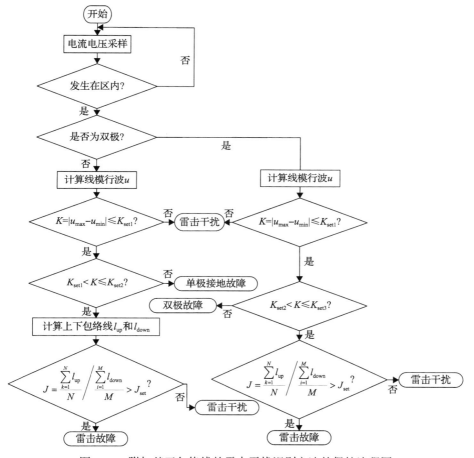

图 7-18　附加基于包络线的雷击干扰识别方法的保护流程图

仿真频率为 100kHz，仿真时间为 3s，故障或扰动设置于 2.5s，保护的采样窗口设置为 5ms。考虑到采样、计算等误差以及灵敏度，J_{set} 设置为–0.5。K_{set1}、K_{set2} 和 K_{set3} 分别设置为 25、200 与 500。

1. 普通短路故障仿真

以线路 L1 为研究对象，在图 7-1 所示的 f_1 和 f_2 点处分别设置正极接地故障与极间短路故障，其中 f_1 点在线路中段，距离换流站 1 为 102km，f_2 点在换流站 1 出口处，距离换流站 2.5km。仿真结果如表 7-1 所示。

表 7-1　区内普通短路故障时的仿真结果

故障类型	过渡电阻/Ω	距离/km	K	结果
正极接地故障	0	102	140.85	正极接地
	50	102	102.55	正极接地
	200	102	61.62	正极接地
	0	2.5	129.75	正极接地
极间短路故障	0	102	361.72	极间短路
	50	102	303.99	极间短路
	200	102	202.98	极间短路
	0	2.5	400.95	极间短路

由表 7-1 仿真数据可知,在发生区内正极接地故障和极间短路故障的情况下,故障场景下计算所得 K 值分别满足式(7-21)和式(7-22),能够准确判断故障类型。虽然在有过渡电阻的情况下,行波的幅值会降低,从而导致 K 的值减小,但是此方案依然能够保证可靠识别故障类型;在故障发生在近换流站出口的情况下,保护所采集到的行波幅值显著增大,但是不会对保护可靠识别产生影响。

2. 雷击故障仿真

仍然以线路 L1 为对象,在图 7-1 所示的 f_1 和 f_2 点处设置幅值为 15kA 和 25kA 的雷击,其中 f_1 距换流站 102km,f_2 距换流站 2.5km,分别造成正极接地故障和极间短路故障,仿真结果如表 7-2 所示。

表 7-2　区内发生雷击故障时仿真结果

雷击幅值/kA	距离/km	J	K	结果
15	102	0.60	357.08	雷击单极故障
	2.5	0.85	972.40	雷击单极故障
25	102	0.44	923.40	雷击双极故障
	2.5	0.58	2024.59	雷击双极故障

从仿真结果中能够得出,在不同幅值的雷击分别造成的正极接地故障和极间短路故障情况下,由于 K 值不满足式(7-21)或式(7-22),则判别发生的是雷击故障或者雷击干扰。进行进一步判断,拟合行波的上下包络线以判断是否为非故障雷击,结果显示雷击造成的单、双极故障均满足 $J>J_{set}$,此方法能够有效地识别出雷击故障,并且在不同雷击位置时,也能有效地判别出故障类型。

3. 绕击干扰仿真

仍然以线路 L1 为研究区段,在图 7-1 所示的 f_1 和 f_2 点处分别设置幅值为 10kA 的绕击干扰,此雷击均不造成绝缘子闪络。仿真结果如表 7-3 所示。

表 7-3　区内发生绕击干扰时仿真结果

雷击幅值/kA	距离/km	J	K	结果
10	102	−4.99	269.19	绕击干扰
10	2.5	−3.63	340.66	绕击干扰

由表 7-3 可知,在输电线路上发生非故障雷击时,由于 K 值不满足式(7-21),且 $J<J_{set}$,准确识别为雷击干扰,防止了保护的误动作,提高了保护的可靠性。

4. 雷击杆塔与避雷线干扰仿真

雷电绕击线路造成的行波幅值较高,干扰性较强,容易使保护误动作。但是除此之外,雷击杆塔或避雷线的发生概率要高于绕击导线的概率。本节仍然以线路 L1 为研究对象,在图 7-1 所示的 f_1 和 f_3 点处分别设置幅值为 50kA 的雷击避雷线和雷击杆塔,仿真结果如表 7-4 所示。

表 7-4　区内发生雷击杆塔与避雷线干扰时仿真结果

雷击幅值/kA	位置	J	K	结果
50	杆塔	—	1.37	雷击干扰
50	避雷线	—	2.58	雷击干扰

从表 7-4 中能够看出,由于杆塔与避雷线直接接地,雷击于其上后雷电流会沿着接地点流入大地,因此即使雷击幅值远高于绕击导线时的幅值,也没有引起线路故障,且只会在正、负极导线上感应出较低幅值的电流、电压。此时的行波幅值非常小,计算所得 K 值满足式(7-20),判别为雷击干扰,确保保护可靠不误动。

7.3　基于拟合直线的雷击干扰识别方法

7.3.1　雷击类型识别判据

7.2 节中提出的基于包络线的雷击识别方法通过行波的幅值判断故障类型,再拟合线模反行波的上下包络线并将其积分值相比以判断是否为雷击干扰。但是包络线求取较为复杂,并且由于拟合包络线时所用的插值算法自身的各种缺陷,如拉格朗日插值法、牛顿插值法等多项式插值方法有明显的龙格现象,即进行插值时在区间边缘处会出现振荡问题，且在随着节点数的增加，插值精度不断提升的情况下，插值曲线在边缘处反而会变得不稳定；而分段插值，如分段线性插值虽然避免了龙格现象，但是插值曲线总体的光滑性不高。而且，基于包络线的雷击识别方法判别条件较多，在判别过程中容易发生错误，其中雷击干扰识别部分最为重要，起到防止保护误动的作用，其余部分较为冗余。

为了解决以上问题，需要使用包络线以外的方法来识别行波的总体趋势。因此，本节提出了基于拟合直线的雷击干扰识别方法，区别于 7.2 节中提出的基于包络线的识别方法，此方法规避了因为插值方法而造成包络线的龙格现象等影响方法判别的因素。在得到故障或者扰动后的线模反行波时域波形后，计算得到行波的极大值，再将数个极大值点拟合成一条直线，通过此直线的斜率来判断发生的是雷击故障还是雷击干扰：

$$|N| > N_{set} \tag{7-25}$$

式中，N 为拟合直线的斜率；N_{set} 为门槛值。在发生雷击故障与普通故障时，行波总体的波形均为单调递减的，因此与 7.2 节提出的基于包络线的雷击干扰识别方法不同，此方法对不同类型的故障不加区分，去掉了冗余的判据，增加了方案的可靠性，也使保护动作时间减少。

7.3.2　考虑雷击干扰识别的保护方案

基于拟合直线的雷击干扰识别方法保护流程图如图 7-19 所示。

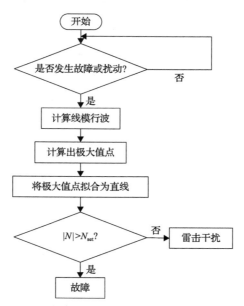

图 7-19　附加基于拟合直线的雷击干扰识别方法的保护流程图

该方法作为辅助判据加入保护方案中，以免在发生非故障雷击时造成保护的误动作。从流程图中能够看出相比于基于包络线的雷击干扰识别方案，此方法剔除了许多冗余的判据，让流程变得更加清晰，也在一定程度上确保了速动性。

7.3.3　仿真验证

为了验证所提的雷击干扰识别方法的可行性，依然使用图 7-1 的四端柔性直流输电模型进行仿真，杆塔设置在线路 L1 上，分别在 f_1、f_2 和 f_3 位置设置了区内不同过渡电阻以及位置的正极接地故障、极间短路故障、绕击雷击故障、绕击雷击干扰以及雷击杆塔与避雷线等。

仿真频率为 100kHz，仿真时间一共为 3s，故障或扰动设置发生于 2.5s，保护的采样窗口设置为 5ms，N_{set} 设置为 15kV/ms。

1. 普通短路故障仿真

以图 7-1 中线路 L1 为研究对象，在图中 f_1 与 f_2 处设置区内不同过渡电阻以及位置的正极接地故障和极间短路故障，仿真结果如表 7-5 所示。从表中能够看出，在区内发生不同过渡电阻以及位置的故障的情况下，均能够保证 $|N| > N_{set}$，保护正确识别为区内故障。

表 7-5　区内发生不同类型故障时仿真结果

故障类型	过渡电阻/Ω	距离/km	$|N|$	结果
正极接地故障	0	2.5	104.67	区内故障
	0	102	67.95	区内故障
	200	102	18.71	区内故障
极间短路故障	0	2.5	214.50	区内故障
	0	102	172.85	区内故障
	200	102	56.08	区内故障

2. 绕击雷击故障仿真

仍然以线路 L1 为研究对象，在图 7-1 所示的 f_1 与 f_2 处设置雷电绕击，雷击均造成绝缘子闪络，以验证使用此方法能否准确识别绕击雷击故障。设置雷击的幅值分别为 15kA 与 25kA，其中 15kA 雷击造成单极接地故障，25kA 雷击造成极间短路故障，仿真结果如表 7-6 所示。

表 7-6　区内发生不同雷击故障时仿真结果

雷击幅值/kA	距离/km	$|N|$	结果
15	2.5	224.09	单极接地故障
	102	62.99	单极接地故障
25	2.5	319.25	极间短路故障
	102	212.71	极间短路故障

表 7-6 仿真结果可知，当区内发生严重雷击故障时，无论雷击造成的是单极接地故障还是极间短路故障，均满足$|N| > N_{set}$，保护可靠识别，并且裕度较大。

3. 绕击雷击干扰仿真

为验证此方法识别绕击雷击干扰的能力，仍以线路 L1 为研究对象，在图 7-1 中的 f_1 与 f_2 处设置绕击雷击干扰，此情况下绝缘子不发生闪络，系统未发生故障。雷击幅值为 10kA，仿真结果如表 7-7 所示。

表 7-7　区内发生不同绕击雷击干扰时仿真结果

幅值/kA	距离/km	$|N|$	结果
10	2.5	13.96	绕击雷击干扰
10	102	1.58	绕击雷击干扰

表 7-7 中数据显示，在非故障雷击的情况下，绝缘子未发生闪络，均满足$|N| < N_{set}$。保护可靠不动作，能够准确识别出绕击雷击干扰。

4. 雷击杆塔与避雷线仿真

除雷电绕击线路外，雷击杆塔与避雷线也会在导线中感应出电流、电压行波，影响保护判断。仍以线路 L1 为研究对象，分别在图示 f_1 与 f_3 处设置雷击避雷线与雷击杆塔，雷击幅值均为 50kA。仿真结果如表 7-8 所示。

表 7-8　区内发生雷击杆塔和避雷线时仿真结果

位置	幅值/kA	距离/km	$|N|$	结果
杆塔	50	102	—	保护不动作
避雷线	50	102	—	保护不动作

由表 7-8 可知，因为此时导线上的波动主要由避雷线与传输导线之间的耦合产生，即使雷击杆塔与避雷线的幅值远远高于 7.2 节中的绕击雷击，此时所产生的行波幅值远远小于故障与雷电绕击扰动，对于保护来说甚至难以达到其启动判

据，因此不会对系统造成影响。

7.4 考虑雷击干扰识别的直流线路单端量保护方案

多端柔性直流电网的网状结构和故障特性对直流线路保护的动作性能提出了更高的要求，因此本节提出了一种基于单端量的直流线路电压行波保护方案。首先，针对基于 MMC 的多端柔性直流电网直流侧发生的不同故障或干扰情形，理论分析了故障电压反行波在线路上的传播特征差异。其次，利用小波变换提取高频电压反行波构建了区内外故障识别判据；对于单极接地故障，提出了故障极的识别判据；另外，针对架空线路遭受雷击后对行波保护的影响，构建了雷击干扰识别判据。最后，建立了四端柔性直流电网仿真模型，仿真结果验证了所提保护方案的有效性。

7.4.1 电压反行波特性分析

在直流线路两端串联限流电抗器是高压柔性直流输电系统当前最常用的限流措施，限流电抗器可平缓直流侧故障后的电压、电流波形，从而抑制故障电流的上升速度，延缓换流站闭锁的时间。由此，可降低保护和直流断路器检测和切除故障对快速性的要求。在直流系统正常运行情况下，限流电抗器不会引起明显的压降，损耗较小；而在直流侧故障时，限流电抗器对于高频分量则呈现出高电抗，从而具有吸收、阻滞的作用，因此当故障行波经过限流电抗器时，其波形将变得平缓，为直流电网单端量线路保护提供了天然的边界条件。下面将具体分析故障电压行波在多端柔性直流电网中的传播特性。

1. 双极多端柔性直流电网模型

图 7-20 所示为某双极多端柔性直流电网的某条直流线路及其边界拓扑。以直

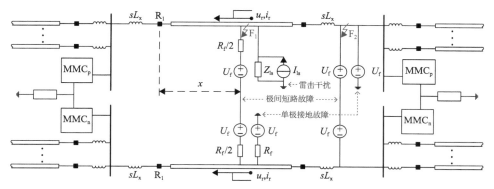

图 7-20   双极多端柔性直流电网直流线路

流线路保护 R_1 为例，它的保护范围为在两端限流电抗器 L_x 之内的整条线路。在线路区内外分别设置单极接地故障、极间短路故障。区内故障点为 F_1，与 R_1 相距 x km；区外故障点为 F_2，位于限流电抗器 L_x 之外，与 R_1 相距 l km（直流线路全长）。假定电流正方向为从母线指向直流线路，当故障发生后，故障附加电压源 U_f 经故障过渡电阻 R_f 在故障点产生入射波。对于线路保护，R_1 应保证能区别出区内最远端高阻故障和在 F_2 点发生的区外金属性故障[2]。

由于双极直流线路之间存在耦合作用，正负极线路上的电气量可经转换矩阵解耦为线模量和地模量。进一步地，计算地模和线模电压反行波：

$$u_{r0} = \frac{1}{2}\left(\Delta u_0 - Z_0 \Delta i_0\right) \tag{7-26}$$

$$u_{r1} = \frac{1}{2}\left(\Delta u_1 - Z_1 \Delta i_1\right) \tag{7-27}$$

式中，Δu_0 和 Δi_0 分别为故障分量电压和电流的地模量；Δu_1 和 Δi_1 分别为故障分量电压和电流的线模量；Z_0 和 Z_1 分别为直流线路的地模特征阻抗和线模特征阻抗。特征阻抗计算公式如下：

$$Z_0 = \sqrt{(Z_s + Z_m)/(Y_s + Y_m)} \tag{7-28}$$

$$Z_1 = \sqrt{(Z_s - Z_m)/(Y_s - Y_m)} \tag{7-29}$$

式中，Z_s 和 Z_m 分别为直流线路的自阻抗和互阻抗；Y_s 和 Y_m 分别为直流线路的自导纳和互导纳。依频变化的直流线路分布参数模型中，Z_s 和 Z_m 在频域解析中都为 s 的函数[3]。

2. 区内故障时的电压入射波

下面将从频域角度来分析线模电压入射波从故障点到保护安装处的传播过程。如图 7-20 所示，对于区内外短路故障，电压入射波由故障附加电压源 U_f 产生，U_f 可用阶跃输入表示，其表达式如下：

$$U_f = \mathcal{L}\left[-U_{dc+}\varepsilon(t)\right] \tag{7-30}$$

式中，$\mathcal{L}$ 为拉普拉斯变换；U_{dc+} 为柔性直流电网的正极额定电压；$\varepsilon(t)$ 为单位阶跃信号。

设直流线路故障点产生的线模电压入射波为 $U_{r1}(0)$，故障点与 R_1 相距 x km，$U_{r1}(0)$ 由直流线路传播到线路端部，此时 R_1 检测到的初始线模电压反行波为 $U_{r1}(x)$。

对于区内故障点 F_1 上产生的 $U_{r1}(0)$，其频域表达式如下：

（1）单极接地故障：正极接地故障与负极接地故障情况下 $U_{r1}(0)$ 的表达式都为[4,5]

$$U_{r1}(0) = \frac{\sqrt{2}Z_1}{Z_0 + Z_1 + 4R_f}U_f \qquad (7\text{-}31)$$

（2）极间短路故障：如图 7-20 所示，极间短路故障时正负极线路的故障拓扑对称，故障附加网络可以分成上下相同的两部分，从而得到 $U_{r1}(0)$ 的表达式：

$$U_{r1}(0) = \frac{\sqrt{2}Z_1}{Z_1 + R_f}U_f \qquad (7\text{-}32)$$

3. 区外故障时的电压入射波

在区外故障点 F_2 发生金属性故障时，直流线路末端（位于 L_x 内侧）上产生的电压入射波 $U_{r1}(0)$ 表达式如下。

（1）单极接地故障：

$$U_{r1}(0) = \frac{\sqrt{2}Z_1}{Z_0 + Z_1 + 2sL_x}U_f \qquad (7\text{-}33)$$

（2）极间短路故障：

$$U_{r1}(0) = \frac{\sqrt{2}Z_1}{Z_1 + sL_x}U_f \qquad (7\text{-}34)$$

4. 雷击时的电压入射波

除了短路故障，长距离架空线路上常由于遭受雷击而产生行波信号。当区内故障点 F_1 遭受雷击时，其故障附加网络如图 7-20 所示。因为雷电流的极性多为负，所以本节所有雷击均设置在正极线路上。图 7-20 中 I_{ls} 表示雷击等效电流源，Z_{ls} 代表雷电通道的波阻抗。雷击等效电流源 I_{ls} 可以视为一个脉冲输入，采用 1.2μs/50μs 双指数模型，其频域表示如下：

$$I_{ls} = \mathcal{L}\left[I_0\left(e^{-t/\tau_1} - e^{-t/\tau_2} \right) \right] \qquad (7\text{-}35)$$

式中，I_0 为雷电流的幅值；τ_1 和 τ_2 为雷电流的时间常数。

雷击有可能造成线路短路故障，但大部分情况下雷击仅是瞬间的扰动，会对线路保护造成干扰。因此，雷击故障和雷击干扰需要被区分开。若区内故障 F_1 点发生雷击干扰，故障点上产生的 $U_{r1}(0)$ 表达式如下：

$$U_{r1}(0) = \frac{\sqrt{2}Z_1}{Z_0 + Z_1 + 4Z_{1s}} Z_{1s} I_{1s} \tag{7-36}$$

若雷击造成闪络从而导致线路发生短路故障，此时故障线路的状态与单极接地故障相似，直流线路保护应该正确识别并清除故障。

5. 保护检测到的初始电压反行波

故障点处电压入射波在直流线路上的传播过程中会受到衰变和延迟。根据文献[2]中直流线路上行波的传播特性，故障点上的 $U_{r1}(0)$ 与到达保护处的 $U_{r1}(x)$ 的关系式为

$$U_{r1}(x) = \mathrm{e}^{-\gamma_1 x} U_{r1}(0) \tag{7-37}$$

式中，γ_1 为线模传播系数。

对 $U_{r1}(x)$ 进行拉普拉斯反变换，可得到保护 R_1 检测到的初始线模电压反行波在时域上的计算值。

6. 各种情形下的电压反行波特性分析

通过上述分析，区内最远端高阻故障（位于 $x=1$ 时的 F_1 点）和在 F_2 点发生区外金属性故障时保护所检测到的初始线模电压反行波可以进行比较。针对直流线路最远端区内外故障时传递函数 $U_{r1}(1)/U_f$ 不同的幅频特性来进行说明。将某双极柔性直流电网的参数代入式(7-30)、式(7-34)和式(7-39)，从而得到如图 7-21 所示理论计算结果，具体参数将于 7.4.3 节给出。

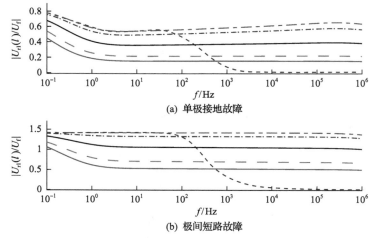

(a) 单极接地故障

(b) 极间短路故障

图 7-21　线路最远端区内外故障时 $U_{r1}(1)/U_f$ 的幅频特性曲线

区内故障(不同 R_f)：– – –0Ω；·–·–·20Ω；——100Ω；— —300Ω；——500Ω；– – – –区外故障

由图 7-21 可知，直流线路两端的限流电抗器作为边界可以阻滞高频信号，从而导致区内外故障下保护检测到的线模电压反行波具有显著的幅值差异。对于区外故障产生的行波信号，频段超过 5kHz 的信号会严重衰减。因此，线模电压反行波的高频段信号可以作为区分区内外故障的判据。另外，区内故障时保护检测到的电压反行波会随过渡电阻变大而产生幅值衰减。

对于区内发生的雷击干扰，传递函数 $U_{r1}(x)/(Z_{1s}I_{1s})$ 的幅频特性曲线与图 7-21 中单极接地故障的曲线相似。对于区内雷击干扰与单极短路故障，造成保护检测到不同电压反行波的原因是输入信号不同。雷击干扰为脉冲输入，而单极短路故障则为阶跃输入。文献[6]分析了雷电波的频谱和能量分布，雷电波的主要频带为 0～20kHz，其中 0～0.1kHz 频段雷电波的能量占比少于 3%，而 0.1～10kHz 频段雷电波的能量占比为 80% 左右。因此，行波信号高低频段分量的能量比可以作为识别雷击干扰的判据。

7.4.2　基于电压反行波的直流线路单端量保护方案

1. 启动判据

为了避免保护因电压波动而频繁启动，构建快速启动判据：

$$\left|\Delta u_{r1}(k)\right| = \left|u_{r1}(k) - u_{r1}(k-1)\right| > \Delta_{set} \tag{7-38}$$

式中，$u_{r1}(k)$ 为线模电压反行波信号；k 为采样点；$\Delta u_{r1}(k)$ 为两相邻采样点的差值；Δ_{set} 为门槛值。如果某两个采样点的差值 $\Delta u_{r1}(k)$ 满足式(7-38)，那么直流线路保护算法启动，记录采样点 k 对应的故障时刻。本节采样频率选用 100kHz。Δ_{set} 被设定为 $0.001U_{dc+}$（正极电压额定值）。为了保护能够获得完整的初始电压反行波，避免小波变换边界效应带来误差，将故障前、后各 0.5ms 作为数据窗。

2. 故障极识别判据

对于极间短路故障，理论上故障线路不会出现地模电压反行波；而对于单极接地故障，若正极接地保护将检测到极性为负的初始地模电压反行波，负极接地故障时保护会检测到极性为正的初始地模电压反行波。

综上，考虑到所有类型的短路故障，选用地模电压反行波的极性作为故障极识别判据。地模电压反行波信号 $u_{r0}(k)$ 的极性可由式(7-39)计算：

$$A_{ur0} = \frac{1}{n}\sum_{k=1}^{n} u_{r0}(k) \tag{7-39}$$

式中，n 为采样点个数。利用 A_{ur0}，可以构建故障极识别判据：

$$\begin{cases} A_{ur0} \leqslant -A_{set}, & \text{正极接地故障} \\ A_{ur0} \geqslant A_{set}, & \text{负极接地故障} \\ -A_{set} < A_{ur0} < A_{set}, & \text{极间短路故障} \end{cases} \qquad (7\text{-}40)$$

式中，A_{set} 为门槛值。对于极间短路故障，为了避免两极不对称造成的影响，A_{set} 被设定为 $0.01U_{dc+}$。

3. 区内外故障识别判据

本节选取线模电压反行波的小波变换模极大值作为特征量，同时考虑到高阻故障的情况，构建区内外故障识别判据：

$$\begin{cases} D_j > D_{set} \\ \sigma = \dfrac{D_j}{U_{0r1}} \geqslant \sigma_{Th} \end{cases} \qquad (7\text{-}41)$$

式中，D_j 为数据窗内 $u_{r1}(k)$ 第 j 层小波变换模极大值的最大绝对值；D_{set} 为整定门槛值；σ 为辅助判据；U_{0r1} 为数据窗内 $u_{r1}(k)$ 的最大幅值；σ_{Th} 为预设门槛值。若满足式（7-41），保护将判断区内发生故障或干扰，进入后续判别程序。

对于区内故障，由于初始电压反行波的幅值与过渡电阻大小呈反相关，而小波变换模极大值与行波信号的大小成正比，因此过渡电阻对辅助判据 σ 的影响较小；而对于区外出口处故障，主判据 D_j 经限流电抗器衰减后可能与区内高阻故障时大小相近，但限流电抗器的延缓作用对反行波最大幅值 U_{0r1} 影响较小，辅助判据 σ 仍会远远小于门槛值。针对本节构建的多端柔性直流电网，根据前面分析以及所选采样频率，选取第 3 层小波变换结果，即 D_3 作为动作量，其相应频段为 $6.25 \sim 12.5 \text{kHz}$。

4. 雷击识别判据

雷击识别判据应保证线路遭受雷击干扰时，保护不误动；而遭受雷击故障和常规故障时，保护可靠动作。根据前面分析，本节通过比较线模电压反行波高频分量和低频分量的能量来识别雷击干扰。高频能量 E_H 和低频能量 E_L 的计算公式如下：

$$E_H = \sum_{j=2}^{9} E_{Hj} = \sum_{j=2}^{9} \sum_{k \in N} \left| d_j(k) \right|^2 \qquad (7\text{-}42)$$

$$E_L = \sum_{k \in N} \left| a_9(k) \right|^2 \qquad (7\text{-}43)$$

式中，$d_j(k)$ 和 $a_9(k)$ 为 $u_{r1}(k)$ 小波变换的各层系数；E_H 为第 $2\sim9$ 层的高频能量和；E_L 为第 9 层的低频能量和。根据采样频率，E_H 的对应频带为 $85\sim25000\text{Hz}$，E_L 的对应频带为 $0\sim85\text{Hz}$。

在上述基础上构建雷击识别判据：

$$\begin{cases} \eta = \dfrac{E_H}{E_L} \geqslant \eta_{\text{Th}}, & \text{雷击干扰} \\ \eta < \eta_{\text{Th}}, & \text{区内单极接地故障} \end{cases} \tag{7-44}$$

式中，η 为高低频能量比；η_{Th} 为门槛值。基于前面分析，并考虑一定裕量，η_{Th} 预设为 10。

5. 保护门槛值的整定

对于区内外故障识别判据，D_{set} 应躲过正方向区外出口发生金属性故障（图 7-20 中 F_2 点）时保护得到的 D_3 值进行整定。根据式（7-33）、式（7-34）、式（7-37）以及实际柔性直流电网的参数，可以利用小波变换算法计算出 F_2 点故障时 D_3 的理论值。单极接地故障与极间短路故障应分别进行整定，得到各自对应的 D_{set} 整定值。对于本节所选用的柔性直流电网，单极接地故障时 D_{set} 整定为 15，极间短路故障时 D_{set} 整定为 25。

对于辅助判据的门槛值 σ_{Th}，可以根据传递函数 $U_{r1}(l)/U_f$ 的幅频特性进行整定。参考图 7-21，对于本节所选用的柔性直流电网，单极接地故障时 σ_{Th} 整定为 0.2，极间短路故障时 σ_{Th} 整定为 0.4。

6. 保护算法

综上所述，本节设计了一种电压反行波保护方案，保护方案流程如图 7-22 所示。首先，启动判据检测线模电压反行波的任何突变；若启动判据满足条件，算法会假定有故障发生，记录检测到故障的时刻和数据窗数据，对线模电压反行波信号进行小波变换；随后，故障极识别判据判断故障类型；根据故障类型判定结果，区内外故障识别判据选择相应的整定门槛值，并判断是否为区内故障；如果算法判定发生了区内单极接地故障，雷击识别判据会进行判别，排除雷击干扰的影响。

7.4.3 仿真验证

1. 仿真模型

根据张北四端柔性直流电网系统拓扑和有关参数，利用 PSCAD/EMTDC 软件搭建了±500kV 四端柔性直流电网模型，其单线简化结构如图 7-23 所示。直流系统主接线方式为对称双极接线；MMC 选用半桥子模块拓扑，MMC 的其他参数见表 7-9；直流线路选用依频架空线模型；除线路 L_{13} 两端限流电抗器电感为 300mH 外，其他直流线路限流电抗器电感均为 200mH。下面将以直流线路 L_{12} 上的保护 R_{12} 为例，通过设置各种故障和干扰情形，仿真验证所提保护方案的可行性。

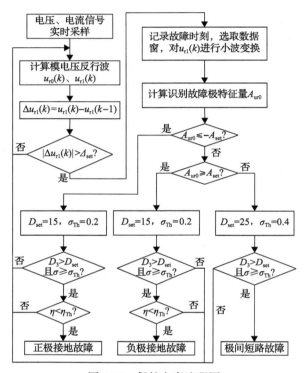

图 7-22　保护方案流程图

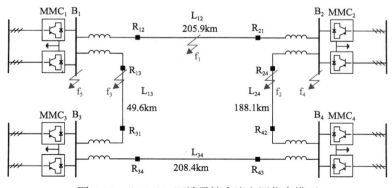

图 7-23　±500kV 四端柔性直流电网仿真模型

表 7-9　MMC 换流站仿真模型参数

参数	MMC$_1$	MMC$_2$	MMC$_3$	MMC$_4$
控制方式	定有功	定有功	定有功	定直流电压
额定功率/MW	2×750	2×750	2×1500	2×1500
交流侧电压/kV	220	220	220	220
桥臂电感/H	0.15	0.15	0.15	0.08
子模块数目	101	101	101	101
子模块电容/μF	2500	2500	2500	2500

为了验证前面的理论分析内容，在仿真模型中设置了各类典型故障，给出了初始电压反行波和小波变换模极大值的波形以及仿真结果。如图 7-23 所示，典型区内故障或干扰设置在线路 L$_{12}$ 的中点 f$_1$；典型区外故障分别设置在相邻线路 L$_{24}$、L$_{13}$ 和相邻母线 B$_2$、B$_1$ 上，位置分别位于各线路距离保护 R$_{12}$ 最近的点 f$_2$、f$_3$、f$_4$、f$_5$。典型区内故障的过渡电阻设置为 20Ω，典型区外故障都为金属性故障。雷击干扰的雷电流幅值设置为 15kA，雷击故障的雷电流幅值设置为 50kA。各故障或干扰发生的时间都设置在 1ms。

2. 典型区内故障仿真

图 7-24 给出了区内故障时 R$_{12}$ 检测到的电压反行波波形，以及线模电压反行波的小波变换模极大值波形。仿真结果见表 7-10。

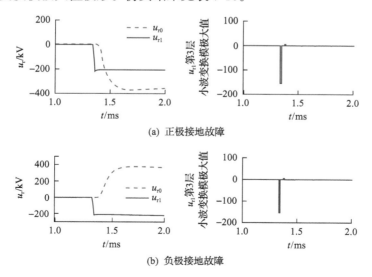

(a) 正极接地故障

(b) 负极接地故障

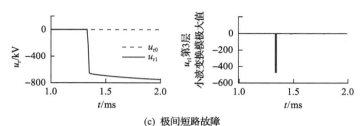

(c) 极间短路故障

图 7-24　典型区内故障时的电压反行波及其小波变换模极大值

表 7-10　典型区内故障时仿真结果

故障类型	A_{ur0}/kV	D_3	σ/kV^{-1}	η	识别结果
正极接地故障	−270.9	154.6	0.70	5.4	正极接地故障
负极接地故障	270.5	154.6	0.70	5.4	负极接地故障
极间短路故障	−0.4	472.6	0.64	—	极间短路故障

　　由图 7-24 和表 7-10 可知，故障极识别判据能够正确判别故障类型，且区内外故障识别结果和雷击识别结果都准确可靠。

3. 典型区外故障仿真

　　图 7-25 给出了区外故障时 R_{12} 检测到的各波形，仿真结果见表 7-11。

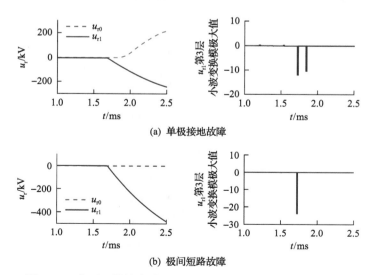

(a) 单极接地故障

(b) 极间短路故障

图 7-25　典型区外故障时的电压反行波及其小波变换模极大值

表 7-11　典型区外故障时仿真结果

故障类型	故障点	A_{ur0}/kV	D_3	σ/kV^{-1}	识别结果
正极接地故障	f_2	−7.3	1.3	0.08	
	f_3	−29.8	0.3	0.03	
	f_4	−35.1	11.9	0.07	区外故障
	f_5	−18.1	1.6	0.08	
负极接地故障	f_2	10.1	1.6	0.07	
	f_3	59.3	0.6	0.06	
	f_4	31.8	12.0	0.07	区外故障
	f_5	17.4	1.5	0.08	
极间短路故障	f_2	−1.1	3.3	0.08	
	f_3	0.6	2.6	0.06	
	f_4	−1.0	23.9	0.07	区外故障
	f_5	−1.3	3.1	0.09	

对比图 7-24 和图 7-25，区外故障时电压反行波的波形明显比区内故障时更加平滑，高频含量较少。表 7-11 结果证明了区内外故障识别判据各门槛的预设整定值可行，R_{12} 可以识别出各类区外故障。

4. 雷击仿真

图 7-26 给出了雷击干扰和雷击故障时 R_{12} 检测到的各波形，仿真结果见表 7-12。

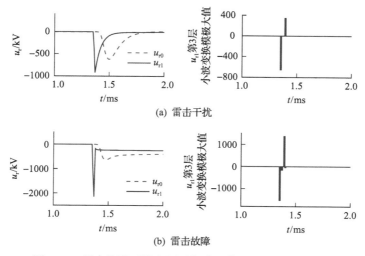

图 7-26　雷击情况下的电压反行波及其小波变换模极大值

表 7-12 典型雷击情况下的仿真结果

类型	A_{ur0}/kV	D_3	σ/kV^{-1}	η	识别结果
雷击干扰	−210.3	654.7	0.71	11.9	雷击干扰
雷击故障	−426.2	1524.5	6.2	5.3	雷击故障

由图 7-26 可知，雷击产生的电压反行波的波形尖锐，高频含量较高。表 7-12 结果证明了雷击识别判据能够正确排除雷击干扰的影响。

针对对称双极接线的多端柔性直流电网，基于分析各种情形下电压反行波在直流线路边界处的特性，本节提出了一种新的直流线路单端量保护方案，由理论分析和仿真结果可得结论如下：

(1)保护采用单端量信息，算法仅需故障后 0.5ms 长度的数据窗，所提保护方案具有超高速的动作性能。

(2)在区内外故障识别中加入辅助判据，保护算法能够准确识别区内远端高阻故障和区外出口金属性故障，所提保护方案具有绝对的选择性和较高的灵敏性。

(3)通过引入雷击识别判据，可有效避免雷击干扰对保护的影响，提高了保护的可靠性。

参 考 文 献

[1] 谢仲润, 邹贵彬, 杜肖功, 等. 基于真双极的 MTDC 电网直流线路快速保护[J]. 中国电机工程学报, 2020, 40(6): 1906-1915.

[2] Leterme W, Beerten J, van Hertem D. Nonunit protection of HVDC grids with inductive DC cable termination[J]. IEEE Transactions on Power Delivery, 2016, 31(2): 820-828.

[3] Semlyen A, Abdel-rahman M H. Transmission line modelling by rational transfer functions[J]. IEEE Transactions on Power Apparatus and Systems, 1982, PAS-101(9): 3576-3584.

[4] 李爱民, 蔡泽祥, 李晓华. 直流线路行波传播特性的解析[J]. 中国电机工程学报, 2010, 30(25): 94-100.

[5] Zhang Y, Tai N L, Xu B. Fault analysis and traveling-wave protection scheme for bipolar HVDC lines[J]. IEEE Transactions on Power Delivery, 2012, 27(3): 1583-1591.

[6] 罗仕乾. 雷电波的频谱及能量分布[J]. 高电压技术, 1995(1): 85-86.

第8章 常规直流断路器及其多端口化

由于柔性直流电网的低阻抗特性，直流侧故障发展速度很快，故障电流可以在数毫秒内上升到极大的值。为了避免直流侧故障损害换流站以及直流电网中其他脆弱设备，必须在数毫秒之内将故障清除并隔离，这对直流电网的故障隔离技术提出了极高的要求。此外，由于直流电网故障后故障电流不存在过零点，传统的交流断路器不再适用。

虽然直流断路器具有良好的性能，但是直流断路器的制造成本要远大于交流断路器。随着直流电网规模的不断扩大，为了满足保护的全选择性，直流断路器的需求也快速增加。而在现有技术水平下，直流断路器的高成本问题又难以解决，这极大地限制了直流电网的发展。为了解决这一问题，专家提出多端口直流断路器的思路，通过同一直流母线上所有进出线共用昂贵的主断开关来实现故障电流的开断，以减少直流电网中直流断路器的数量和投资成本。

目前，国内外学者已设计出多种多端口直流断路器方案，其在功能、性能与成本等方面各有差异。为给后续进一步研究多端口直流断路器提供借鉴，本章首先介绍了常规直流断路器；之后，在已有研究的基础上梳理了近年来各文献提出的多端口直流断路器方案，并对其进行了分类，详细阐述了各类别多端口直流断路器的拓扑原理以及技术优缺点，并且展望了多端口直流断路器可能的发展方向；最后，详细介绍了两种多端口直流断路器拓扑及工作原理[1-3]。

8.1 常规直流断路器

目前提出的直流断路器(DCCB)可大致分为三种基本类型，即机械式直流断路器(MCB)、全固态直流断路器(solid-state direct current circuit breaker，SSCB)和混合式直流断路器(HCB)[4,5]。在高压直流电网中，直流断路器通常采用机械式直流断路器和混合式直流断路器，其典型结构分别如图 8-1 (a) 和图 8-1 (b) 所示。机械式直流断路器和混合式直流断路器都可以用图 8-2 中的通用简化模型表示。两种典型直流断路器的动作过程及示意波形如下所述。

8.1.1 机械式直流断路器

与交流断路器类似，机械式直流断路器通过触头的位移实现故障电流的分断，具有制造成本低、导通损耗小、结构紧凑等优点[6]。由于直流故障电流不存在过

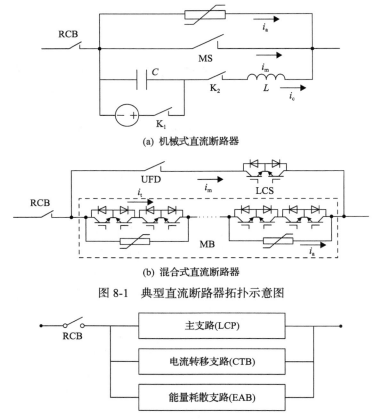

(a) 机械式直流断路器

(b) 混合式直流断路器

图 8-1　典型直流断路器拓扑示意图

图 8-2　通用简化模型

零点，因此机械式直流断路器需要依靠辅助电路产生人工过零点以熄灭电弧。早期的机械式直流断路器利用自激振荡电路制造人工电流零点灭弧，动作时间为数十毫秒。为了提高机械式直流断路器的动作速度，文献[7]提出有源振荡型机械式直流断路器，如图 8-1(a)所示。有源振荡型机械式直流断路器由主支路、电流转移支路和能量耗散支路三条支路构成。其中，主支路为机械开关 MS，负责在正常运行时导通负荷电流，并且在故障时快速分闸以分断故障电流；电流转移支路由换流电容 C、换流电感 L 和开关 K_2 构成，负责产生高频反向电流辅助主支路机械开关熄灭电弧；能量耗散支路由大量金属氧化物避雷器串并联构成，负责限制故障暂态电压和耗散故障电流能量。此外，开关 K_1 和直流电源为换流电容充电，保证换流电容在故障发生时有足够的预充电电压。

　　该机械式直流断路器的动作过程如下：在故障发生之前，开关 K_2 处于打开状态，机械开关 MS 处于闭合状态，负荷电流仅流过主支路；假设 t_0 时刻发生短路故障，故障电流开始上升；机械式直流断路器于 t_1 时刻接收到保护发出的跳闸命令，控制机械开关 MS 开始分闸，机械开关 MS 触头间开始产生电弧；t_2 时刻机械开关 MS 触头达到设定位置，闭合开关 K_2，此时电流转移支路产生高频振荡电流，与主支路机械开关 MS 中的故障电流叠加，从而产生人工过零点；t_3 时刻主支路机械开关 MS 中电流过零，触头间电弧熄灭，故障电流被全部换流至电流转移支路；之后，机械开关 MS 两端开始建立恢复电压，随着 MS 两端电压的不断升高，能量耗散支路中金属氧化物避雷器投入，从而抑制暂态分断电压并且耗散故障电流能量；待故障电流降为零后，打开剩余电流开关即可将故障点完全隔离。机械式直流断路器动作时序及波形示意如图 8-3 所示。图中，i_m 为主支路电流，i_c 为电流转移支路电流，i_a 为能量耗散支路电流。

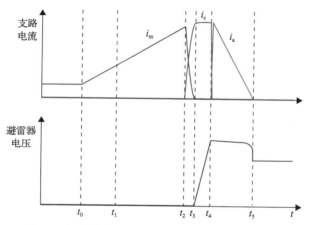

图 8-3　机械式直流断路器动作时序及波形示意图

2017 年世界首台 160kV 电压等级机械式直流断路器在南澳三端柔性直流输电工程挂网运行，该机械式直流断路器利用低压侧预充电电容通过耦合电感在高压侧产生振荡电流制造人工过零点，电流截断时间小于 5ms，截断电流达到 9kA[8]。

8.1.2　混合式直流断路器

混合式直流断路器的概念最初由 ABB 公司提出，其综合了机械式直流断路器以及全固态直流断路器的优点，具有运行损耗小、动作速度快等特点，成为柔性直流电网故障隔离的理想选择[9]。图 8-1(b) 所示混合式直流断路器由主支路、电流转移支路和能量耗散支路三条支路构成，电流转移支路和能量耗散支路统称为主断开关(MB)。其中，主支路由负荷转移开关(LCS)和快速机械开关(UFD)串联组成，负责导通负荷电流，并且在故障时将故障电流换流至电流转移支路；电流转移支路由大量 IGBT 模块串并联构成，负责将故障电流换流至能量耗散支路，并且承受暂态分断电压；能量耗散支路由大量金属氧化物避雷器构成，负责限制暂态分断电压和耗散故障电流能量。

混合式直流断路器的动作过程如下：在故障发生之前，主支路中 LCS 和 UFD 处于导通或者闭合状态，电流转移支路中 IGBT 模块处于闭锁状态，因此负荷电流仅流过主支路，在此期间导通阻抗较低，产生的损耗可以忽略不计；假设 t_0 时刻发生短路故障，故障电流开始上升；混合式直流断路器于 t_1 时刻接收到保护发出的跳闸命令，控制电流转移支路中 IGBT 模块导通、LCS 闭锁，故障电流开始由主支路换流至电流转移支路；t_2 时刻主支路中故障电流下降至接近于零，此时 UFD 开始分闸，由于 UFD 在零电流状态动作不会产生电弧，因此分闸时间较短，通常认为 UFD 的分闸时间为 2ms；t_3 时刻 UFD 动作完成，控制电流转移支路中 IGBT 模块闭锁，故障电流被换流至能量耗散支路，由能量耗散支路中金属氧化物避雷器耗散故障电流能量；待故障电流降为零后，打开 RCB 即可将故障点完全隔离。混合式直流断路器的动作时序及波形示意如图 8-4 所示。图中，i_m 为主支路电流，i_t 为电流转移支路电流，i_a 为能量耗散支路电流。该混合式直流断路器在动作过程中为 UFD 创造了零电压和零电流的无弧分闸条件，显著提高了分断可靠

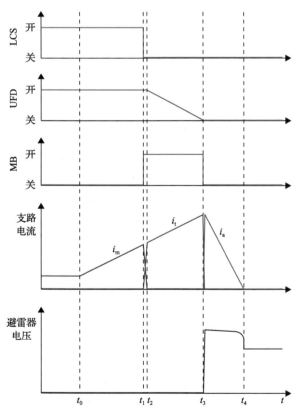

图 8-4　混合式直流断路器动作时序及波形示意图

性，并且还可以实现快速重合闸，具有良好的系统适用性。此外，电流转移支路和能量耗散支路采用模块化设计，具有良好的可扩展性，可以方便地推广到不同电压等级的应用场景。

2012~2013 年，ABB 公司和 Alstom 公司先后研制出电流截断时间 10ms 以内、截断电流 5~10kA 的混合式直流断路器原型样机。国网智能电网研究院有限公司研制的基于全桥子模块的混合式直流断路器于 2016 年在 ±200kV 舟山五端柔性直流输电工程投运，电流截断时间小于 3ms，截断电流达到 15kA，为全球首个投入工程应用的混合式直流断路器[10]。此外，国网智能电网研究院有限公司、南京南瑞继保电气有限公司等单位研制的 500kV 电压等级混合式直流断路器已经能够做到在 3ms 内截断 25kA 的故障电流[11]。

虽然混合式直流断路器在可靠性、速动性以及稳态损耗方面表现良好，但是混合式直流断路器需要大量的全控型器件，因此一次设备投资较高、经济性较差。此外，由于直流电网中存在单一直流母线连接多条直流线路的情况，每条直流线路均配置混合式直流断路器存在成本高、占地面积大、控制信号复杂等问题。为了降低混合式直流断路器的制造成本，文献[12]提出一种电容换流型混合式直流断路器，利用电容充电过程将故障电流转移到能量耗散支路，避免了大量 IGBT 模块带来的高成本。文献[12]提出的混合式直流断路器在正常运行时由主支路导通负荷电流，在开断故障电流时首先将故障电流转移至晶闸管支路，再通过放电回路注入反向电流迫使晶闸管过零关断，最后通过能量耗散支路吸收系统感性能量。该混合式直流断路器中仅主支路包含少量全控型器件，因此制造成本相对于图 8-1(b)所示混合式直流断路器大幅较低。

8.2　多端口直流断路器概念及其分类

8.2.1　多端口直流断路器的概念

8.1 节提及的直流断路器均只有一进一出两个端口，本节统称为两端口直流断路器。两端口直流断路器只能开断单条线路上的故障电流，由于直流电网的直流母线上连接的线路较多，这意味着直流电网中单一直流母线需配置多台两端口直流断路器。由于两端口直流断路器造价远高于交流断路器(以 10kV 电压等级为例，直流断路器的价格为 120 万~150 万元，而交流断路器的价格不高于 5 万元)并且需求数量较大，因此直流电网中直流断路器投资成本过高已成为目前限制直流电网发展的瓶颈。针对以上问题，考虑主断开关是直流断路器的主要成本，专家提出了多端口直流断路器(MPCB)的设计思想，即同一直流母线上所有进出线共用昂贵的主断开关，单台多端口直流断路器可代替多台两端口直流断路器。由此，在保证各进出线故障电流分断能力的同时，大幅减少了直流电网中直流断路器的数量和投资成本。

根据 8.1 节的分析，直流断路器故障电流的成功分断依赖于两个电流换相过程，分别是从主支路到电流转移支路和从电流转移支路到能量耗散支路。考虑到电流转移支路到能量耗散支路占据了两端口直流断路器总成本的大部分，如果这两条支路能够被连接于同一条直流母线的相邻线路共用，则直流断路器的总成本将会大幅度降低，这就是多端口直流断路器的核心思想。迄今为止，研究人员已经提出了多种多端口直流断路器，其结构主要分为接地桥（GB）型、半桥（HB）型和全桥（FB）型三种类型，如图 8-5 所示（图中 RCB 已省略）。此外，考虑到工作原理，多端口直流断路器主要可分为电流过零熄弧（ACZ）型和强迫换流（FCC）型两种。综上所述，多端口直流断路器从结构和工作原理上主要分为六种类型：GB-ACZ 型、HB-ACZ 型、FB-ACZ 型（未发表参考文献）、GB-FCC 型、HB-FCC 型和 FB-FCC 型。

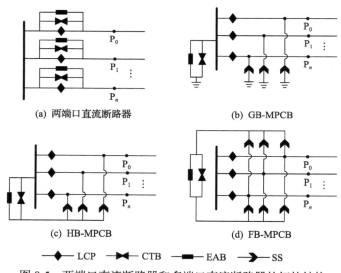

(a) 两端口直流断路器　　　　　　(b) GB-MPCB

(c) HB-MPCB　　　　　　(d) FB-MPCB

—◆→ LCP　　—▶◀— CTB　　—■■— EAB　　—➤→ SS

图 8-5　两端口直流断路器和多端口直流断路器的拓扑结构

如图 8-5 所示，如果两端口直流断路器安装在具有 n 条相邻线路的直流母线处，则除了需要 n 条主支路之外，还需要 n 条电流转移支路和 n 条能量耗散支路。但是，如果采用多端口直流断路器，则除了需要 n 条主支路之外，一般只需要 1 条电流转移支路和 1 条能量耗散支路。与两端口直流断路器的方案相比，采用多端口直流断路器的方案能够节省 $n-1$ 条电流转移支路和 $n-1$ 条能量耗散支路，但是根据拓扑结构的不同可能需要 n 个或 $2n$ 个选择开关（SS）。由于选择开关的成本远低于电流转移支路和能量耗散支路，因此多端口直流断路器方案的总成本将明显低于两端口直流断路器方案。此外，多端口直流断路器方案的重量和体积也明显小于两端口直流断路器方案。

8.2.2　基于电流过零熄弧的多端口直流断路器

1. 工作原理

ACZ-MPCB 与两端口机械式直流断路器类似，采用 LC 振荡电路产生振荡电流，与主支路的机械开关中的故障电流叠加产生电流过零点，从而熄灭机械开关中的电弧，然后故障电流被强制进入共用的能量耗散支路中耗散。两端口机械式直流断路器和 ACZ-MPCB 之间的主要区别在于，如果安装两端口机械式直流断路器，则每条直流线路都需要 1 条电流转移支路和能量耗散支路，而如果安装 ACZ-MPCB，则一般仅需要 1 条各相邻线路共享的电流转移支路和能量耗散支路。

ACZ-MPCB 的核心原理包括两个阶段：①振荡电流由电流转移支路或 SS 中的预充电电容产生，与主支路的机械开关（MS）中的故障电流叠加产生人工电流过零点以熄灭电弧；②MS 中的电弧熄灭后，故障电流被换流至电流转移支路，最后被换流到能量耗散支路中耗散。ACZ-MPCB 的基本动作时序如下所述。需要注意的是，具体的 ACZ-MPCB 的动作过程可能与基本动作过程存在一定的差异，但是基本的动作原理是完全相同的。

假设在 t_0 时刻端口 P_0 附近发生短路故障，故障电流将由非故障端口 $P_1 \sim P_n$ 注入故障端口 P_0，如图 8-6(a) 所示。线路保护在 t_1 时刻检测到故障并向多端口直流断路器发送跳闸信号。多端口直流断路器在 t_2 时刻收到跳闸信号，控制故障端口主支路中的机械开关开始分闸。此时，故障电流将会在机械开关中产生电弧。当 t_3 时刻机械开关的触头移动到额定距离后，电流转移支路和相应的选择开关动作产生振荡电流，该振荡电流叠加在机械开关中的故障电流上以产生电流过零点从而熄灭电弧，如图 8-6(b) 所示。在 t_4 时刻电弧熄灭后，故障电流将流过电流转

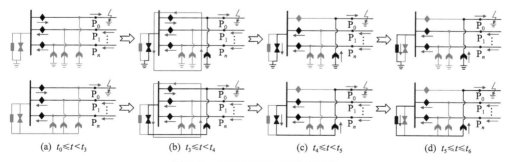

(a) $t_0 \leqslant t < t_3$　　　(b) $t_3 \leqslant t < t_4$　　　(c) $t_4 \leqslant t < t_5$　　　(d) $t_5 \leqslant t < t_6$

图 8-6　ACZ-MPCB 的动作时序

第一行表示接地桥型 ACZ-MPCB 的动作时序，第二行表示半桥型 ACZ-MPCB 的动作时序

移支路和相应的选择开关，如图 8-6(c) 所示。在 t_5 时刻，通过控制电流转移支路和选择开关将故障电流强制换流至能量耗散支路，如图 8-6(d) 所示。之后，由于能量耗散支路将会产生远高于电网额定电压的暂态分断电压，故障电流将会在暂态分断电压的作用下迅速下降。在 t_6 时刻，故障电流衰减为零，此时打开故障端口上的剩余电流开关将故障点完全隔离。

2. 现有 ACZ-MPCB 的特性分析

目前国内外专家学者已提出数种 ACZ-MPCB[13-17]，其单元结构如表 8-1 所示。

表 8-1　不同 ACZ-MPCB 的单元结构

类型	文献	单元结构			
		LCP	CTB	EAB	SS
GB	[14]				
FB	[15]				
	[13]和[16]				
	[17]				

在正常工作期间，GB-MPCB 的电流转移支路、能量耗散支路和选择开关需要承受电网对地电压。考虑到元器件失效的可能性，直接接地支路可能会导致意外故障，不利于 GB-MPCB 的可靠运行。FB-MPCB 的各组成单元在正常工作期间不需要承受任何电压，因此不存在上述问题。

文献[14]提出的 GB-MPCB 中，每个端口选择开关的电容都需要进行预充电，因此所需预充电电容数量远高于文献[13]、[16]和[17]中提出的 FB-MPCB 方案。但是，GB-MPCB 中的电容可以通过系统电压充电，不需要额外的充电设备，从而节省了额外的成本。文献[15]中的 FB-MPCB 可以通过控制选择开关中的 IGBT 模块，利用系统电压对选择开关中的电容器进行预充电。文献[13]、[16]和[17]中提出的方案需要对电流转移支路中的单个电容进行预充电，虽然其中一些可以在故障电流分断期间对电容进行再充电，但是考虑到电容在较长时间的正常工作状态会进行缓慢的自放电，因此为了保证预充电电容具有足够的电压，一般需要配置额外的充电装置。此外，由于电流转移支路要承受高于系统电压的暂态分断电压，文献[13]、[15]和[16]中的电流转移支路主要由全控半导体开关组成，因此其总成本高于其他方案。

　　由于机械开关的机械动作和较长的动作时间，应考虑在分断故障电流时机械开关失灵的后备保护措施。然而，目前所提出的 ACZ-MPCB 均没有考虑该问题。因此，一旦主支路或者选择开关中的机械开关失灵，MPCB 将无法分断故障电流，此时仅能依靠所有直流线路远端的断路器分闸才能隔离故障，这不仅会延长故障的停电时间，还会扩大故障范围，后果十分严重。

　　由于文献[14]和[17]所提多端口直流断路器的预充电电容放电路径中配置有电感，因此可以方便地通过控制电感量的大小来控制振荡电流，从而确保机械开关中电弧的可靠熄灭。然而，如表 8-1 所示，文献[13]、[15]和[16]中的预充电电容器通过杂散电感而不是额外安装的电感放电，这导致振荡电流难以精确控制。

8.2.3　基于强迫换流的多端口直流断路器

1. 工作原理

　　FCC-MPCB 与两端口混合式直流断路器类似，利用主支路中的负荷换流开关将故障电流换流到电流转移支路，然后闭锁电流转移支路从而强迫故障电流换流至共用的能量耗散支路进行耗散。两端口 FCC-HCB 和 FCC-MPCB 的主要区别在于，如果安装了两端口混合式直流断路器，则每条直流线路都需要 1 条电流转移支路和能量耗散支路，而如果安装了 FCC-MPCB，则一般只需要 1 条所有相邻线路共用的电流转移支路和能量耗散支路，从而大幅降低配置成本和占地面积。

　　FCC-MPCB 的核心原理包括两个阶段：①通过依次关断主支路中的负荷换流开关和机械开关将故障电流换流至电流转移支路；②闭锁电流转移支路中的半导体开关，从而强迫故障电流换流至能量耗散支路，由能量耗散支路耗散故障电流的感性能量。FCC-MPCB 的基本动作时序如下所述。需要注意的是，具体的 FCC-MPCB 的动作过程可能与基本动作过程存在一定的差异，但是基本的动作原理是完全相同的。

　　假设在 t_0 时刻端口 P_0 附近发生短路故障，故障电流将从非故障端口 $P_1 \sim P_n$ 注入故障端口 P_0，如图 8-7(a)所示。线路保护在 t_1 时刻检测到故障并向 MPCB 发送跳闸信号。MPCB 在 t_2 时刻收到跳闸信号，控制故障端口主支路中的 LCS 闭锁。此时，故障电流将被强迫换流进入电流转移支路，如图 8-7(b)所示。

　　在 t_3 时刻主支路中的故障电流减小到零后，控制主支路中的 MS 动作开始分闸。在 t_4 时刻机械开关的触头移动到额定位置后，闭锁电流转移支路从而将故障电流强迫换流至能量耗散支路进行耗散。之后，由于能量耗散支路建立的远高于系统电压的暂态分断电压，故障电流将会迅速下降，如图 8-7(d)所示。在 t_5 时刻，故障电流衰减到零，打开故障端口上的剩余电流开关将故障点完全隔离。

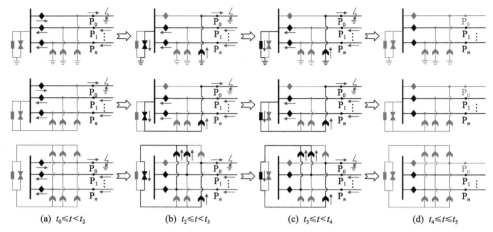

(a) $t_0 \leqslant t < t_2$　　(b) $t_2 \leqslant t < t_3$　　(c) $t_3 \leqslant t < t_4$　　(d) $t_4 \leqslant t \leqslant t_5$

图 8-7　FCC-MPCB 的动作时序

第一行表示接地型 FCC-MPCB，第二行表示半桥型 FCC-MPCB，第三行表示全桥型 FCC-MPCB

2. 现有 FCC-MPCB 的特性分析

到目前为止，国内外专家学者已提出多种 FCC-MPCB，不同 FCC-MPCB 的单元结构如表 8-2 所示。

表 8-2　不同 FCC-MPCB 的单元结构

类型	文献	单元结构			
		LCP	CTB	EAB	SS
GB	[18]				
HB	[19]				
	[20]				
	[21]				
	[22]				
FB	[23]				上半桥SS: 下半桥SS:
	[3]				
	[24]				

　　由表 8-2 可知，FCC-MPCB 具有相同的能量耗散支路和类似的主支路结构，各 FCC-MPCB 的差异主要体现在选择开关上。主支路是由 LCS 和 UFD 组成的串联支路，多端口直流断路器中 LCS 根据结构不同可能具有单向[21,22,24]或者双向[3,18-20,23]的电流分断能力。电流转移支路均为以全控半导体开关为主组成的串联支路，并且大多为了降低投资成本仅有单向关断能力。由于电流转移支路在故障电流分断过程中需要承受远高于系统电压的暂态分断电压，因此在高压领域电流转移支路通常由数百个半导体开关组成。因此，如果 FCC-MPCB 需要电流转移支路具备双向电流分断能力，其成本将会显著高于其他方案。

　　此外，文献[25]～[28]提出了一系列专为直流母线故障设计的桥式 FCC-MPCB，其拓扑结构如图 8-8 所示。除分断线路故障电流外，上述拓扑还具备直流母线故障的分断能力。

3. 经济比较

　　为了比较各种 FCC-MPCB 的经济性，表 8-3 列出了不同拓扑所需的器件数目。由于 LCS 中所需的半导体开关数量较少，在此将其忽略。此外，考虑到电阻、电容等元件的成本相对较低，在此同样忽略其成本。

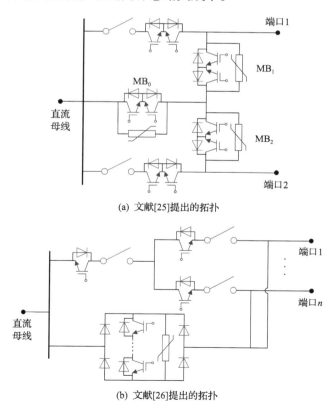

(a) 文献[25]提出的拓扑

(b) 文献[26]提出的拓扑

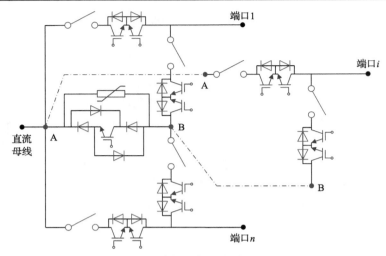

(c) 文献[27]提出的拓扑

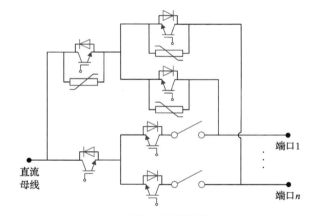

(d) 文献[28]提出的拓扑

图 8-8　专为直流母线故障设计的桥式 FCC-MPCB 拓扑结构

表 8-3　不同 FCC-MPCB 所需器件数目

类型	参考文献	MS 数目	半导体开关数目		
			IGBT 模块	晶闸管	二极管
TPCB	[29]	n	$\mathrm{ceil}\left(n\dfrac{\gamma k_{RC}U_{dc}}{k_{MC}U_I} \right)$	0	$\mathrm{ceil}\left(4n\dfrac{\gamma k_{RC}U_{dc}}{k_{MC}U_D} \right)$
	[30]	n	$\mathrm{ceil}\left(2n\dfrac{\gamma k_{RC}U_{dc}}{k_{MC}U_I} \right)$	0	0
GB	[18]	n	$\mathrm{ceil}\left(\dfrac{\gamma k_{RC}U_{dc}}{k_{MC}U_I} \right)$	$\mathrm{ceil}\left(n\dfrac{k_{RC}U_{dc}}{k_{MC}U_T} \right)$	$\mathrm{ceil}\left(n\dfrac{k_{RC}U_{dc}}{k_{MC}U_D} \right)$

续表

类型	参考文献	MS 数目	半导体开关数目		
			IGBT 模块	晶闸管	二极管
HB	[19]	n	$\mathrm{ceil}\left(\dfrac{\gamma k_{\mathrm{RC}}U_{\mathrm{dc}}}{k_{\mathrm{MC}}U_{\mathrm{I}}}\right)$	$\mathrm{ceil}\left(\dfrac{\gamma k_{\mathrm{RC}}U_{\mathrm{dc}}}{k_{\mathrm{MC}}U_{\mathrm{T}}}\right)$	$\mathrm{ceil}\left((4+2n)\dfrac{\gamma k_{\mathrm{RC}}U_{\mathrm{dc}}}{k_{\mathrm{MC}}U_{\mathrm{D}}}\right)$
	[20]	n	$\mathrm{ceil}\left(\dfrac{2\gamma k_{\mathrm{RC}}U_{\mathrm{dc}}}{k_{\mathrm{MC}}U_{\mathrm{I}}}+2n\right)$	$\mathrm{ceil}\left(n\dfrac{\gamma k_{\mathrm{RC}}U_{\mathrm{dc}}}{k_{\mathrm{MC}}U_{\mathrm{T}}}\right)$	$\mathrm{ceil}\left(n\dfrac{\gamma k_{\mathrm{RC}}U_{\mathrm{dc}}}{k_{\mathrm{MC}}U_{\mathrm{D}}}\right)$
	[21]	n	$\mathrm{ceil}\left(\dfrac{\gamma k_{\mathrm{RC}}U_{\mathrm{dc}}}{k_{\mathrm{MC}}U_{\mathrm{I}}}\right)$	0	$\mathrm{ceil}\left(n\dfrac{\gamma k_{\mathrm{RC}}U_{\mathrm{dc}}}{k_{\mathrm{MC}}U_{\mathrm{D}}}\right)$
	[22]	$2n$	$\mathrm{ceil}\left(\dfrac{\gamma k_{\mathrm{RC}}U_{\mathrm{dc}}}{k_{\mathrm{MC}}U_{\mathrm{I}}}\right)$	0	0
FB	[23]	n	$\mathrm{ceil}\left(\dfrac{\gamma k_{\mathrm{RC}}U_{\mathrm{dc}}}{k_{\mathrm{MC}}U_{\mathrm{I}}}\right)$	$\mathrm{ceil}\left(n\dfrac{\gamma k_{\mathrm{RC}}U_{\mathrm{dc}}}{k_{\mathrm{MC}}U_{\mathrm{T}}}\right)$	$\mathrm{ceil}\left(n\dfrac{\gamma k_{\mathrm{RC}}U_{\mathrm{dc}}}{k_{\mathrm{MC}}U_{\mathrm{D}}}\right)$
	[3]	n	$\mathrm{ceil}\left(\dfrac{\gamma k_{\mathrm{RC}}U_{\mathrm{dc}}}{k_{\mathrm{MC}}U_{\mathrm{I}}}\right)$	0	$\mathrm{ceil}\left((2n+1)\dfrac{\gamma k_{\mathrm{RC}}U_{\mathrm{dc}}}{k_{\mathrm{MC}}U_{\mathrm{D}}}\right)$
	[24]	n	$\mathrm{ceil}\left(\dfrac{\gamma k_{\mathrm{RC}}U_{\mathrm{dc}}}{k_{\mathrm{MC}}U_{\mathrm{I}}}\right)$	0	$\mathrm{ceil}\left(2n\dfrac{\gamma k_{\mathrm{RC}}U_{\mathrm{dc}}}{k_{\mathrm{MC}}U_{\mathrm{D}}}\right)$
其他	[25]	2	$\mathrm{ceil}\left(\dfrac{3\gamma k_{\mathrm{RC}}U_{\mathrm{dc}}}{k_{\mathrm{MC}}U_{\mathrm{I}}}\right)$	0	0
	[26]	$n{+}1$	$\mathrm{ceil}\left(\dfrac{\gamma k_{\mathrm{RC}}U_{\mathrm{dc}}}{k_{\mathrm{MC}}U_{\mathrm{I}}}\right)$	0	$\mathrm{ceil}\left(2n\dfrac{\gamma k_{\mathrm{RC}}U_{\mathrm{dc}}}{k_{\mathrm{MC}}U_{\mathrm{D}}}\right)$
	[27]	$2n$	$\mathrm{ceil}\left(\dfrac{\gamma k_{\mathrm{RC}}U_{\mathrm{dc}}}{k_{\mathrm{MC}}U_{\mathrm{I}}}\right)$	0	$\mathrm{ceil}\left(\dfrac{4\gamma k_{\mathrm{RC}}U_{\mathrm{dc}}}{k_{\mathrm{MC}}U_{\mathrm{I}}}\right)$
	[28]	n	$\mathrm{ceil}\left(n\dfrac{\gamma k_{\mathrm{RC}}U_{\mathrm{dc}}}{k_{\mathrm{MC}}U_{\mathrm{I}}}\right)$	0	0

注：n 为多端口直流断路器的端口数目；U_{dc} 为直流电网额定电压；γ 为主断开关中金属氧化物避雷器的电压限制系数，定义为金属氧化物避雷器的残余电压/额定电压；U_{I} 为全控型器件的额定电压；U_{T} 为晶闸管的额定电压；U_{D} 为二极管的额定电压；k_{RC} 为半导体开关冗余系数；k_{MC} 为半导体开关电压裕量系数；$\mathrm{ceil}(x)$ 为向上取整函数。

由表 8-3 可知，两种两端口直流断路器 (TPCB)[29,30] 的成本都明显高于其他多端口直流断路器，并且与受保护线路的数量高度相关。除了两端口直流断路器之外，文献[28]中提出的多端口直流断路器所需成本最高，因为该拓扑所需的 IGBT 模块数量与端口数量成正比。由于文献[3]、[18]～[27]所提多端口直流断路器所需 IGBT 模块数量与端口数目无关，因此以上拓扑的成本仅随着端口数量的增加而略有增加。在所有多端口直流断路器拓扑中，文献[22]所提拓扑半导体开关的成本最低，但是其需要的机械开关的数目较多(n 个端口需要 $2n$ 个机械开关)。此外，在动作过程中，该多端口直流断路器需要同时操作 n 个机械开关，大大增加了机械开关失灵的可能性，因此可靠性相对较低。

在表 8-3 列举的所有多端口直流断路器中，文献[22]和[27]将主支路作为故障电流由故障端口换流至电流转移支路的路径，因此所需半导体开关较少，但是需要大量的机械开关(约为端口数目的 2 倍)。其他多端口直流断路器大多利用二极管、晶闸管等的组合支路实现换流过程，虽然随着端口数目的增加半导体开关的成本会略有增加，但是考虑到以上开关的单价远低于 IGBT 等全控型开关，因此成本变化幅度较小。

4. 功能比较

不同 FCC-MPCB 可实现的功能如表 8-4 所示，可实现的功能包括单/多条线路同时故障隔离、直流母线故障隔离、机械开关失灵保护、重合闸、双向负荷电流分断等。

表 8-4　不同 FCC-MPCB 可实现的功能

类型	参考文献	功能 1[a]	功能 2[b]	功能 3[c]	功能 4[d]	功能 5[e]
GB	[18]	是	否	否	是	否
HB	[19]	是	是	否	是	否
	[20]	是	是	是	是	是
	[21]	是	否	否	是	否
	[22]	是	否	否	是	是
FB	[23]	是	N/A	否	是	是
	[3]	是	是	是	是	是
	[24]	是	N/A	否	是	是
其他	[25]	是	是	否	是	是
	[26]	是	是	否	是	是
	[27]	是	是	否	是	是
	[28]	是	是	否	是	是

a 单/多条线路同时故障隔离；b 直流母线故障隔离；c 机械开关失灵保护；d 重合闸；e 双向负荷电流分断。
注：N/A 表示不适用。

由表 8-4 可知，所有多端口直流断路器都具备单/多条线路同时故障隔离和重合闸的功能。文献[23]和[24]通过直接连接不同端口的主支路避免了直流母线的配置，从而消除了直流母线故障的风险，但是这会降低设备的模块化程度。文献[18]、

[21]、[22]中提出的多端口直流断路器无法隔离直流母线故障，仅能依靠所有相连直流线路远端的直流断路器和换流器的交流断路器来完成直流母线故障的隔离，这将延长故障发展时间并扩大故障范围。文献[18]、[19]、[21]所提多端口直流断路器无法分断由母线流向线路的负荷电流，需要远端的直流断路器来进行。在表 8-4 所列举的多端口直流断路器中，只有少数拓扑具有机械开关失灵保护功能，可靠性相对较高。由于机械开关失灵会导致整个多端口直流断路器的失灵，因此在进行拓扑设计时应考虑机械开关失灵的可能性并配置相应的后备保护措施。

8.3　半桥型多端口混合式直流断路器

多端柔性直流电网若要实现保护的全选择性，则每条直流线路两端均需配置双端口混合式直流断路器，导致电网的投资成本过高。考虑到同一直流母线上存在多条出线，各线路可以共用昂贵的主断开关构成单主断开关型多端口直流断路器，进而降低了多端柔性直流电网中断路器的配置成本。因此，本节设计了半桥型多端口混合式直流断路器并搭建了低压物理实验平台。首先，介绍了半桥型多端口混合式直流断路器的详细拓扑；其次，介绍了模块化多电平换流器的故障暂态等效模型并分析了半桥型多端口混合式直流断路器的运行原理；再次，给出了半桥型多端口混合式直流断路器的控制策略；最后，搭建了四端柔性直流电网的电磁暂态仿真模型和低压物理实验平台，测试了半桥型多端口混合式直流断路器的多端故障隔离功能。

8.3.1　半桥型多端口混合式直流断路器的基本拓扑

半桥型多端口混合式直流断路器如图 8-9 所示。

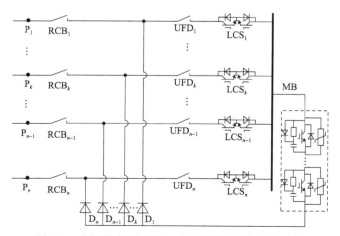

图 8-9　半桥型多端口混合式直流断路器拓扑示意图

8.3.2 半桥型多端口混合式直流断路器的工作原理

假设 t_0 时刻线路 Line$_k$ 发生接地短路，正常线路的电流 i_{pi} 通过各自线路 Line$_i$，然后再通过半桥型多端口混合式直流断路器各自端口的 UFD$_i$ 和 LCS$_i$ 汇集到直流母线上，最后通过 LCS$_k$、UFD$_k$ 和故障线路 Line$_k$ 注入故障点 F。故障线路另一侧的电流通过断路器 HCB$_k$ 和故障线路 Line$_k$ 注入故障点。此时多端口直流断路器内的电流路径如图 8-10 所示。

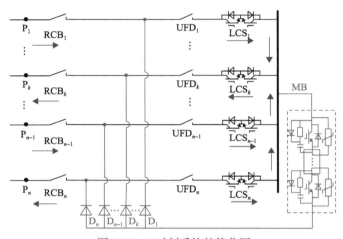

图 8-10 t_0 时刻系统的简化图

假设 t_1 时刻线路两侧保护装置检测到故障并发出跳闸信号，半桥型多端口混合式直流断路器均收到跳闸信号。随后半桥型多端口混合式直流断路的主断开关导通，LCS$_k$ 和 UFD$_k$ 关断。此时，汇集在母线上的故障电流通过主断开关的子模块、二极管 D$_k$ 和故障线路注入故障点。系统的简化图如图 8-11 所示。

LCS-UFD 支路的电流降为零后，控制 UFD 开始分闸。机械开关完成分闸需要几毫秒时间，假设 t_2 时刻半桥型多端口混合式直流断路器 UFD$_k$ 完全打开。随后主断开关关断，半桥型多端口混合式直流断路器的电流换流至主断开关的避雷器支路，避雷器的电压维持为残压。因此该过程可以等效为串入了电压为 λU_{dc} 的反向电压源，此时系统的简化图如图 8-12 所示。

假设 t_3 时刻故障电流降为零，随后半桥型多端口混合式直流断路器的开关 RCB$_k$ 打开，将故障线路 Line$_k$ 隔离。故障线路被切除且其他线路保持正常运行，因此，采用半桥型多端口直流断路器隔离故障线路极大地提高了直流输电系统供电的可靠性。

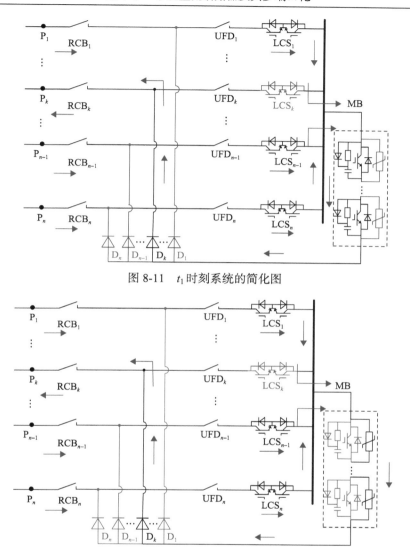

图 8-11　t_1 时刻系统的简化图

图 8-12　t_2 时刻系统简化图

8.3.3　仿真验证

在 PSCAD/EMTDC 中搭建了四端柔性直流电网模型来验证半桥型多端口混合式直流断路器的功能，仿真模型如图 8-13 所示。半桥型多端口混合式直流断路器的端口 P_k 通过限流电感 L_{rk} 与直流线路相连，电流 $i_{p1} \sim i_{p4}$ 分别为流过端口 $P_1 \sim P_4$ 的电流；母线处配置半桥型多端口混合式直流断路器，电流 $i_{LCS1} \sim i_{LCS4}$ 为流过半桥型多端口混合式直流断路器 $LCS_1 \sim LCS_n$ 的电流，电流 i_{MB} 为流过半桥型多端口混合式直流断路器主断开关的电流，电流 $i_{D1} \sim i_{D4}$ 为流过半桥型多端口混合式直流断路器二极管 $D_1 \sim D_4$ 的电流。换流站均采用模块化多电平换流站，系统采用主从控制方式，MMC_1 为电压主站，$MMC_2 \sim MMC_4$ 为功率从站。同时，为了提高仿真的精确性，线路模型采用了分布式依频架空线路模型，仿真模型的其他参数如表 8-5 所示。

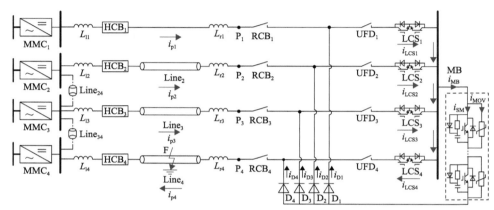

图 8-13   四端柔性直流电网仿真模型

表 8-5   四端柔性直流电网仿真模型的关键参数

参数名称	取值
换流站 MMC_1 的额定电压/kV	500
换流站 $MMC_1 \sim MMC_3$ 的额定功率/MW	450、900、550
换流站子模块电容/μF	250
换流站桥臂电感/mH	29
限流电感 L_{lk}、L_{rk}/mH	100
线路长度 $Line_2 \sim Line_4$、$Line_{23}$、$Line_{34}$/km	100、120、200、160、180
避雷器残余电压/kV	800

线路电流的仿真结果如图 8-14 所示，假设 1s 时线路 $Line_4$ 发生短路故障，故障电流迅速上升，1.002s 时保护装置检测到故障。随后，半桥型多端口混合式直流断路器的 MB 导通，LCS_4 关断，此时故障电流换流至 MB 的子模块支路，如图 8-15(a) 所示(图中的电流 i_{LCS}、i_{SM} 及 i_{MOV} 分别通过为 LCS_4、MB 中子模块和避雷器的电流)。LCS_4 的电流降为零后，开关 UFD_4 开始分闸。假如 1.004s 时 UFD_4 完成分闸，半桥型多端口混合式直流断路器的 MB 关断，电流再次换流至 MB 的避雷器支路。由避雷器的伏安特性可知，电流通过避雷器时避雷器相当于提供了一个反向电压源，如图 8-15(b) 所示。在避雷器的作用下故障电流迅速下降，1.0086s

时故障电流降为零，随后开关 RCB₄ 打开将故障线路隔离，故障隔离过程结束。

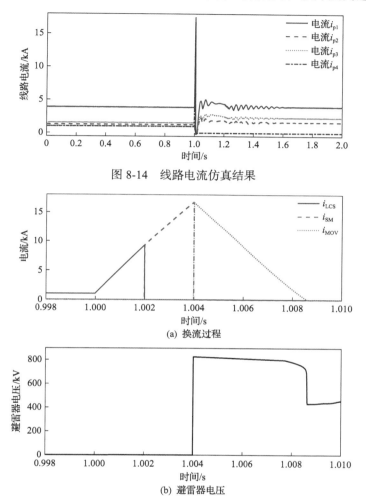

图 8-14　线路电流仿真结果

(a) 换流过程

(b) 避雷器电压

图 8-15　仿真结果

8.4　全桥型多端口混合式直流断路器

由于柔性直流电网的低阻抗特性，直流侧故障发展速度很快，故障电流可以在数毫秒内上升到极大的值。为了避免直流侧故障损害换流站以及直流电网中其他脆弱设备，必须在数毫秒之内将故障清除并隔离，这对直流电网的故障隔离技术提出了极高的要求。此外，由于直流电网故障后故障电流不存在过零点，传统的交流断路器不再适用。虽然混合式直流断路器在可靠性、速动性以及稳态损耗等方面表现良好，但是混合式直流断路器需要大量的全控型半导体器件，因此一次设备投资较高、经济性较差。此外，由于直流电网中存在单一直流母线连接多条直流线路的情况，如果每条直流线路均配置混合式直流断路器会存在成本高、占地面积大、控制信号复杂等问题。为此，本节提出一种全桥型多端口混合式直流断路器。首先，本节给出了全桥型多端口混合式直流断路器的拓扑；其次，本节分析了全桥型多端口混合式直流断路器在直流线路/直流母线故障、快速机械开关失灵和重合闸时的动作原理及控制方法；再次，本节分析了全桥型多端口混合式直流断路器的电压及电流应力，对比了不同直流断路器配置方案的经济性；最后，在电磁暂态仿真软件和低压物理实验电路中对本节提出的全桥型多端口混合式直流断路器的动作性能进行了验证。

8.4.1　全桥型多端口混合式直流断路器的基本拓扑

　　由于主断开关是混合式直流断路器的主要成本，因此本节提出的全桥型多端口混合式直流断路器(FB-MPHCB)通过同一直流母线上所有进出线共用昂贵的主断开关，在保证各进出线故障电流分断能力的同时大幅减少了直流电网中直流断路器的数量和投资成本。所提 FB-MPHCB 的拓扑如图 8-16 所示。与图 8-1(b)所示混合式直流断路器相比，FB-MPHCB 保留了每个端口上的主支路(包括 LCS 和 UFD)和 RCB。此外，FB-MPHCB 在每个端口额外配置了两条二极管支路 D_{uk}、D_{dk}，为故障电流换流至共用的主断开关提供电流通路。此外，在直流母线处额外配置的二极管支路 D_b 的主要作用是在直流母线发生故障后为各端口故障电流换流至主断开关提供故障电流通路。由于二极管支路的单向导通性，FB-MPHCB 的主断开关仅流过单向故障电流(以图 8-16 为例，主断开关中的故障电流方向为由上向下)，因此主断开关仅需具备单向电流关断能力。相比于混合式直流断路器具

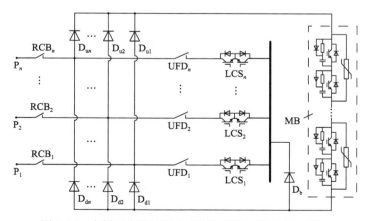

图 8-16　全桥型多端口混合式直流断路器的拓扑示意图

备双向电流关断能力的主断开关,FB-MPHCB 的主断开关仅需一半的 IGBT 模块,单个主断开关的制造成本大幅降低。FB-MPHCB 除能够隔离直流线路故障、分断任意方向负荷电流外,还具备隔离直流母线故障、UFD 失灵保护和重合闸的能力。

8.4.2　全桥型多端口混合式直流断路器的工作原理

1. 直流线路故障隔离

在故障发生之前,FB-MPHCB 的 MB 处于闭锁状态而各端口上的 LCS 和 UFD 处于导通或闭合状态,此时负荷电流仅流过主支路而不会流过 MB。

假设 t_0 时刻直流线路 OHL_1 发生短路故障 F_1,此时各非故障端口 $P_2 \sim P_n$ 开始向故障端口 P_1 注入故障电流,如图 8-17 所示。图中,$L_{ck}(k = 1,2,\cdots, n)$ 为直流线路上所安装的限流电感。

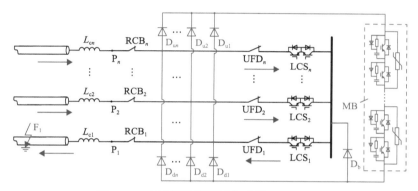

图 8-17　直流线路故障隔离过程:$t_0 \leqslant t \leqslant t_2$

FB-MPHCB 于 t_1 时刻接收到直流线路保护发出的跳闸信号并开始动作隔离故障线路 OHL_1。在经过短暂的控制系统延时后,于 t_2 时刻控制 MB 导通并且控制负荷转移开关 LCS_1 闭锁,此时故障电流开始由故障端口 P_1 上的主支路换流到 MB,非故障端口之间仍然通过各主支路进行功率交换。该换流过程持续时间较短,通常为数十微秒,为了分析方便,假设换流过程瞬间完成。

待流过快速机械开关 UFD_1 的故障电流降为零后,控制其启动分闸(图 8-18),通常认为 UFD 的动作时间为 2ms。在 UFD 动作期间,FB-MPHCB 内故障电流流通路径为:非故障端口 $P_k(k = 2,3,\cdots,n) \rightarrow RCB_k \rightarrow D_{uk} \rightarrow$ MB 中电流转移支路 $\rightarrow D_{d1} \rightarrow RCB_1 \rightarrow$ 故障端口 P_1。快速机械开关 UFD_1 于 t_3 时刻分闸完成,经短暂延时后于 t_4 时刻控制 MB 闭锁、负荷转移开关 LCS_1 导通。之后,故障电流被强迫换流至 MB 中金属氧化物避雷器,由避雷器耗散故障电流的能量,如图 8-19 所示。在避雷器耗能过程中,故障端口二极管支路 D_{u1}、非故障端口二极管支路 $D_{d2} \sim D_{dn}$ 以及直流母线处二极管支路 D_b 均需要承受避雷器残余电压 U_{res}。

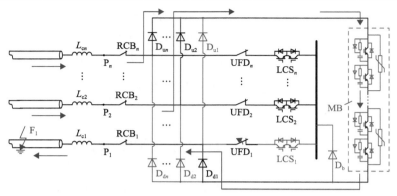

图 8-18　直流线路故障隔离过程：$t_2 < t \leqslant t_3$

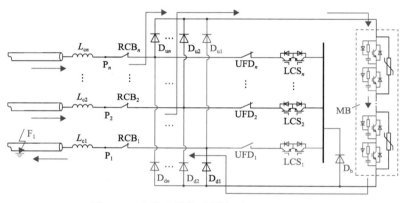

图 8-19　直流线路故障隔离过程：$t_4 < t < t_5$

待故障电流于 t_5 时刻衰减为零后，打开故障端口的剩余电流开关 RCB$_1$ 即可将故障线路完全隔离。

FB-MPHCB 能够分断任意方向的负荷电流（既能够分断由 DCCB 流向直流线路的负荷电流也能够分断由直流线路流向 DCCB 的负荷电流），并且动作过程与上述直流线路故障隔离过程相同，不同之处仅在于 FB-MPHCB 内部电流分布，此处不再赘述。

2. 重合闸

相比较于直流电缆，OHL 发生瞬时性故障概率较高。因此，如果为基于 OHL 的直流电网配置自动重合闸，可以大幅缩短故障停电时间。自动重合闸根据在重合故障线路之前是否识别故障性质可以分为无选择性重合闸和自适应重合闸。此处仅给出无选择性重合闸过程，自适应重合闸请见第 10 章。

FB-MPHCB 的重合闸过程与 HCB 类似，在直流断路器分断故障电流后，等待线路去游离时间，重新导通 MB 并检测 MB 电流 $i_{MB}(t)$ 的幅值。如果 $i_{MB}(t)$ 满足式(8-1)，则判定发生永久性故障，故障线路重合闸失败，控制 MB 再次闭锁并打开故障端口 RCB 将故障线路完全隔离；否则判定发生瞬时性故障，控制故障端口 UFD 合闸，待 UFD 动作完成后，控制 MB 再次闭锁，之后负荷电流将会逐渐恢复到正常状态，故障线路重合闸成功。

$$i_{MB}(t) > K_{rel}I_{cm} \tag{8-1}$$

式中，I_{cm} 为直流线路最大充电电流；K_{rel} 为可靠系数，其值大于 1。

3. 快速机械开关失灵保护

相较于半导体器件，UFD 由于机械动作以及较长的动作时间，容易出现失灵问题，因此要求 FB-MPHCB 具备 UFD 失灵保护，提高 FB-MPHCB 的动作可靠性。

如图 8-18 所示，t_2 时刻后快速机械开关 UFD_1 动作分闸，假设快速机械开关 UFD_1 失灵拒动，FB-MPHCB 于 t_3 时刻检测到 UFD_1 失灵并启动 UFD 失灵保护。经短暂控制系统延时后，于 t_4 时刻首先导通故障端口的负荷转移开关 LCS_1 并且闭锁所有非故障端口的负荷转移开关 $LCS_2 \sim LCS_n$，此时故障电流通过二极管支路转移换流至 MB，流过非故障端口快速机械开关 $UFD_1 \sim UFD_n$ 的电流迅速下降。由于该时间段较短，通常为数十微秒，因此假设换流过程瞬间完成。之后，非故障端口快速机械开关 $UFD_2 \sim UFD_n$ 开始启动分闸，如图 8-20 所示。在 UFD 动作期间，FB-MPHCB 内故障电流共有两条流通路径，分别为：①非故障端口 $P_k \rightarrow$ $RCB_k \rightarrow D_{uk} \rightarrow$ MB 中电流转移支路 $\rightarrow D_{d1} \rightarrow RCB_1 \rightarrow$ 故障端口 P_1；②非故障端口 $P_k \rightarrow$ $RCB_k \rightarrow D_{uk} \rightarrow$ MB 中电流转移支路 $\rightarrow D_b \rightarrow LCS_1 \rightarrow UFD_1 \rightarrow RCB_1 \rightarrow$ 故障端口 P_1。待所有非故障端口 UFD 于 t_5 时刻动作结束后，经短暂控制系统延时，于 t_6 时刻控制 MB 闭锁、非故障端口负荷转移开关 $LCS_2 \sim LCS_n$ 导通，故障电流被强迫换流至 MB 中金属氧化物避雷器，故障电流达到峰值并开始逐渐下降，如图 8-21 所示。

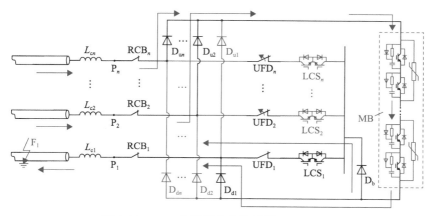

图 8-20　UFD 失灵保护动作过程：$t_4 < t < t_5$

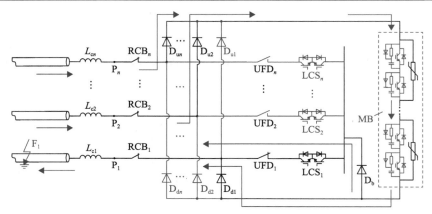

图 8-21　UFD 失灵保护动作过程：$t_6 < t \leqslant t_7$

在避雷器耗能过程中，故障端口二极管支路 D_{u1}、非故障端口二极管支路 $D_{d2} \sim D_{dn}$ 均需要承受避雷器残余电压 U_{res}。待避雷器分断故障电流后，于 t_7 时刻打开故障端口剩余电流开关 RCB_1 即可将故障线路隔离。假设 RCB_1 于 t_8 时刻动作完成，此时导通 MB，并且控制所有非故障端口 UFD 合闸。待 UFD 动作完成后，重新闭锁 MB，非故障线路重新进入正常运行状态。

4. 直流母线故障隔离

假设 t_0 时刻直流母线发生短路故障 F_2，此时各端口开始向故障点注入故障电流，如图 8-22 所示。FB-MPHCB 于 t_1 时刻接收到直流保护发出的跳闸信号并开始动作隔离直流母线故障。经过短暂的控制系统延时后，于 t_2 时刻控制 MB 导通并且控制所有端口 LCS 闭锁，此时故障电流开始由主支路经过二极管支路 $D_{u1} \sim D_{un}$ 换流到 MB。该换流过程持续时间较短，通常为数十微秒，为了分析方便，假设换流过程瞬间完成。待流过各端口 UFD 的故障电流降为零后，控制其启动分闸，

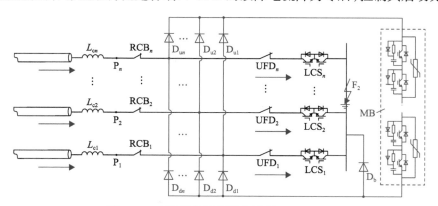

图 8-22　直流母线故障隔离过程：$t_0 < t \leqslant t_2$

如图 8-23 所示，UFD 的动作时间为 2ms。在 UFD 动作期间，FB-MPHCB 内故障电流流通路径为：故障端口 $P_k (k = 1, 2, \cdots, n) \rightarrow RCB_k \rightarrow D_{uk} \rightarrow MB$ 中电流转移支路 $\rightarrow D_b \rightarrow$ 直流母线。待 UFD 于 t_3 时刻动作完成并经短暂控制系统延时后，于 t_4 时刻控制 MB 闭锁并且控制所有端口 LCS 导通，此时故障电流被换流至金属氧化物避雷器，由避雷器耗散故障电流的能量，如图 8-24 所示。在避雷器耗能过程中，所有端口二极管支路 $D_{d1} \sim D_{dn}$ 均需要承受避雷器残余电压 U_{res}。待避雷器分断故障电流后，打开所有端口上的 RCB 即可隔离直流母线故障。

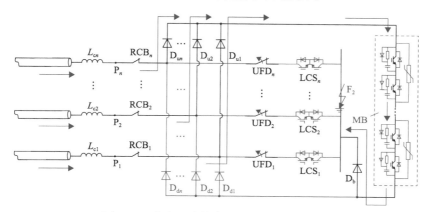

图 8-23　直流母线故障隔离过程：$t_2 < t \leqslant t_3$

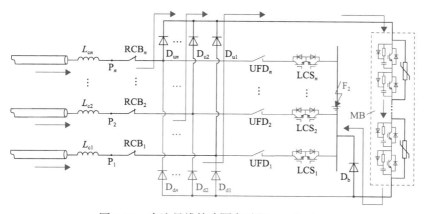

图 8-24　直流母线故障隔离过程：$t_4 < t < t_5$

8.4.3　仿真验证

1. 仿真模型

为了验证 FB-MPHCB 的动作性能，在 PSCAD/EMTDC 软件中搭建了三端柔性直流电网仿真模型，如图 8-25 所示。换流站为对称单极接线方式，其中换流站

S_3 为定电压控制方式，换流站 S_1 和 S_2 为定功率控制方式。直流线路保护和直流母线保护的动作时间分别为 3ms 和 1ms。柔性直流电网仿真模型的其他关键参数如表 8-6 所示。基于搭建的三端柔性直流电网仿真模型，本节分别进行了直流线路故障、UFD 失灵和直流母线故障的仿真测试，重点分析 FB-MPHCB 在上述故障场景下的动作情况。

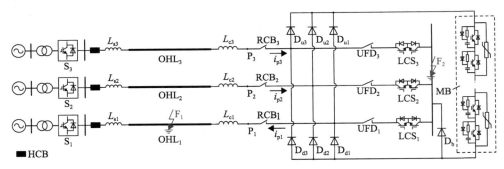

图 8-25　三端柔性直流电网仿真模型

表 8-6　三端柔性直流电网关键参数

设备名称	参数名称	取值
MMC	额定电压/kV	500
	$S_1 \sim S_3$ 额定功率/MW	250、500、750
	桥臂电感/mH	30
	每个桥臂子模块个数	250
	子模块电容/mF	10
	出口限流电感 L_s/mH	20
	交流系统额定电压/kV	220
FB-MPHCB	额定电压/kV	500
	电流转移支路子模块个数	300
	能量耗散支路避雷器个数	10
	单个避雷器额定电压/残余电压/kV	50 /80
	UFD 动作时间/ms	2
	RCB 动作时间/ms	30
直流线路	单位长度电阻/(mΩ/km)	9.32
	单位长度电感/(mH/km)	0.85mH/km
	OHL$_1 \sim$OHL$_3$ 长度/km	100、120、80
	限流电感 L_c/mH	100

2. 直流线路故障隔离仿真

在直流线路 OHL_1 中点处设置金属性接地故障,故障时刻为 5.0s。FB-MPHCB 于 5.003s 接收到保护发出的跳闸信号,开始动作隔离故障端口 P_1,仿真波形如图 8-26 所示。图中,i_{trans} 和 i_{abs} 分别为 MB 中电流转移支路和能量耗散支路电流。

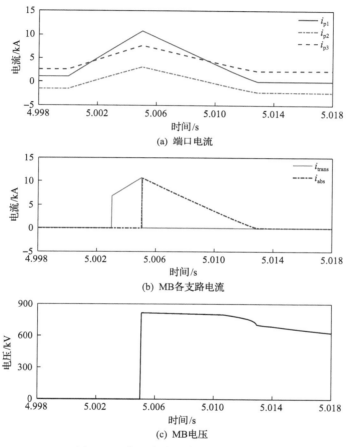

图 8-26　直流线路故障隔离仿真波形

由图 8-26(a)可知,在故障电流被换流至避雷器之前,各端口故障电流持续上升,端口 P_2 和 P_3 通过二极管支路 D_{u2}、D_{u3}、D_{d1} 和 MB 持续向故障端口 P_1 注入故障电流。5.005s 时故障电流被换流至避雷器,此时故障端口 P_1 和非故障端口 P_2、P_3 的故障电流达到峰值,其值分别为 10.65kA、3.04kA 和 7.61kA。MB 中电流峰值与故障端口电流峰值相同,均为 10.65kA。在避雷器分断故障电流期间,MB 中电流转移支路以及二极管支路 D_{u1}、D_{d2}、D_{d3} 和 D_b 将承受暂态分断电压,其值约为避雷器的残余电压（800kV）。由图 8-26(b) 可知，避雷器分断故障电流共耗时约 8ms，耗散能量为 32.75MJ。之后，故障端口剩余电流开关 RCB$_1$ 于 5.043s 分闸完成，故障直流线路将会被完全隔离，系统健康部分逐渐恢复正常运行。

3. 快速机械开关失灵保护仿真

在直流线路 OHL$_1$ 中点处设置金属性接地故障，故障时刻为 5.0s。FB-MPHCB 于 5.003s 接收到保护发出的跳闸信号，开始动作隔离故障端口 P$_1$。假设 FB-MPHCB 于 5.0035s 检测到 P$_1$ 端口上的快速机械开关 UFD$_1$ 失灵，之后启动 UFD 失灵保护，仿真波形如图 8-27 所示。

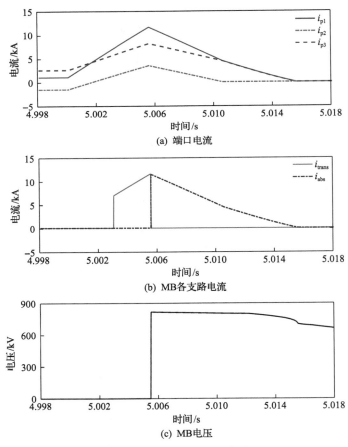

(a) 端口电流

(b) MB各支路电流

(c) MB电压

图 8-27　UFD 失灵保护仿真波形

由于在 UFD 失灵后 FB-MPHCB 需要一定的时间检测 UFD 的动作状态（本节中 UFD 状态检测时间为 0.5ms），而在该段检测时间内 MB 中避雷器并未投入，故障电流仍然会以原上升速度发展，因此各端口故障电流与 8.4.3.2 小节 UFD 正常动作情况相比幅值更大。由图 8-27(a)可知，故障端口 P_1 和非故障端口 P_2、P_3 的故障电流峰值分别为 11.58kA、3.48kA 和 8.10kA。由于故障电流峰值增大，因此避雷器故障电流分断时间和耗散能量也相应增大，分别为 10.5ms 和 40.70MJ。在避雷器分断故障电流期间，MB 中电流转移支路以及二极管支路 D_{u1}、D_{d2}、D_{d3} 将承受暂态分断电压，其值约为避雷器的残余电压(800kV)。此外，需要注意的是，由于 UFD 失灵保护需要通过闭锁非故障端口主支路实现，因此在故障隔离过程中非故障线路之间的功率交换被暂时中断，待故障端口上的 RCB 动作完成后才可重新恢复非故障线路的正常运行。

4. 直流母线故障隔离仿真

在直流母线处设置金属性接地故障，故障时刻为 5.0s。FB-MPHCB 于 5.001s 接收到保护发出的跳闸信号，开始动作跳开所有端口，仿真波形如图 8-28 所示。

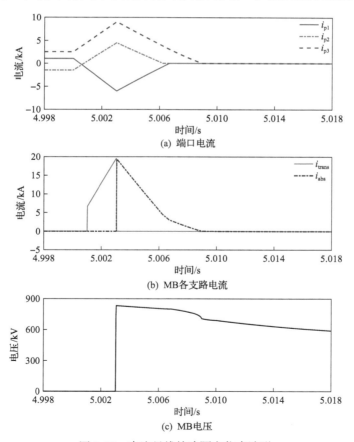

图 8-28　直流母线故障隔离仿真波形

由图 8-28（a）可知，在故障电流被换流至避雷器之前，各端口故障电流持续上升，各端口通过二极管支路 $D_{u1}\sim D_{u3}$ 和 MB 持续向直流母线注入故障电流。5.003s 时故障电流被换流至避雷器，此时各端口故障电流达到峰值，其幅值分别为 5.98kA、4.53kA 和 9.02kA。MB 中电流峰值为各端口故障电流之和，其值为 19.53kA。在避雷器分断故障电流期间，MB 中电流转移支路以及二极管支路 $D_{d1}\sim D_{d3}$ 将承受暂态分断电压，其值约为避雷器的残余电压（800kV）。由图 8-28（b）可知，避雷器分断故障电流共耗时约 4ms，耗散能量为 35.52MJ。之后，故障端口剩余电流开关 RCB_1 于 5.039s 分闸完成，直流母线故障被完全隔离。

8.4.4　经济性分析

本节将对比分析传统 HCB 方案和 FB-MPHCB 方案的制造成本，以体现本节提出的 FB-MPHCB 的经济优势。假设 HCB 方案和 FB-MPHCB 方案分别配置于柔性直流电网中某条直流母线，该直流母线共有 n 条进出线与其相连。因此，为了实现故障的全选择性切除，若采用 HCB 方案，则共需要配置 n 个 HCB；而若采用 FB-MPHCB 方案，则仅需配置一个 n 端口 FB-MPHCB。假设柔性直流电网的额定电压为 U_{dc}，则两种方案所需各元器件数量和避雷器容量如表 8-7 所示。表中，IGBT 模块和二极管的数量不包含 LCS 中的器件，U_{ri}、U_{rd} 分别为 IGBT 模块和二极管的额定电压，E_k 为分断第 k 条直流线路故障所需的避雷器容量。此外，为简化分析，不考虑器件通流能力限制和器件电压裕度。

表 8-7　不同 DCCB 配置方案所需元器件数量和避雷器容量

元器件名称	HCB 方案	FB-MPHCB 方案
LCS	n	n
UFD	n	n
IGBT 模块	$2nU_{res}/U_{ri}$	U_{res}/U_{ri}
二极管	0	$(2n+1)U_{res}/U_{rd}$
避雷器容量	$\sum\limits_{k=1}^{n}E_k$	$\max(E_k, k=1, 2, \cdots, n)$

由表 8-7 可知，HCB 方案和 FB-MPHCB 方案所需 LCS 和 UFD 的数量相同，但是 HCB 方案所需 IGBT 模块数量为 FB-MPHCB 方案的 $2n$ 倍，由于 IGBT 模块成本远高于二极管，因此 HCB 方案中半导体器件成本为 FB-MPHCB 的 n 倍以上。此外，由于 HCB 方案中每条线路上的 HCB 均需具备耗散本条线路故障电流的能力，因此该方案所需避雷器总容量为所有线路上的 HCB 避雷器容量之和，而 FB-MPHCB 方案所需避雷器容量为分断各条线路故障所需避雷器容量的最大值，因此 FB-MPHCB 方案所需避雷器容量远小于 HCB 方案。另外，随着被保护线路数

量的增加，HCB 方案的成本近似呈线性增加，而 FB-MPHCB 方案成本仅略微增加，因此 FB-MPHCB 方案的经济性远超 HCB 方案。

针对现有 HCB 成本高、难以大规模应用等问题，本节提出了一种 FB-MPHCB 拓扑及控制方法。与传统 HCB 方案相比，FB-MPHCB 通过同一直流母线处各进出线共用昂贵的 MB，能够大幅降低全控型器件和避雷器容量需求，从而大幅降低直流断路器的总配置成本。此外，随着被保护线路数量的增加，FB-MPHCB 的经济性更好。所提 FB-MPHCB 不仅具备单条/多条直流线路同时故障隔离能力，还具备直流母线故障隔离和重合闸功能。此外，针对 UFD 失灵概率较高的情况，所提 FB-MPHCB 实现了 UFD 失灵保护功能。另外，FB-MPHCB 具备控制简单、模块化程度高、易于扩展的优点。

参 考 文 献

[1] 张烁, 邹贵彬, 魏秀燕, 等. 多端口直流断路器研究综述[J]. 中国电机工程学报, 2021, 41(13): 4502-4516.

[2] Zhang S, Zou G B, Gao F, et al. A comprehensive review of multiport DC circuit breakers for MTDC grid protection [J]. IEEE Transactions on Power Electronics, 2023, 38(7): 9100-9115.

[3] Zhang S, Zou G B, Wei X Y, et al. Diode-bridge multiport hybrid DC circuit breaker for multiterminal DC grids[J]. IEEE Transactions on Industrial Electronics, 2021, 68(1): 270-281.

[4] Chen W J, Zeng R, He J J, et al. Development and prospect of direct-current circuit breaker in China[J]. High Voltage, 2021, 6(1): 1-15.

[5] 王灿, 杜船, 徐杰雄. 中高压直流断路器拓扑综述[J]. 电力系统自动化, 2020, 44(9): 187-199.

[6] 丁璨, 袁召, 何俊佳. 机械式真空直流断路器反向电流频率的选择方法[J]. 高电压技术, 2020, 46(8): 2670-2676.

[7] 张祖安, 黎小林, 陈名, 等. 应用于南澳多端柔性直流工程中的高压直流断路器关键技术参数研究[J]. 电网技术, 2017, 41(8): 2417-2422.

[8] 张祖安, 黎小林, 陈名, 等. 160kV 超快速机械式高压直流断路器的研制[J]. 电网技术, 2018, 42(7): 2331-2338.

[9] 何俊佳. 高压直流断路器关键技术研究[J]. 高电压技术, 2019, 45(8): 2353-2361.

[10] 裘鹏, 黄晓明, 王一, 等. 高压直流断路器在舟山柔直工程中的应用[J]. 高电压技术, 2018, 44(2): 403-408.

[11] 刘晨阳, 王青龙, 柴卫强, 等. 应用于张北四端柔直工程±535kV 混合式直流断路器样机研制及试验研究[J]. 高电压技术, 2020, 46(10): 3638-3646.

[12] 周猛, 左文平, 林卫星, 等. 电容换流型直流断路器及其在直流电网的应用[J]. 中国电机工程学报, 2017, 37(4): 1045-1053.

[13] Wen W J, Li B, Li B T, et al. Analysis and experiment of a micro-loss multi-port hybrid DCCB for MVDC distribution system[J]. IEEE Transactions on Power Electronics, 2019, 34(8): 7933-7941.

[14] Wu J P, Guo M F. A multiterminal active resonance circuit breaker for modular multilevel converter based DC grid[J]. IEEE Transactions on Circuits and Systems Ⅱ: Express Briefs, 2021, 68(8): 2907-2911.

[15] Wang S, Ming W, Loo C E U, et al. A low-loss integrated circuit breaker for HVDC applications[J]. IEEE Transactions on Power Delivery, 2022, 37(1): 472-485.

[16] Wen W J, Li P Y, Cao H, et al. Interaction characteristics between multi-port hybrid DC circuit breaker and MVDC distribution system under diversified working conditions[J]. IET Renewable Power Generation, 2020, 14(14):

2720-2726.

[17] Guo Y X, Li H F, Gu G K, et al. A multiport DC circuit breaker for high-voltage DC grids[J]. IEEE Journal of Emerging and Selected Topics in Power Electronics, 2021, 9(3): 3216-3228.

[18] Liu G R, Xu F, Xu Z, et al. Assembly HVDC breaker for HVDC grids with modular multilevel converters[J]. IEEE Transactions on Power Electronics, 2017, 32(2): 931-941.

[19] Tu Y G, Pei X Y, Zhou W P, et al. An integrated multi-port hybrid dc circuit breaker for VSC-based DC grids[J]. International Journal of Electrical Power & Energy Systems, 2022, 142: 108379.

[20] Liu W J, Liu F, Zhuang Y Z, et al. A multiport circuit breaker-based multiterminal DC system fault protection[J]. IEEE Journal of Emerging and Selected Topics in Power Electronics, 2019, 7(1): 118-128.

[21] 许烽, 陆翌, 裘鹏, 等. 基于二极管钳位的电流转移型高压直流断路器[J]. 电力系统自动化, 2019, 43(4): 139-145.

[22] Kontos E, Schultz T, Mackay L, et al. Multiline breaker for HVDC applications[J]. IEEE Transactions on Power Delivery, 2018, 33(3): 1469-1478.

[23] He J H, Luo Y P, Li M, et al. A high-performance and economical multi-port hybrid DC circuit breaker[J]. IEEE Transactions on Industrial Electronics, 2020, 67(10): 8921-8930.

[24] Guo X M, Zhu J, Zeng Q P, et al. Research on a multiport parallel type hybrid circuit breaker for HVDC grids: Modeling and design[J]. CSEE Journal of Power and Energy Systems, 2023, 9(5): 1732-1742.

[25] Li C P, Liang J, Wang S. Interlink hybrid DC circuit breaker[J]. IEEE Transactions on Industrial Electronics, 2018, 65(11): 8677-8686.

[26] Xiao H Q, Xu Z, Xiao L, et al. Components sharing based integrated HVDC circuit breaker for meshed HVDC grids[J]. IEEE Transactions on Power Delivery, 2020, 35(4): 1856-1866.

[27] Wang S, Ugalde-Loo C E, LI C, et al. Bridge-type integrated hybrid DC circuit breakers[J]. IEEE Journal of Emerging and Selected Topics in Power Electronics, 2020, 8(2): 1134-1151.

[28] Mokhberdoran A, van Hertem D, Silva N, et al. Multiport hybrid HVDC circuit breaker[J]. IEEE Transactions on Industrial Electronics, 2018, 65(1): 309-320.

[29] Callavik M, Blomberg A, Häfner J, et al. The hybrid HVDC breaker: An innovation breakthrough enabling reliable HVDC grids[Z]. ABB Grid Systems, ABB, Zürich, Switzerland, Tech. Rep., 2012.

[30] 汤广福, 王高勇, 贺之渊, 等. 张北 500kV 直流电网关键技术与设备研究[J]. 高电压技术, 2018, 44(7): 2097-2106.

第9章 多功能多端口直流断路器

柔性直流电网的高效、可靠运行离不开多种关键设备的协同运行，如直流潮流控制器、故障限流器和直流断路器等。但是，上述设备大多基于半导体器件，各关键设备同时配置会产生较高的运行损耗，并且各关键设备中的部分元件存在功能相同、重复配置的问题，从而导致元件利用率不高。为了充分利用多端口直流断路器内的器件，降低设备投资成本，本章将直流电网中的其他设备，如故障限流器、潮流控制器等，集成到直流断路器内，提出了数种具备故障限流/潮流控制/自适应重合闸功能的多端口直流断路器[1-3]。

9.1 具备故障限流功能的多端口直流断路器

为了提高柔性直流电网的故障穿越能力，通常采用限流电抗器和混合式直流断路器的故障处理方案，但是目前混合式直流断路器的高成本导致其很难进行大规模应用。此外，限流电抗器会对混合式直流断路器的故障分断性能产生不利影响，如延长故障电流分断时间、增加避雷器耗能压力等。因此，为了解决上述问题，本节将限流电抗器与混合式直流断路器集成，提出一种具备故障限流功能的多端口直流断路器，具有如下优势：①各直流线路共用昂贵的主断开关，大幅降低全控型器件和大容量避雷器的配置需求，从而大幅度降低制造成本；②通过内部集成的限流电感限制故障的发展速度，不会影响基于电感边界设计的保护方案的动作性能；③在避雷器耗能过程中，通过导通电感旁路支路降低故障电流的分断时间和避雷器耗能压力。

9.1.1 具备故障限流功能的多端口直流断路器的基本拓扑

本节提出的具备故障限流功能的多端口直流断路器(CL-MPCB)拓扑如图 9-1 所示，其在每个端口 P_k($k = 1, 2, \cdots, n$)均配置有 1 个限流电感 L_{ck}，1 个负荷转移开关 LCS_k，1 个快速机械开关 UFD_k，两条二极管支路 D_{uk}、D_{dk} 和 1 条晶闸管支路 T_k，此外所有端口共用 1 个电感旁路支路(IBB)和 1 个主断开关(MB)。限流电感的作用是在故障发生后无延时地限制故障电流的上升速度，并且为直流线路保护提供边界。电感旁路支路的作用是在避雷器耗能阶段旁路限流电感，从而极大地降低避雷器容量需求，加快避雷器能量耗散速度。

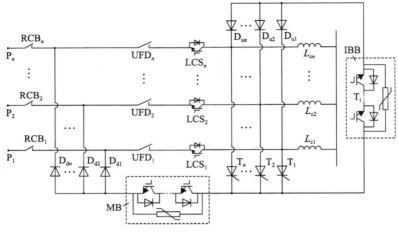

图 9-1　CL-MPCB 拓扑示意图

本节采用如图 9-2 所示柔性直流电网简化模型对 CL-MPCB 的动作过程进行分析。该简化模型中：①直流线路 OHL_k 采用 RL 模型，其等效电阻和电感分别为 R_k 和 L_k；②t_0 时刻 OHL_1 发生短路故障 F，故障 F 将 OHL_1 分成两部分，左右两部分的等效电感分别为 L_{l1} 和 L_{r1}，等效电阻分别为 R_{l1} 和 R_{r1}；③模块化多电平换流器 MMC_k 用等效子模块电容 C_{eqk} 与等效桥臂电感 L_{eqk} 代替，等效子模块电容电压用 u_{ck} 表示；④线路端口处的限流电抗器为 L_{ck}，其电流和左侧电位分别用 i_{ck} 和 u_{uk} 表示；⑤故障前端口电流 $i_{pk}(t<t_0)$ 为 I_{prek}，端口处电位用 u_{pk} 表示；⑥避雷器模型为理想模型，当故障电流换流到避雷器时，其两端电压立刻上升至残余电压 U_{res}。

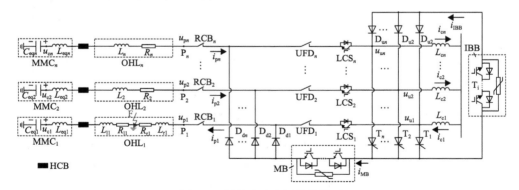

图 9-2　柔性直流电网简化模型

9.1.2　具备故障限流功能的多端口直流断路器的工作原理

在正常运行阶段，CL-MPCB 各端口 LCS 和 UFD 以及主断开关和电感旁路支路均处于导通或闭合状态，而各端口晶闸管支路均处于闭锁状态。此时，负荷电流将不会流过主断开关和电感旁路支路，因此不会产生额外的功率损耗。当故障发生之后，CL-MPCB 的动作过程可分为三个阶段，分别命名为故障限流阶段、避雷器耗能阶段和电感续流电流清除阶段，各阶段的动作原理分析如下。

1. 故障限流阶段

假设 t_0 时刻在直流线路 OHL_1 上发生短路故障，故障电流开始由非故障端口 $P_2 \sim P_n$ 注入故障端口 P_1，如图 9-3 所示。各端口限流电感将会无延时地限制故障电流的上升速度。

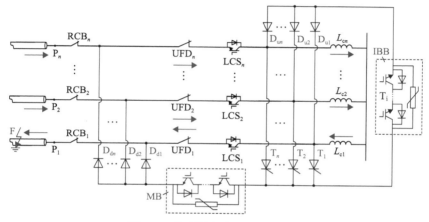

图 9-3 故障限流阶段：$t_0 < t \leqslant t_2$

在 t_1 时刻，CL-MPCB 接收到保护发出的跳闸命令开始动作隔离故障线路。直流保护动作时间通常为数毫秒。之后，于 t_2 时刻导通主断开关和故障端口晶闸管支路 T_1、闭锁故障端口负荷转移开关 LCS_1，故障电流开始由主支路换流至主断开关。故障电流换流时间通常为数十微秒，为了分析方便，假设该过程瞬间完成。待流过故障端口快速机械开关 UFD_1 的故障电流降为零后，控制 UFD_1 开始分闸，分闸时间通常认为是 2ms，假设 UFD_1 于 t_3 时刻分闸完成，如图 9-4 所示。在 UFD 动作期间，CL-MPCB 内的故障电流流通路径为：非故障端口 $P_k \to RCB_k \to UFD_k \to LCS_k \to L_{ck} \to L_{c1} \to T_1 \to MB$ 中电流转移支路 $\to D_{d1} \to RCB_1 \to$ 故障端口 P_1。

在 $t_2 \sim t_3$ 时间段内，由于 di_{c1}/dt、di_{ck}/dt 均大于零，由式 (9-1) 可知 $P_2 \sim P_n$ 的电位大于 P_1 的电位。因此，二极管支路 $D_{u1} \sim D_{uk}$ 由于承受反向电压而闭锁，故障电流不会流过 IBB。

$$u_{uk} = u_{u1} + L_{c1} \frac{di_{c1}}{dt} + L_{ck} \frac{di_{ck}}{dt} \tag{9-1}$$

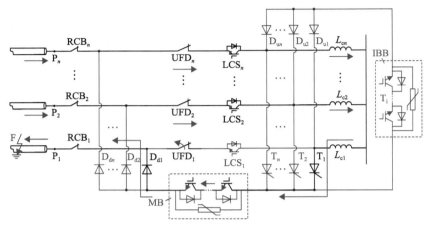

图 9-4　故障限流阶段：$t_2 < t \leqslant t_3$

2. 避雷器耗能阶段

当快速机械开关 UFD$_1$ 于 t_3 时刻分闸完成后，主断开关闭锁将故障电流换流到避雷器进行耗散。同时，由于主断开关中避雷器的残余电压远大于换流站出口电压，因此 P$_1$ 点的电位大于 P$_2$～P$_n$ 点的电位。此时，二极管支路 D$_{u2}$～D$_{un}$ 将导通，限流电感电流将会通过电感旁路支路续流。电感电流续流路径为：$L_{c1} \rightarrow$ T$_1 \rightarrow$ T$_i \rightarrow$ D$_{uk} \rightarrow L_{ck} \rightarrow L_{c1}$，如图 9-5 所示中虚线箭头所示。

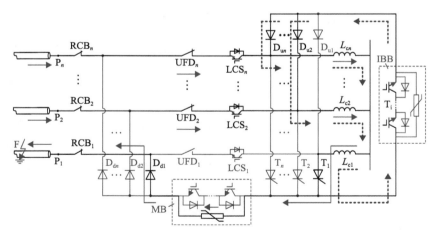

图 9-5　避雷器耗能阶段：$t_3 < t \leqslant t_4$

在避雷器耗能期间，各端口电流满足：

$$\begin{cases} -u_{ck} + \left(L_{eqk} + L_k\right)\dfrac{\mathrm{d}i_{pk}}{\mathrm{d}t} + R_k i_{pk} + U_{r1} + L_{r1}\dfrac{\mathrm{d}i_{p1}}{\mathrm{d}t} + R_{r1} i_{p1} = 0 \\[2mm] u_{ck}(t) = u_{ck}(t_3) - \dfrac{1}{C_{eqk}}\displaystyle\int_{t_3}^{t} i_{pk}\mathrm{d}t \\[2mm] i_{p1}(t) = \displaystyle\sum_{k=2}^{n} i_{pk}(t) = i_{p1}(t_3) + \displaystyle\int_{t_3}^{t}\dfrac{\mathrm{d}i_{p1}}{\mathrm{d}t}\mathrm{d}t \\[2mm] i_{pk}(t) = i_{pk}(t_3) + \displaystyle\int_{t_3}^{t}\dfrac{\mathrm{d}i_{pk}}{\mathrm{d}t}\mathrm{d}t \end{cases} \tag{9-2}$$

式中，U_{r1} 为 MB 中避雷器的残余电压。

假设避雷器于 t_4 时刻分断故障电流，之后打开故障端口剩余电流开关 RCB$_1$ 即可将故障线路完全隔离。由上述动作过程可知，故障电流分断时间为 $|t_4-t_3|$。

3. 电感续流电流清除阶段

当避雷器中故障电流于 t_4 时刻降为零后，闭锁电感旁路支路，则电感续流电流将会被换流至电感旁路支路中的避雷器进行耗散，如图 9-6 所示。需要注意的是，电感旁路支路中仅需较小残余电压的避雷器即可满足要求。当电感旁路支路中避雷器电流于 t_5 时刻降为零后，故障端口晶闸管支路 T$_1$ 将会自动闭锁，此时 CL-MPCB 可以进行下一次故障隔离操作。

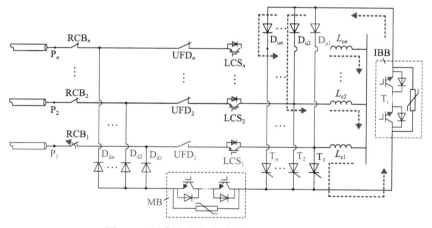

图 9-6　电感续流电流清除阶段：$t_4 < t \leqslant t_5$

CL-MPCB 的故障隔离过程完整流程如图 9-7 所示。

4. 电感旁路支路对故障隔离过程的影响

限流电感电流将会在避雷器耗能阶段被电感旁路支路旁路，而在电感续流电流清除阶段被电感旁路支路清除。本节将分析此操作对于故障隔离过程的影响。

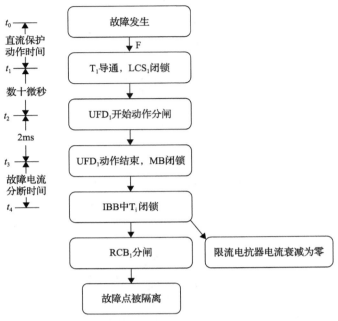

图 9-7　CL-MPCB 故障隔离过程流程图

为了方便分析，忽略式(9-2)中取值很小的线路电阻，并且假设 MMC 电容电压维持在系统额定电压 U_{dc}。基于上述假设，由式(9-2)可以得到故障电流分断时间(即避雷器耗能时间)为

$$T_c = i_{p1}(t_3) \frac{1 + L_{r1} \sum_{k=2}^{n} \left(L_{eqk} + L_k \right)^{-1}}{\left(U_{r1} - U_{dc} \right) \sum_{k=2}^{n} \left(L_{eqk} + L_k \right)^{-1}} \tag{9-3}$$

作为对比，如果仅配置限流电抗器和混合式直流断路器，此时故障电流分断时间为

$$T_{c0} = i_{p1}(t_3) \frac{1 + \left(L_{c1} + L_{r1} \right) \sum_{k=2}^{n} \left(L_{eqk} + L_k + L_{ck} \right)^{-1}}{\left(U_{r1} - U_{dc} \right) \sum_{k=2}^{n} \left(L_{eqk} + L_k + L_{ck} \right)^{-1}} \tag{9-4}$$

对比式(9-3)和式(9-4)可知，T_{c0} 远大于 T_c，因此 CL-MPCB 可以大幅降低故障电流分断时间。此外，在避雷器耗能阶段，避雷器耗散的能量为故障回路中电

感元件储存的能量和 MMC 提供的能量之和。对于限流电抗器和混合式直流断路器的配置方案，避雷器耗散的能量 $E_{a0,MB}$ 为

$$E_{a0,MB} = E_{line,1} + \sum_{k=2}^{n} E_{line,k} + \sum_{k=2}^{n} E_{conv,k} + \sum_{k=1}^{n} E_{ci,k} \tag{9-5}$$

式中，$E_{line,1}$ 和 $E_{line,k}$ 为避雷器耗散的直流线路电感中储存的能量；$E_{ci,k}$ 为避雷器耗散的限流电抗器中储存的能量；$E_{conv,k}$ 为避雷器耗能过程中由 MMC 提供的能量。

对于 CL-MPCB 方案，主断开关和电感旁路支路中避雷器耗散的能量 $E_{a,MB}$、$E_{a,IBB}$ 分别为

$$\begin{cases} E_{a,MB} = E_{line,1} + \sum_{k=2}^{n} E_{line,k} + \sum_{k=2}^{n} E_{conv,k} \\ E_{a,IBB} = \sum_{k=1}^{n} E_{ci,k} \\ E_{sum} = E_{a,MB} + E_{a,IBB} = E_{line,1} + \sum_{k=2}^{n} E_{line,k} + \sum_{k=2}^{n} E_{conv,k} + \sum_{k=1}^{n} E_{ci,k} \end{cases} \tag{9-6}$$

式中，$E_{line,1}$、$E_{line,k}$ 和 $E_{ci,k}$ 与式(9-5)取值相同；$E_{conv,k}$ 取值为

$$E_{conv,k} = \int_{t_4}^{t_4+T_c} U_{dc} i_{pk} \mathrm{d}t = \frac{1}{2} U_{dc} I_{pk,max} T_c \tag{9-7}$$

由于 T_c 远小于 T_{c0}，因此式(9-6)中 $E_{conv,k}$ 远小于式(9-5)，因此 CL-MPCB 中主断开关和电感旁路支路避雷器耗散的总能量远小于混合式直流断路器中耗散的能量。此外，CL-MPCB 由主断开关和电感旁路支路共同耗散故障电流能量，单一元件耗能容量大幅降低，因此避免了避雷器大量集中串并联所造成的散热困难、能量耗散不均衡等问题。

9.1.3　仿真分析

1. 仿真模型

为了验证 CL-MPCB 的动作性能，在 PSCAD/EMTDC 软件中搭建了三端柔性直流电网仿真模型，如图 9-8 所示。换流站为对称单极接线方式，其中换流站 S_3 为定电压控制方式，换流站 S_1 和 S_2 为定功率控制方式。直流线路保护的动作时间为 3ms。CL-MPCB 中 UFD 和 RCB 的动作时间分别为 2ms 和 30ms。柔性直流电网仿真模型的其他关键参数如表 9-1 所示。基于搭建的三端柔性直流电网仿真模型，本节进行了直流线路故障的仿真测试，重点分析 CL-MPCB 的故障限流和故障分断能力。

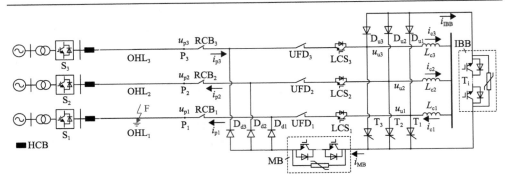

图 9-8　三端柔性直流电网仿真模型

表 9-1　三端柔性直流电网关键参数

设备名称	参数名称	取值
MMC	直流电网额定电压/kV	500
	$S_1 \sim S_3$ 额定功率/MW	1000、500、1500
	桥臂电感/mH	30
	每个桥臂子模块个数	250
	子模块电容/mF	15
CL-MPCB	限流电感 L_c/mH	150
	主断开关避雷器残余电压/kV	800
	电感旁路支路避雷器残余电压/kV	50
直流线路	单位长度电阻/(mΩ/km)	9.32
	单位长度电感/(mH/km)	0.85
	OHL$_1 \sim$OHL$_3$ 长度/km	100、150、120

2. 典型故障仿真

在直流线路 OHL$_1$ 中点处设置短路故障 F，故障时刻为 5.0s。CL-MPCB 于 5.003s 接收到跳闸信号开始动作隔离故障线路，其动作时序如图 9-7 所示。CL-MPCB 故障隔离过程仿真波形如图 9-9 所示。作为对比，在仿真模型中将 CL-MPCB 替换为限流电抗器和混合式直流断路器的配置方案并设置相同的故障场景。

由图 9-9 可知，在故障隔离过程中，端口 P$_1$、P$_2$ 和 P$_3$ 的故障电流峰值分别达到了 9.17kA、2.36kA 和 6.88kA。当主断开关于 5.005s 闭锁后，故障电流在 5.008s 衰减为零。因此，CL-MPCB 的故障电流分断时间为 3.0ms，主断开关在该过程内耗散的能量为 11.1MJ。在主断开关耗能期间，限流电抗器中的电流将通过电感旁路支路续流，因此其幅值基本保持不变。当主断开关中的故障电流（与故障线路的故障电流为同一电流）衰减为零后，闭锁电感旁路支路，限流电抗器续流电流将由

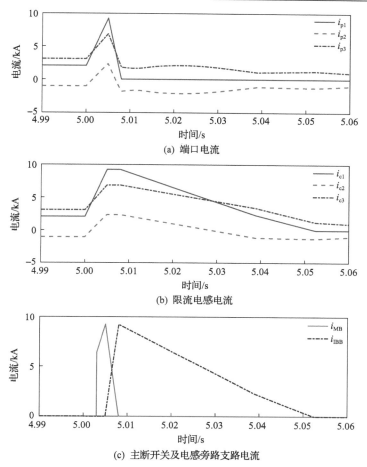

图 9-9　CL-MPCB 隔离直流线路故障仿真波形

电感旁路支路中的避雷器进行耗散。电感旁路支路的续流电流分断时间大约为 45ms，在此期间电感旁路支路中避雷器耗散能量为 9.7MJ。如果仅配置限流电抗器和混合式直流断路器，虽然各端口电流峰值与配置 CL-MPCB 的情况相同，但是混合式直流断路器的故障电流分断时间和避雷器耗散能量分别为 9.2ms 和 33.3MJ。因此，采用 CL-MPCB 的故障电流分断时间和避雷器耗散能量可分别降低 67.4%和 66.7%。即使考虑电感旁路支路中避雷器耗散的能量，CL-MPCB 也可将避雷器的容量需求降低 37.5%。

9.1.4　实验验证

1. 实验电路

为了验证 CL-MPCB 的动作性能，在实验室中搭建了如图 9-10(a)所示实验电路，其实物图如图 9-10（b）所示。T_p 与 D_p 作为实验电路的总开关，控制负荷电流通断。由于 UFD 和 RCB 仅在零电流状态下动作，为了简化实验电路配置，本节将 UFD 和 RCB 用反向串联的两个 IGBT 模块代替，UFD 和 RCB 的分闸过程等效为 IGBT 模块经固定延时后闭锁。由于非故障端口的 LCS、UFD、RCB 和晶闸管支路在实验过程中并不会动作，因此实验电路中将上述开关省略。此外，直流线路故障 F 同样采用 IGBT 模块实现。实验电路的其他关键参数如表 9-2 所示。

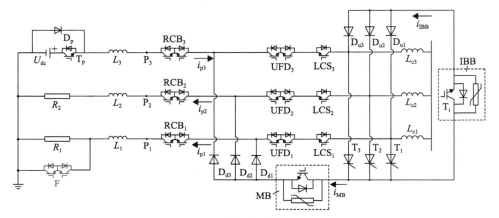

(a) 实验电路拓扑

(b) 实验电路实物图

图 9-10　实验电路拓扑及实物图

表 9-2　实验电路关键参数

参数名称	取值或型号
额定电压 U_{dc}/V	100
限流电感 $L_{c1} \sim L_{c3}$/mH	10、10、10
等效线路电感 $L_1 \sim L_3$/mH	3、3、3
负载电阻 R_1、R_2/Ω	50、50

续表

参数名称	取值或型号
主断开关中压敏电阻	14D101K
电感旁路支路中压敏电阻	V8ZA1P
数字信号处理器	TMS320F28069

2. 典型故障实验

在正常运行阶段，CL-MPCB 的负荷转移开关 LCS$_1$、快速机械开关 UFD$_1$、剩余电流开关 RCB$_1$ 和电感旁路支路均处于导通或者闭合状态，而晶闸管支路 T$_1$、主断开关和故障模拟单元 F 均处于闭锁状态。在 2.0ms 时，导通故障模拟单元 F，各端口电流由稳态值迅速上升。在 3.0ms 时，导通主断开关和晶闸管支路 T$_1$ 并且闭锁 LCS$_1$，故障电流将被转移到主断开关。在 5.0ms 时，依次打开 UFD$_1$ 和闭锁主断开关，故障电流在达到峰值后开始逐渐下降。CL-MPCB 的动作过程如图 9-11 所示。

由图 9-11 可知，故障电流在 7.0ms 时衰减为零，因此故障电流分断时间为 2.0ms。之后，闭锁电感旁路支路，限流电抗器续流电流由电感旁路支路中的压敏电阻进行耗散。图 9-12 所示为分别采用 CL-MPCB 方案和混合式直流断路器方案时故障端口电流实验波形。由图 9-12 可知，当采用混合式直流断路器方案时故障电流分断时间约为 11.0ms，远大于仅配置 CL-MPCB 的方案。此外，采用 CL-MPCB

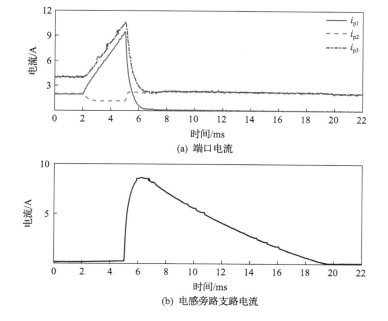

(a) 端口电流

(b) 电感旁路支路电流

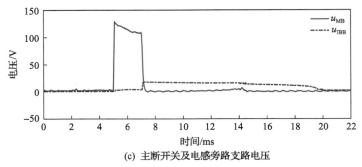

(c) 主断开关及电感旁路支路电压

图 9-11　典型故障实验波形

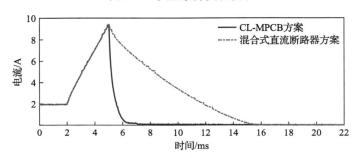

图 9-12　不同方案故障端口电流实验波形

方案时，主断开关和电感旁路支路中压敏电阻耗散能量分别为 0.37J 和 0.69J；而若采用混合式直流断路器的方案，主断开关中压敏电阻耗散能量为 4.75J。因此，采用 CL-MPCB 方案能够将故障电流分断时间和主断开关耗散能量分别降低 81.8%和 92.2%。值得注意的是，上述数据仅考虑了单条线路故障时节约的避雷器容量，由于 CL-MPCB 多条线路共用同一个主断开关和电感旁路支路，因此当考虑多条线路故障时，节省的避雷器容量将更加显著。

9.2　具备潮流控制功能的多端口直流断路器

本节首先将线间直流潮流控制器多端口化，提出多端口直流潮流控制器的拓扑及工作原理；之后，将潮流控制器与半桥型多端口直流断路器集成，从而大幅降低器件成本和运行损耗。

9.2.1　多端口直流潮流控制器的拓扑及工作原理

针对直流电网的应用场景，目前已提出多种直流潮流控制器，包括基于可变电阻的直流潮流控制器、基于 AC/DC 变换器的直流潮流控制器、基于 DC/DC 变换器的直流潮流控制器。基于可变电阻的直流潮流控制器制造成本较低，但是会引入额外的功率损耗[4]。基于 AC/DC 变换器的直流潮流控制器需要利用交流系统通过 AC/DC 变换器在直流线路上产生可变电压,优点是单条直流线路的潮流可独立控制，缺点是需引入隔离变压器等设备，会极大地增加投资成本和系统复杂度[5]。基于 DC/DC 变换器的直流潮流控制器在直流电网内部相邻线路之间传递功率,并且由于设备承受电压较低，因此制造成本较低并且不会造成过多的损耗[6,7]。线间双 H 桥直流潮流控制器为一种典型的基于 DC/DC 变换器的潮流控制器[8,9],其拓扑如图 9-13 所示,该直流潮流控制器由两个 H 桥和一个储能电容构成，能够控制两条相邻直流线路的潮流。但是，由于多端柔性直流电网中直流母线处直流出线数量较多，因此该直流潮流控制器无法满足多端柔性直流电网的需求。

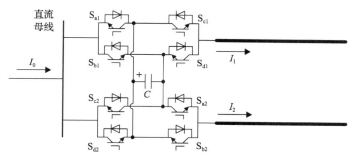

图 9-13　线间双 H 桥直流潮流控制器

　　为了提高直流潮流控制器的潮流控制能力，本节将图 9-13 所示典型线间双 H 桥直流潮流控制器扩展为如图 9-14 所示多端口直流潮流控制器(M-CFC),实现了任意条相邻直流线路的潮流控制功能。此外，由于直流潮流控制器采用模块化设计，因此当柔性直流电网规模扩大、相邻直流线路数量增多时，M-CFC 能够方便地进行扩展。

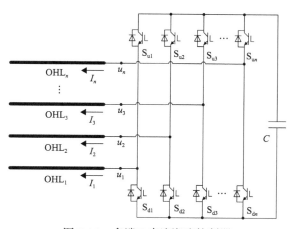

图 9-14　多端口直流潮流控制器

　　M-CFC 的控制系统如图 9-15 所示。图中，D_{su1}、D_{suk} 为占空比，K_p 和 K_i 为比例-积分（PI）控制器参数。由图 9-15 可知，当实测线路电流 I_k 小于给定值 $I_{ref,k}$ 或实测储能电容电压 U_c 大于给定值 U_{cref} 时，开关管 S_{uk} 的占空比大于 S_{dk}。此时，储能电容放电以增加线路电流或降低储能电容电压以跟随给定值。否则，储能电容充电以降低线路电流或提高储能电容电压以跟随给定值。

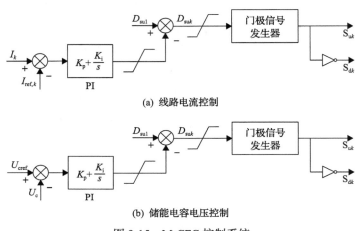

(a) 线路电流控制

(b) 储能电容电压控制

图 9-15　M-CFC 控制系统

9.2.2　具备潮流控制功能的多端口直流断路器的基本拓扑

　　对比图 8-1(b)和图 9-14 可知，M-CFC 的开关结构与混合式直流断路器的 LCS 结构类似，如图 9-16 所示。因此，为了降低直流潮流控制器和混合式直流断路器的配置成本和运行损耗，可以将 M-CFC 与混合式直流断路器集成为具备潮流控制功能的多端口直流断路器（CFC-MPCB），如图 9-17 所示。CFC-MPCB 除具备故障分断能力外，还具备控制任意相邻直流线路潮流的功能。与分立配置方案相比，CFC-MPCB 大幅降低了设备制造成本和运行损耗，提高了器件的利用效率。图 9-17 中放电电阻 R_{dc} 和放电开关 S_{dc} 负责快速泄放储能电容储存的能量。由于放电开关 S_{dc} 承受电压较小，小于储能电容两端电压，因此可以采用快速机械开关或者电力电子开关。此外，储能电容两端并联的避雷器能够防止储能电容过电压，保障储能电容的安全运行。

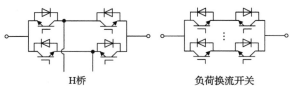

H桥　　　　　　　　　负荷换流开关

图 9-16　H 桥与 LCS 结构对比

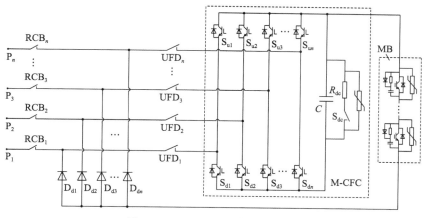

图 9-17　CFC-MPCB 拓扑示意图

9.2.3　具备潮流控制功能的多端口直流断路器的工作原理

本节提出的 CFC-MPCB 具备如下功能。

（1）在正常运行时，CFC-MPCB 内集成的 M-CFC 能够控制同一直流母线处相邻直流线路的潮流分布，从而避免直流线路潮流不平衡分布导致直流线路过载的问题。

（2）当任一条直流线路发生短路故障后，CFC-MPCB 能够快速隔离故障线路，并且在故障隔离后能够快速恢复潮流控制能力。

（3）CFC-MPCB 具备快速重合闸能力，提高基于架空线路的柔性直流电网供电可靠性。

基于上述功能要求，本节将 CFC-MPCB 的工作模式设置如下：CFC 旁路模式、CFC 投入模式、故障分断模式和重合闸模式。

1. CFC 旁路模式

在 CFC 旁路模式下，各相邻线路的潮流无法主动控制，由直流线路的电阻被动分配。在该模式下，CFC-MPCB 各开关状态如图 9-18 所示。由图可知，除 MB 和放电开关 S_{dc} 外，CFC-MPCB 内各开关均处于闭合或导通状态。

2. CFC 投入模式

在 CFC 投入模式下，主断开关和放电开关 S_{dc} 均处于闭锁或打开状态，而快速机械开关 $UFD_1 \sim UFD_n$ 和剩余电流开关 $RCB_1 \sim RCB_n$ 均处于闭合状态。各相邻直流线路潮流由集成的 M-CFC 进行控制，控制系统如图 9-15 所示。在该模式下，CFC-MPCB 内各开关状态如图 9-19 所示。

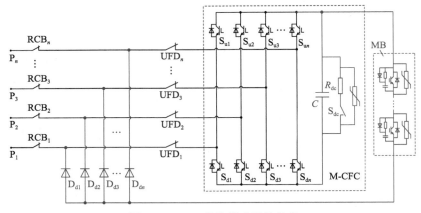

图 9-18 CFC 旁路模式开关状态

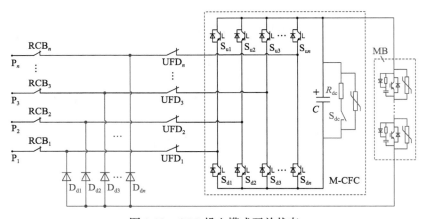

图 9-19 CFC 投入模式开关状态

在该工作模式下,如果需要切除某条健全直流线路,可通过直流潮流控制器将该条直流线路的潮流控制为零,之后打开该直流线路上的剩余电流开关。通过该方式切除健全直流线路能够避免直流断路器复杂的开关操作,同时避免了金属氧化物避雷器耗散负荷电流对直流电网造成大的扰动。

3. 故障分断模式

假设 P_1 端口连接的直流线路于 t_0 时刻发生故障,各非故障端口 P_k 开始向故障端口 P_1 注入故障电流。在 CFC-MPCB 内,根据故障发生时开关状态的不同,故障电流可能有三条流通路径:① $P_k \rightarrow UFD_k \rightarrow S_{uk}$ 中二极管 $\rightarrow S_{u1}$ 中 IGBT $\rightarrow UFD_1 \rightarrow RCB_1 \rightarrow P_1$;② $P_k \rightarrow UFD_k \rightarrow S_{dk}$ 中 IGBT $\rightarrow S_{d1}$ 中二极管 $\rightarrow UFD_1 \rightarrow RCB_1 \rightarrow P_1$;③ $P_k \rightarrow UFD_k \rightarrow S_{uk}$ 中二极管 $\rightarrow$ 储能电容 $C \rightarrow S_{d1}$ 中二极管 $\rightarrow UFD_1 \rightarrow RCB_1 \rightarrow P_1$。CFC-MPCB

于 t_1 时刻接收到直流保护发出的跳闸命令，开始动作隔离故障端口 P_1。首先，导通 MB 并且闭锁集成的 M-CFC 故障端口上桥臂开关 S_{u1} 和所有端口下桥臂开关 $S_{d1} \sim S_{dn}$，此时故障电流开始被强迫换流至主断开关。由于换流时间较短，因此假设换流过程瞬间完成。之后，故障端口快速机械开关 UFD_1 开始分闸，并且假设于 t_2 时刻分闸完成。UFD 动作期间 $(t_1 < t \leqslant t_2)$，CFC-MPCB 内各开关状态如图 9-20 所示。

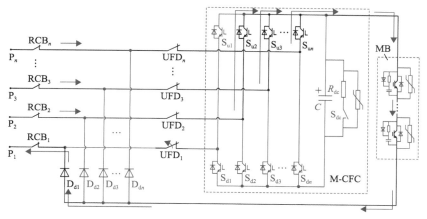

图 9-20　故障分断模式：$t_1 < t \leqslant t_2$

UFD 分闸完成后，通过闭锁主断开关即可将故障电流换流至金属氧化物避雷器，由避雷器耗散故障电流中储存的能量，如图 9-21 所示。待故障电流衰减为零后，打开故障端口剩余电流开关 RCB_1 将故障线路隔离。此外，根据电网运行状态，可重新投入 M-CFC 对剩余相邻直流线路潮流进行主动控制。

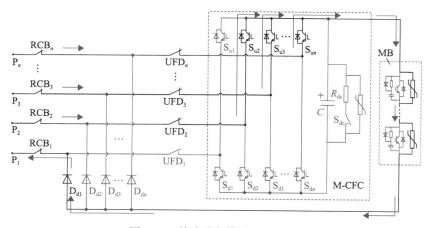

图 9-21　故障分断模式：$t_2 < t \leqslant t_3$

4. 重合闸模式

当直流线路需要进行重合闸时，为了避免重合闸过程对潮流控制器的运行产生冲击，可先旁路储能电容。重合闸过程具体操作如下：

(1) 导通所有非故障端口上桥臂开关 S_{uk} 并且闭锁所有非故障端口下桥臂开关 S_{dk}，M-CFC 内储能电容被旁路。

(2) 导通主断开关，通过判断流过主断开关的电流是否越限判定故障为瞬时性故障还是永久性故障。当主断开关电流超过门槛值时，判定为发生永久性故障，重新闭锁主断开关并且打开故障端口 RCB 将故障线路隔离，故障线路重合失败；否则判定为发生瞬时性故障，依次控制 S_{u1} 导通和快速机械开关 UFD_1 合闸，待 UFD 动作完成后，重新闭锁主断开关并且可重新解锁 M-CFC 进行各相邻线路潮流的主动控制，故障线路重合成功。

9.2.4 仿真分析

1. 仿真模型

为了验证 CFC-MPCB 的动作性能，在 PSCAD/EMTDC 软件中搭建了四端柔性直流电网仿真模型，如图 9-22 所示。换流站为对称单极接线方式，其中换流站 S_1 为定电压控制方式，换流站 $S_2 \sim S_4$ 为定功率控制方式。直流线路保护的动作时间分别为 3ms。四端柔性直流电网仿真模型的其他关键参数如表 9-3 所示。基于搭建的四端柔性直流电网仿真模型，本节分别进行了潮流控制和直流线路故障的仿真测试，仿真结果如图 9-23 和图 9-24 所示，重点分析 CFC-MPCB 在上述应用场景下的动作情况。

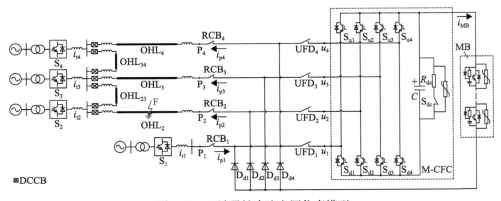

图 9-22 四端柔性直流电网仿真模型

表 9-3　四端柔性直流电网关键参数

设备名称	参数名称	取值
MMC	额定电压 U_{dc}/kV	500
	$S_1 \sim S_4$ 额定容量/MW	1750、250、500、1000
	桥臂电感/mH	29
	子模块电容/mF	15
	每个桥臂子模块个数	250
	出口电抗器/mH	100
直流线路	$OHL_2 \sim OHL_4$、OHL_{23}、OHL_{34} 长度/km	200、120、100、180、150
	单位长度电阻/(mΩ/km)	9.32
	单位长度电感/(mH/km)	0.85
CFC-MPCB	M-CFC 储能电容/mF	10
	M-CFC 额定电压/kV	5
	M-CFC 开关频率/kHz	2
	放电电阻 R_{dc}/Ω	5
	避雷器残余电压 U_{res}/kV	800

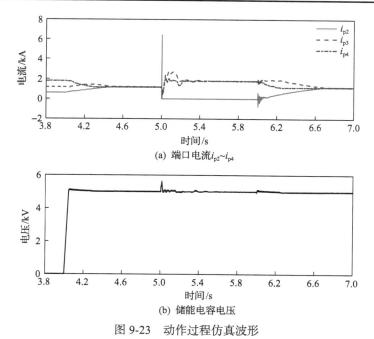

(a) 端口电流 $i_{p2} \sim i_{p4}$

(b) 储能电容电压

图 9-23　动作过程仿真波形

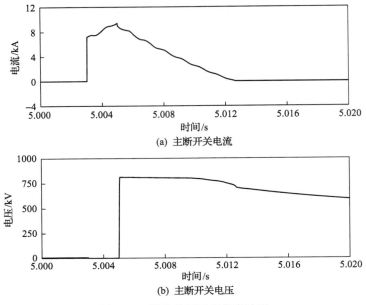

图 9-24　故障分断过程仿真波形

2. 潮流控制及故障分断过程仿真

1) CFC 旁路模式 ($t < 4.0s$)

在 $t < 4.0s$ 的时间段内，CFC-MPCB 运行在 CFC 旁路模式下，此时 M-CFC 不参与各相邻线路潮流的主动控制，各相邻线路电流通过不同节点之间的电阻被动分配。

2) CFC 投入模式 ($4.0s \leqslant t < 5.0s$)

在 4.0s 时 CFC-MPCB 由 CFC 旁路模式进入 CFC 投入模式，在该模式下集成的 M-CFC 可根据电网运行需求主动调节各直流线路潮流。假设直流潮流控制目标为平均各直流线路电流，由于总负荷电流为 3.5kA，因此将端口 P_2 和 P_3 的电流参考值 $I_{\text{ref,2}}$、$I_{\text{ref,3}}$ 均设置为 1.17kA，端口 P_4 的电压参考值 U_{cref} 设置为 5kV。由图 9-23(a) 可知，各端口电流和储能电容电压在 4.45s 左右达到控制目标。

3) 故障分断模式 ($5.0s \leqslant t < 6.0s$)

5.0s 时，在直流线路 OHL$_2$ 中点处设置接地故障 F，假设故障持续时间为 0.3s。在故障 F 发生后，CFC-MPCB 于 5.003s 接收到直流保护发出的跳闸信号，开始动作隔离故障端口 P_2。当故障电流于 5.005s 被换流进入金属氧化物避雷器后，故障电流达到峰值并开始逐渐下降。在此之前，故障电流仍然处于快速上升阶段，非故障端口 P_1、P_3 和 P_4 将持续向故障端口 P_2 注入故障电流。在故障电流分断过程中,主断开关电流峰值为 7kA,非故障端口的二极管支路和主断开关将承受避雷器所产生的暂态分断电压,其值约为避雷器的残余电压 800kV,如图 9-24 所示。整个避雷器能量耗散过程大约持续 5ms,避雷器耗散能量为 11.71MJ。待故障电流被完全分断后,打开故障端口剩余电流开关 RCB$_1$ 即可将故障线路 OHL$_2$ 完全隔离。之后,重新解锁 M-CFC 进入潮流控制模式,继续控制各相邻线路潮流。此时,P$_3$ 和 P$_4$ 端口参考值 $I_{\mathrm{ref,3}}$、U_{cref} 分别设置为 1.75kA 和 5kV。各线路电流在 5.5s 左右达到控制目标。

4)重合闸模式($t \geqslant 6.0\mathrm{s}$)

CFC-MPCB 在 6.0s 时开始进行重合闸,由于故障已经消失,因此可以重合直流断路器故障端口恢复故障线路的供电。CFC-MPCB 的 M-CFC 在直流线路 OHL$_2$ 恢复后继续运行以控制各线路的潮流,参考值 $I_{\mathrm{ref,2}}$、$I_{\mathrm{ref,3}}$、U_{cref} 分别设置为 1.17kA、1.17kA、5kV。由图 9-23(a)可知,各直流线路电流在 6.7s 达到参考值。

9.2.5 实验验证

1. 实验电路

为了验证 CFC-MPCB 的动作性能,在实验室中搭建了如图 9-25 所示实验电路。T$_p$ 与 D$_p$ 作为实验电路的总开关,控制负荷电流通断。由于 UFD 和 RCB 仅在零电流状态下动作,为了简化实验电路配置,本节将 UFD 和 RCB 用反向串联的两个 IGBT 模块代替,其分闸过程等效为 IGBT 模块经固定延时后闭锁。由于端口 P$_1$、P$_3$ 和 P$_4$ 的 UFD 和 RCB 在实验过程中不会动作,因此在实验电路中将其省略。此外,直流线路故障 F 同样采用 IGBT 模块实现。在正常运行情况下,SH$_1$、SH$_2$、UFD$_2$、RCB$_2$ 均处于导通状态,主断开关和 F 处于闭锁状态。实验电路的其他关键参数如表 9-4 所示。

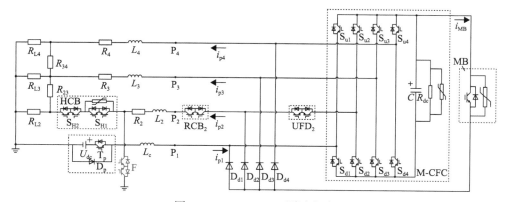

图 9-25 CFC-MPCB 测试电路

表 9-4　　CFC-MPCB 实验电路关键参数

参数名称	取值或型号
额定电压 U_{dc}/V	200
限流电感 L_c/mH	40
等效线路电阻 R_2、R_3、R_4、R_{23}、R_{34}/Ω	1、1、1、1.5、3
等效线路电感 L_2、L_3、L_4/mH	2、2、2
储能电容/μF	820
开关频率/kHz	10
负荷电阻 R_{L2}、R_{L3}、R_{L4}/Ω	60、200、200
压敏电阻	10D271K
数字信号处理器	TMS320F28069

2. 潮流控制及故障分断过程实验

实验电路启动之后，CFC-MPCB 首先进入 CFC 旁路模式；在 0.595s 时，CFC-MPCB 进入 CFC 投入模式，控制目标为 $P_2 \sim P_4$ 电流相等；在 1.595s 时，故障模块 F 导通模拟直流线路故障，之后 CFC-MPCB 进入故障分断模式以隔离故障点。CFC-MPCB 动作过程实验波形如图 9-26 所示。

由图 9-26(b)可知，CFC-MPCB 其内集成的 M-CFC 启动潮流控制功能后，储能电容电压迅速上升并且逐渐维持在控制目标附近，各直流线路电流经过短暂的调整时间后也于 0.626s 达到控制目标值。当 1.595s 直流线路发生故障后，各端口

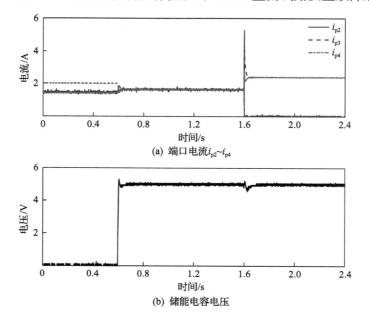

(a) 端口电流 $i_{p2} \sim i_{p4}$

(b) 储能电容电压

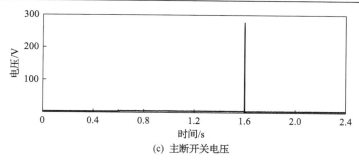

(c) 主断开关电压

图 9-26　CFC-MPCB 动作过程实验波形

故障电流迅速上升并且在避雷器投入运行后迅速下降。CFC-MPCB 在 1.6003s 时将故障电流分断，之后打开故障端口剩余电流开关 RCB$_1$ 即可将故障点隔离。由于储能电容在故障分断过程中被旁路，因此储能电容电压变化不大。在故障线路被隔离后，重新解锁潮流控制器以平衡各线路电流。

9.3　具备自适应重合闸功能的多端口直流断路器

混合式直流断路器是柔性直流电网直流侧故障隔离的优选方案，但是混合式直流断路器的高成本降低了其大规模应用的可行性，此外架空线路较高的故障概率要求混合式直流断路器具备自适应重合闸功能。为此，本节提出了一种具备自适应重合闸功能的多端口直流断路器。该直流断路器除具备故障隔离功能外，还具备自适应重合闸功能。本节分别给出了其在故障隔离和自适应重合闸阶段的控制策略，详细分析了其工作原理和内部动态过程并推导了关键参数的设计方法。不同工况下的电磁暂态仿真和物理实验结果表明，该直流断路器能够通过多条直流线路共用昂贵的主断开关大幅降低制造成本，通过旁路故障线路及其上的限流电抗器降低避雷器的耗能时间和容量需求，并且具备控制简单、易于实现的自适应重合闸功能。

9.3.1　具备自适应重合闸功能的多端口直流断路器的基本拓扑

本节设计的具备自适应重合闸功能的多端口直流断路器(AR-MPCB)的拓扑如图 9-27 所示，其共有 n 个端口($P_1 \sim P_n$)，其可替代 n 个两端口混合式直流断路器。与两端口混合式直流断路器的配置方案相比，所提 AR-MPCB 保留了每个端口上的 LCS、UFD 与 RCB，并且其可以通过二极管支路 $D_1 \sim D_n$ 将任一端口的故障电流转移到共用的主断开关。此外，额外配置的二极管 D_g 与耗能电阻 R_g 串联支路可以在避雷器耗能阶段将故障线路及其上的限流电抗器旁路，从而减少避雷器的耗能时间和耗能压力，缩短直流电网健全部分恢复正常运行的时间。在

AR-MPCB 动作隔离故障期间，限流电阻 R_c 被旁路开关(BS)旁路。

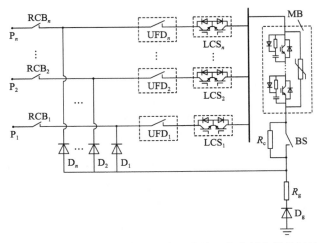

图 9-27　具备自适应重合闸功能的多端口直流断路器的拓扑

9.3.2　具备自适应重合闸功能的多端口直流断路器的工作原理

1. 分析模型

多端柔性直流电网的简化分析模型如图 9-28 所示。如图所示，$\mathrm{MMC}_k(k=1,$ $2,\cdots,n)$ 等效为理想电压源与桥臂等效电感 $L_{\mathrm{eq},k}$ 的串联支路，架空线路等效为 RL 模型，L_k、L_{sk} 分别为各架空线路上的电感、限流电抗器，端口 P_k 在故障发生前的负荷电流为 $I_{\mathrm{pre},k}$。为简化分析，假设当故障电流换流至避雷器所在支路时，忽略过渡过程，避雷器两端电压立刻跃升至残余电压 U_{res}。

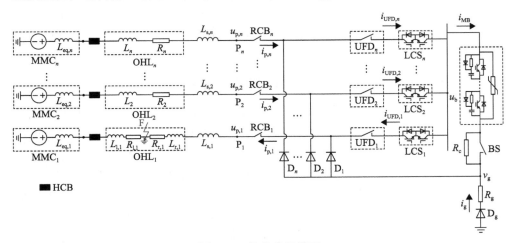

图 9-28　简化分析模型

2. 故障隔离

在正常运行情况下，AR-MPCB 各端口 LCS、UFD 与 RCB 以及 BS 均处于导通状态，主断开关处于关断状态。若 t_0 时刻架空线路 OHL$_1$ 发生短路故障，各端口开始向故障端口 P$_1$ 注入故障电流，如图 9-29 (a) 所示。此时，各端口电流满足：

$$\begin{cases} U_{dc}e^T = L_t\dfrac{di_p}{dt} + R_t i_p + \left(L_{s,1}+L_{r,1}\right)\dfrac{di_{p,1}}{dt}e^T + R_{r,1}i_{p,1}e^T \\ i_{p,1} = ei_p \\ i_{p,k}(t) = I_{pre,k} + \displaystyle\int_{t_0}^{t}\dfrac{di_{p,k}}{dt}dt, \quad k = 1,\,2,\cdots,\,n \end{cases} \tag{9-8}$$

$$\begin{cases} e = \begin{bmatrix} 1 & 1 & \cdots & 1 \end{bmatrix}_{1\times(n-1)} \\ i_p = \begin{bmatrix} i_{p,2} & \cdots & i_{p,n} \end{bmatrix}^T \\ L_t = \mathrm{diag}\left(L_{eq,2}+L_2+L_{s,2} \quad \cdots \quad L_{eq,n}+L_n+L_{s,n} \right) \\ R_t = \mathrm{diag}\left(R_2 \quad \cdots \quad R_n \right) \end{cases} \tag{9-9}$$

式中，U_{dc} 为系统额定电压；$L_{r,1}$、$R_{r,1}$ 分别为故障点 F 右侧 OHL$_1$ 等效电感、电阻。

假设 AR-MPCB 于 t_1 时刻接收到跳闸命令，开始动作将故障端口 P$_1$ 隔离。首先，导通主断开关并控制故障端口 LCS$_1$ 闭锁，此时故障电流开始由 UFD$_1$ 转移到主断开关。此电流转移过程持续数十微秒，于 t_2 时刻结束。之后控制 UFD$_1$ 启动分闸，通常认为 UFD$_1$ 在零电流状态下的分闸时间为 2ms，在时间段 $[t_2, t_3)$ 内 AR-MPCB 的故障电流流通路径如图 9-29 (b) 所示。待 UFD$_1$ 于 t_3 时刻分闸完成后，闭锁主断开关，故障电流被换流至避雷器进行耗散，同时故障线路及其上的限流电抗器被 D$_g$-R$_g$ 支路旁路，如图 9-29 (c) 所示。

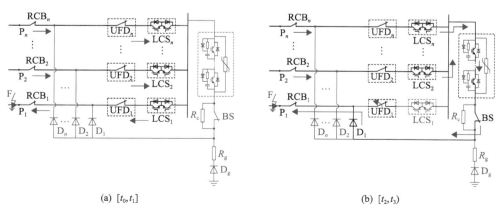

(a) $[t_0, t_1]$ (b) $[t_2, t_3]$

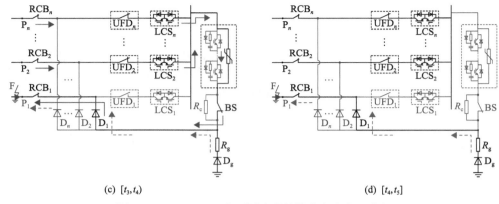

(c) $[t_3, t_4]$　　　　　　　　　　　　　　　　　(d) $[t_4, t_5]$

图 9-29　AR-MPCB 在不同阶段的故障电流流通路径

假设主断开关中的故障电流 i_{MB} 于 t_4 时刻衰减为 0，这标志着避雷器耗能过程结束以及非故障端口的故障电流清除完毕。在 $[t_3, t_4)$ 时间段内避雷器耗散能量 E_{abs} 可由式(9-10)近似计算。

$$E_{abs} = \int_{t_3}^{t_4} U_{res} i_{MB}(t)\mathrm{d}t \tag{9-10}$$

为了直观分析耗能电阻 R_g 对避雷器耗能过程的影响，忽略线路电阻 R_t 和 $R_{r,1}$，可得到主断开关电流 $i_{MB}(t)$ 的表达式为

$$\begin{cases} i_{MB}(t) = i_{p,1}(t_3) - \dfrac{K_1}{K_2}t - A(t) \\ A(t) = \dfrac{K_3 K_1 (K_2 - 1)}{K_2^2}\left(1 - \mathrm{e}^{-\frac{K_2}{K_3}t}\right) \end{cases} \tag{9-11}$$

$$\begin{cases} K_1 = (U_{res} - U_{dc})\displaystyle\sum_{k=2}^{n}\dfrac{1}{L_{eq,k} + L_k + L_{s,k}} \\ K_2 = (L_{s,1} + L_{r,1})\displaystyle\sum_{k=2}^{n}\dfrac{1}{L_{eq,k} + L_k + L_{s,k}} + 1 \\ K_3 = \dfrac{L_{s,1} + L_{r,1}}{R_g} \end{cases} \tag{9-12}$$

对于两端口混合式直流断路器，主断开关电流 $i_{MB}(t)$ 的表达式为

$$i_{MB}(t) = i_{p,1}(t_3) - \dfrac{K_1}{K_2}t \tag{9-13}$$

　　对比式(9-11)和式(9-13)可知，AR-MPCB 与两端口混合式直流断路器的主断开关电流表达式区别体现在 $A(t)$。由于 $A(t)$ 恒为正，AR-MPCB 中配置的耗能电阻 R_{g} 可以加快主断开关故障电流衰减速度，并且衰减速度与耗能电阻 R_{g} 的取值有关。由式(9-12)可知，常数 $K_1 \sim K_3$ 中仅 K_3 的大小与耗能电阻 R_{g} 的取值有关，并且随 R_{g} 取值增大 K_3 逐渐减小，相应地式(9-11)中 $A(t)$ 也逐渐减小，导致主断开关故障电流衰减速度降低。同时，由式(9-10)可知，避雷器耗散能量 E_{abs} 与主断开关电流 $i_{\mathrm{MB}}(t)$ 积分值有关，因此故障电流衰减速度越快，避雷器耗散能量越少。综上所述，选取较小的耗能电阻 R_{g} 不仅可以缩短避雷器耗能时间，还能够降低避雷器耗散能量。

　　在 t_4 时刻之后，故障线路电感电流将通过回路 $L_{\mathrm{s},1} \rightarrow L_{\mathrm{r},1} \rightarrow R_{\mathrm{r},1} \rightarrow \mathrm{F} \rightarrow \mathrm{D}_{\mathrm{g}} \rightarrow R_{\mathrm{g}} \rightarrow \mathrm{D}_1 \rightarrow L_{\mathrm{s},1}$ 进行续流，如图 9-29(d)所示。假设续流过程于 t_5 时刻结束，此时如果不再需要重合故障线路，则控制 RCB_1 断开将故障线路完全隔离。否则 RCB_1 仍然保持闭合，等待故障去游离时间后进行自适应重合闸。

3. 自适应重合闸

　　当续流过程于 t_5 时刻结束并等待线路去游离时间(约 300ms)后，AR-MPCB 开始重合故障端口(此处定义为 t_6 时刻)。在等待线路去游离时间内应打开 BS 将限流电阻 R_{c} 与主断开关串联。自适应重合闸的核心是识别故障性质。本节提出的故障性质识别方法原理如下。

　　在 t_6 时刻时，首先导通主断开关。此时根据故障性质的不同存在 2 种可能情况。

　　(1)永久性故障。假设发生的故障为永久性故障，则导通主断开关时故障点仍然存在于故障线路，因此会产生流过如图 9-30 所示的故障电流路径：非故障端口 $\mathrm{P}_2 \sim \mathrm{P}_n$ 的 LCS 和 UFD $\rightarrow$ MB $\rightarrow R_{\mathrm{c}} \rightarrow \mathrm{D}_1 \rightarrow \mathrm{RCB}_1 \rightarrow \mathrm{P}_1 \rightarrow \mathrm{OHL}_1 \rightarrow \mathrm{F}$。故障端口电流和电压稳态值为

$$\begin{cases} i_{\mathrm{p},1} = \dfrac{u_{\mathrm{b}}}{R_{\mathrm{c}} + R_{\mathrm{r},1} + R_{\mathrm{f}}} \\ u_{\mathrm{p},1} = (R_{\mathrm{r},1} + R_{\mathrm{f}}) i_{\mathrm{p},1} \end{cases} \tag{9-14}$$

式中，u_{b} 为直流母线电压，其值接近于系统额定电压；R_{f} 为过渡电阻，在 500kV 应用场景下考虑最大过渡电阻为 500Ω。由于限流电阻 R_{c} 的阻值为千欧姆级，由式(9-14)可知，不论发生的故障为金属性故障还是高阻故障，故障端口电压和电流均会被限制在较小值。

　　(2)瞬时性故障。假设发生的故障为瞬时性故障，则导通主断开关时故障点已经消失。因此，在失去故障点的电压钳位作用后，故障线路电压将由于线路分布

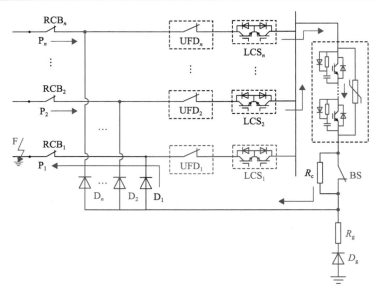

图 9-30　AR-MPCB 电流路径

电容充电而逐渐升高，充电路径如图 9-30 中箭头所示。经过一定时间后，故障线路电压将由近似零电位上升到接近额定值的水平。

综合以上分析可构建故障性质识别判据：

$$\left|u_{p,1}(t_6+\Delta t)\right|>\left|K_{rel}U_{dc}\right| \tag{9-15}$$

式中，Δt 为保证故障线路充电时间而设置的延时；K_{rel} 为可靠系数，其取值范围为 $(0,1)$。当故障端口电压 $u_{p,1}$ 满足式 (9-15) 时，判定发生的故障为瞬时性故障，AR-MPCB 继续后续重合闸操作，依次闭合 UFD 和 LCS 以恢复故障线路的供电。否则判定为永久性故障，AR-MPCB 不再进行后续重合闸操作，打开故障端口的 RCB 以分断小故障电流并隔离故障端口。

4. 动作时序图

AR-MPCB 在故障隔离和自适应重合闸阶段的动作时序如图 9-31 所示。

9.3.3　仿真分析

1. 仿真模型

为了验证本节所提 AR-MPCB 的可行性和有效性，在 PSCAD/EMTDC 仿真软件中搭建了三端不对称单极仿真模型，其拓扑与图 9-28 所示分析模型相同。该仿真模型采用基于半桥子模块的 MMC，子模块数目为 250 个，桥臂电感为 30mH。

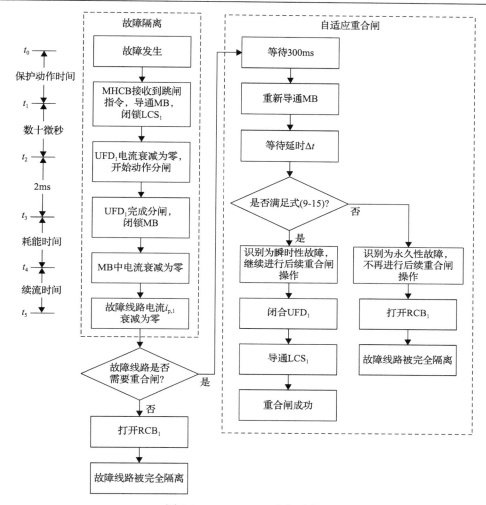

图 9-31　AR-MPCB 动作时序

直流线路采用分布式依频架空线路模型。该仿真模型的其他关键参数与图 9-28 所示分析模型测试系统关键参数相同。根据 9.3.2 节的分析，耗能电阻 R_g 与限流电阻 R_c 分别选取为 10Ω 和 100kΩ。假设线路保护动作时间为 3ms，UFD 动作时间为 2ms，RCB 与 BS 动作时间为 30ms。自适应重合闸判据中延时 Δt 和可靠系数 K_{rel} 分别设置为 10ms 和 0.05。

2. 故障隔离仿真

在架空线路 OHL_1 中点处设置金属性短路故障，故障时刻为 5.0s。AR-MPCB 于 5.003s 接收到线路保护发出的跳闸信号并开始动作，其动作时序如图 9-31 所示。

此外,为了比较 AR-MPCB 与两端口混合式直流断路器配置方案的故障隔离表现,将 AR-MPCB 替换为两端口混合式直流断路器并在相同故障条件下进行仿真。两种直流断路器配置方案在故障隔离过程中各关键电气量波形如图 9-32 所示。

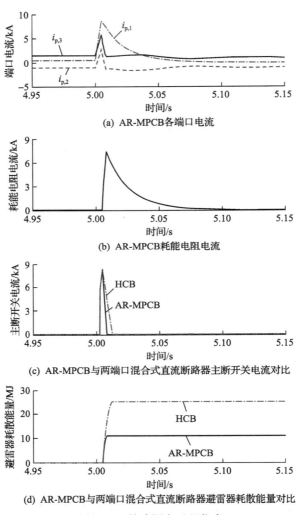

(a) AR-MPCB各端口电流

(b) AR-MPCB耗能电阻电流

(c) AR-MPCB与两端口混合式直流断路器主断开关电流对比

(d) AR-MPCB与两端口混合式直流断路器避雷器耗散能量对比

图 9-32　故障隔离过程仿真

由图 9-32 可知,AR-MPCB 中主断开关闭锁之前各端口电流 $i_{p,1} \sim i_{p,3}$ 分别达到峰值 8.73kA、2.82kA 和 5.91kA,当主断开关闭锁后,避雷器耗能时间为 3.5ms,耗散能量为 10.96MJ。在相同的故障条件下,两端口混合式直流断路器的避雷器耗能时间与耗散能量分别为 7.96ms 和 24.96MJ。因此,相较于两端口混合式直流断路器,在直流电网中配置本节所提 AR-MPCB 可以降低避雷器 56.0%的耗能时间以及 56.1%的耗散能量。

3. 自适应重合闸仿真

故障端口 P_1 电流在 5.1s 衰减为 0 并等待 300ms 线路去游离时间后,AR-MPCB 于 5.4s 开始自适应重合闸。AR-MPCB 的自适应重合闸动作时序如图 9-31 所示, 在瞬时性故障和永久性故障场景下的仿真结果如图 9-33 所示。

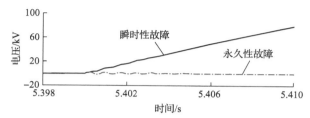

图 9-33　自适应重合闸过程中故障端口电压波形

由图 9-33 可知,当发生的故障为瞬时性故障时,故障端口电压远大于故障性质识别门槛值。对于永久性故障,当暂态过程结束后故障端口电压维持在 0 附近。因此,在以上两种故障场景下,由式(9-15)可以可靠区分瞬时性故障和永久性故障。此外,在上述两种故障场景下,非故障端口的电压波动范围均在 ±5%以内,说明本节所提自适应重合闸方法对直流电网健全部分的正常运行影响较小。

9.3.4　实验验证

为了验证本节所提新型 AR-MPCB 的可行性,在实验室中搭建了如图 9-34(a) 所示的实验平台,其拓扑如图 9-34(b) 所示,相应的关键参数列于表 9-5。由于 AR-MPCB 在故障隔离以及自适应重合闸过程中非故障端口的 LCS、UFD 与 RCB

(a) 物理测试接线图

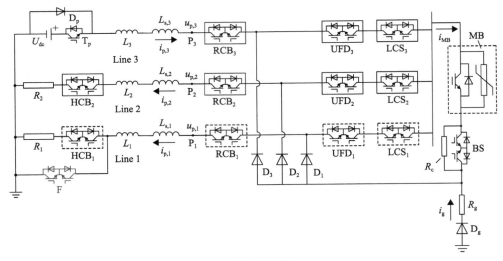

(b) 测试电路拓扑

图 9-34　AR-MPCB 实验平台及测试电路拓扑

表 9-5　AR-MPCB 实验平台关键参数

参数名称	取值或型号
额定电压/V	100
线路电感 $L_{s,1}$、$L_{s,2}$、$L_{s,3}$/mH	10、2、10
等效线路电感 L_1、L_2、L_3/mH	3、3、3
负荷电阻 R_1、R_2/Ω	100、100
耗能电阻 R_g/Ω	1
限流电阻 R_c/Ω	200
压敏电阻	14D101K
数字信号处理器	TMS320F28069

一直处于闭合状态，为了降低实验平台的复杂程度，本节已在实验平台中将上述开关省略，省略的开关在图 9-34(b) 中用实线框标注。此外，为了精确控制动作时间，实验电路中的 UFD、BS 与 RCB 均采用 IGBT 模块等效。其中，为了降低故障电流峰值，等效 UFD 的动作时间设置为 1ms。实验过程中式(9-15)所示故障性质识别判据中延时 Δt 和可靠系数 K_{rel} 分别设置为 10ms 和 0.3。

在正常运行期间，AR-MPCB 中 LCS_1、UFD_1、RCB_1 和 BS 均处于闭合状态，而主断开关和故障模拟模块均处于断开状态。故障模拟模块在 78.0ms 时闭合以便模拟发生短路故障。AR-MPCB 在 79.0ms 开始动作将故障隔离，其动作时序如图 9-31 所示。此外，为了对比 AR-MPCB 与两端口混合式直流断路器的动作特性，本节将图 9-34(b) 中的 AR-MPCB 替换为两端口混合式直流断路器,并在相同故障条件下进行实验。两种断路器配置方案下的实验结果如图 9-35 所示。

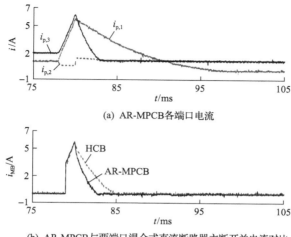

(a) AR-MPCB各端口电流

(b) AR-MPCB与两端口混合式直流断路器主断开关电流对比

图 9-35　故障隔离过程实验波形

　　由图 9-35 可知,两种直流断路器配置方案下故障电流均在 80.0ms 时上升到峰值,并在主断开关关闭后开始减小。在故障隔离过程中,AR-MPCB 的耗能时间和耗散能量为 2.80ms 和 0.72J,而两端口混合式直流断路器的耗能时间和耗散能量为 4.90ms 和 1.60J。因此,与两端口混合式直流断路器的配置方案相比,采用 AR-MPCB 的配置方案可以降低避雷器 42.9% 的耗能时间和 55.0% 的耗散能量。

　　当故障隔离过程结束后,本节分别设置瞬时性故障和永久性故障以测试所提出的 AR-MPCB 自适应重合闸的性能。AR-MPCB 于 0.398s 进行自适应重合闸,其动作时序如图 9-31 所示。两种故障情况下的实验结果如图 9-36 所示。由图 9-36 可知,在发生瞬时性故障后,故障端口电压迅速上升至额定值的水平。对于永久性故障,在暂态过程结束后故障端口电压被限制在一个较小的值。这意味着由式 (9-15) 所示的识别判据能够准确判别故障性质,并且具备较高的灵敏度。

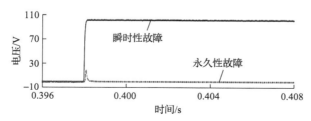

图 9-36　自适应重合闸过程中故障端口电压波形

为了解决两端口混合式直流断路器制造成本高、耗能时间长以及无选择性重合闸的问题，本节提出一种适用于柔性直流电网的新型 AR-MPCB。与两端口混合式直流断路器相比，该 AR-MPCB 能够以较低的成本保护多条直流线路，同时在故障隔离过程中降低避雷器 40%以上的耗能时间和 50%以上的耗散能量。此外该 AR-MPCB 的自适应重合闸功能控制简单、便于实现，故障性质识别灵敏度高，重合闸过程对直流电网健全部分的正常运行影响较小。本节所提 AR-MPCB 的可行性和有效性在电磁暂态仿真和物理实验中均得到了验证。

参 考 文 献

[1] Zhang S, Zou G B, Wei X Y, et al. Multiport current-limiting hybrid DC circuit breaker for NTDC grids[J]. IEEE Transactions on Industrial Electronics, 2023, 70(5): 4727-4738.

[2] Zhang S, Zou G B, Wei X Y, et al. Combined hybrid DC circuit breaker capable of controlling current flow[J]. IEEE Transactions on Industrial Electronics, 2021, 68(11): 11157-11167.

[3] Zhang C Q, Zou G B, Zhang S, et al. Multiport hybrid DC circuit breaker with current flow control for MTDC grids[J]. IEEE Transactions on Power Electronics, 2022, 37(12): 15605-15615.

[4] Mu Q, Liang J, Li Y L, et al. Power flow control devices in DC grids[C]. 2012 IEEE Power Energy Society General Meeting, San Diego, 2012: 1-7.

[5] Veilleux E, Ooi B. Multiterminal HVDC with thyristor power-flow controller[J]. IEEE Transactions on Power Delivery, 2012, 27(3): 1205-1212.

[6] Deng N, Wang P Y, Zhang X P, et al. A DC current flow controller for meshed modular multilevel converter multiterminal HVDC grids[J]. CSEE Journal of Power and Energy Systems, 2015, 1(1): 43-51.

[7] 武文, 吴学智, 荆龙, 等. 新型多端口直流潮流控制器及其控制策略研究[J]. 中国电机工程学报, 2019, 39(13): 3744-3757.

[8] Sau-Bassols J, Prieto-Araujo E, Gomis-Bellmunt O. Modelling and control of an interline current flow controller for meshed HVDC grids[J]. IEEE Transactions on Power Delivery, 2017, 32(1): 11-22.

[9] Balasubramaniam S, Ugalde-Loo C E, Liang J, et al. Experimental validation of dual H-bridge current flow controllers for meshed HVDC grids[J]. IEEE Transactions on Power Delivery, 2018, 33(1): 381-392.

第 10 章　自适应重合闸技术

随着远距离输电需求的增加以及新能源的大量接入，架空线路将是未来柔性直流电网的主流传输载体。根据交流系统的运行经验，系统中发生的故障大多为架空线路故障，并且架空线路故障后经固定时限成功重合的概率为 60%～90%。此外，电压等级越高，架空线路重合成功的概率越大。因此，对于通过架空线路输电的柔性直流电网，故障后同样可利用直流断路器进行重合，并且具有较高的重合成功概率，从而极大地缩短停电时间、提高供电可靠性以及系统运行稳定性。现有自动重合闸方案大多是无选择性重合，根据直流断路器种类的不同，重合闸的方式也不同。然而，不论采用何种直流断路器，如果发生的故障为永久性故障，这种无选择性的重合闸方式均会导致直流系统中脆弱的半导体器件会在短时间内连续承受两次故障冲击，可能造成器件损坏，同时有可能造成相邻线路保护误动以及系统过电压问题。此外，如果采用混合式直流断路器并且重合于永久性故障，则需要主断开关在短时间内连续动作，由于主断开关内的避雷器使用次数有限制，因此会降低混合式直流断路器的使用寿命，而且要求主断开关避雷器预留额外容量再次分断故障电流。

为了避免上述问题，在直流断路器重合闸之前需要首先识别故障性质，即识别发生的故障为瞬时性的还是永久性的，从而避免重合于永久性故障。本章分析了直流断路器的无选择性重合闸方案，并且提出了故障性质识别方法及相应自适应重合闸方案[1-5]。

10.1　无选择性重合闸方案

当直流架空线路发生故障后，直流断路器首先动作将故障点隔离。为了缩短故障停电时间，在等待线路去游离时间后，通常直流断路器会尝试进行自动重合闸。对于图 8-1(a)所示机械式直流断路器，自动重合闸操作如下：重合主支路机械开关 MS，如果电流大于动作门槛值，则机械式直流断路器再次动作分断故障电流。对于图 8-1(b)所示混合式直流断路器，自动重合闸操作如下：重合主断开关(MB)并检测流过 MB 的故障电流，如果故障电流大于动作门槛值，则再次闭锁 MB 分断故障电流。由于混合式直流断路器仅操作 MB，而机械式直流断路器需要再次经过完整的跳闸过程，因此当配置混合式直流断路器时，第二次故障分断过程电流峰值要比第一次小。当发生永久性故障时，由于避雷器需要吸收两次能量，并且两次间隔时间较短，仅为线路去游离时间(300ms[6])，电阻片能量无法及时散出，因此该工况下要求避雷器容量大于两次故障电流分断耗散能量之和。此外，由上述分析可知，避雷器第二次耗散能量与再次动作门槛值的设定有关。以张北四端柔性直流电网工程为例，其内混合式直流断路器再次动作门槛值设定为 6.8kA，与第一次分断电流峰值 25kA 相比，幅值大幅度降低。图 10-1 所示为混合式直流断路器重合于永久性故障再次分断过程的仿真结果。由图可知，直流断路器第一次分断故障电流时避雷器耗散能量为 50MJ，第二次分断故障电流时避雷器耗散能量为 10MJ，避雷器总容量增加了 20%。此外，在上述动作过程中，半导体器件能量同样来不及散出，因此对半导体器件的散热系统要求较高。

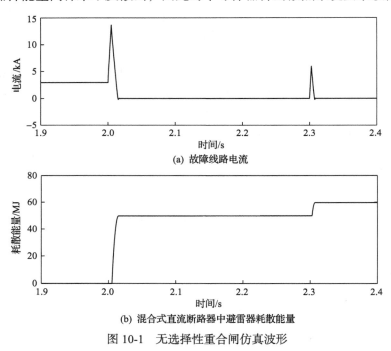

(a) 故障线路电流

(b) 混合式直流断路器中避雷器耗散能量

图 10-1　无选择性重合闸仿真波形

10.2　基于方向行波的故障性质识别方法及自适应重合闸方案

针对柔性直流电网重合闸问题，本节提出了一种基于主动信号注入的自适应重合闸方案。首先，本节分析了混合式直流断路器的动作原理，提出了行波信号注入原理；其次，本节根据注入行波信号在故障线路和非故障线路上的传播特征差异，提出了基于方向行波的故障性质识别方法，进而设计了完整的自适应重合闸方案；最后，通过在 PSCAD/EMTDC 软件中搭建的四端柔性直流电网仿真模型验证了所提故障性质识别方法及自适应重合闸方案的有效性。

10.2.1　基于方向行波的故障性质识别方法

1. 行波信号注入原理

在如图 8-1(b)所示的混合式直流断路器中，负荷换流开关(LCS)和 MB 中的 IGBT 模块两端通常并联有 RCD 缓冲电路，以抑制 IGBT 两端过电压和 du/dt，同时保证各 IGBT 模块间的动态电压平衡，如图 10-2 所示。

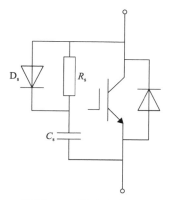

图 10-2　配置 RCD 缓冲电路的 IGBT 模块

当混合式直流断路器分断故障电流后，电流转移支路两端电压将会由避雷器残余电压下降到直流额定电压，该电压平均分配到电流转移支路每个子模块上。由于每个子模块由两个反向串联的 IGBT 模块组成，其中只有一个 IGBT 模块处于闭锁状态承受电压而另一个 IGBT 模块处于导通状态不承受电压，因此闭锁 IGBT 模块中缓冲电容电压为

$$U_{Cs} = \frac{U_{dc}}{N} \tag{10-1}$$

式中，U_{dc} 为直流额定电压；N 为电流转移支路子模块个数。

为了识别故障性质，可以通过导通电流转移支路部分子模块从而向故障直流线路注入行波信号，进而利用行波信号在故障点或者线路端口的传播特性差异达成目的。行波信号的注入原理如下。

假设在行波信号注入过程中，电流转移支路导通的子模块个数为 n。由于电流转移支路各子模块均相同，因此将导通的 n 个子模块和仍然闭锁的 $N-n$ 个子模块分别等效为子模块 SM_c 和 SM_b，如图 10-3 所示。考虑到混合式直流断路器中主

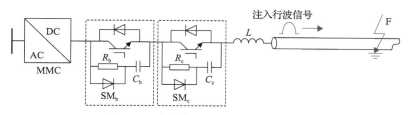

图 10-3　行波信号注入过程等效示意图

支路和能量耗散支路以及电流转移支路子模块中处于旁路状态的 IGBT 模块均不会对行波信号注入过程产生影响，因此在图 10-3 中均将其省略。图 10-3 中，SM_b 和 SM_c 两端电压、等效缓冲电阻和等效缓冲电容值如式（10-2）所示。

$$
\begin{cases}
U_b = (N-n)\dfrac{U_{dc}}{N} \\[2mm]
R_b = (N-n)R_s \\[2mm]
C_b = \dfrac{C_s}{N-n} \\[2mm]
U_c = n\dfrac{U_{dc}}{N} \\[2mm]
R_c = nR_s \\[2mm]
C_c = \dfrac{C_s}{n}
\end{cases}
\tag{10-2}
$$

当电流转移支路 n 个子模块导通时，行波信号将会由混合式直流断路器注入故障直流线路并且向线路对端传播。为了求解注入直流线路的行波信号表达式，由图 10-3 可进一步得到如图 10-4 所示等效电路。图 10-4 中，子模块 SM_c 的导通过程等效为闭合开关 S_c；$u_{fw1}(t)$ 为注入的行波信号，该行波信号为正向行波；Z_c 为直流线路波阻抗；MMC 等效为 LC 串联支路，其等效参数为

$$
\begin{cases}
L_0 = \dfrac{2}{3}L_{arm} \\[3mm]
C_0 = \dfrac{6C_{SM}}{N_0}
\end{cases}
\tag{10-3}
$$

式中，L_{arm} 为桥臂电感；C_{SM} 为子模块电容；N_0 为每个桥臂子模块个数。

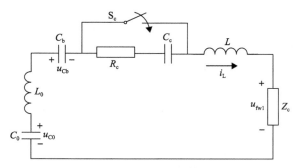

图 10-4　行波注入过程等效电路

基于图 10-4 所示等效电路，可以列求得 $u_{fw1}(t)$ 的表达式：

$$\begin{cases} u_{\text{fw1}}(t) = \dfrac{2U_c C_{\text{eq}} Z_c}{\sqrt{4C_{\text{eq}}(L+L_0) - Z_c^2 C_{\text{eq}}^2}} \mathrm{e}^{-\frac{Z_c}{2(L+L_0)}t} \sin(\omega t)\varepsilon(t) \\[4mm] \omega = \sqrt{\dfrac{4(L+L_0) - Z_c^2 C_{\text{eq}}}{4C_{\text{eq}}(L+L_0)^2}} \\[4mm] C_{\text{eq}} = \dfrac{C_0 C_b}{C_0 + C_b} \end{cases} \tag{10-4}$$

式中，$\varepsilon(t)$ 为阶跃函数。

由式(10-4)可知，注入行波信号 $u_{\text{fw1}}(t)$ 为衰减正弦波形。

将表 10-1 中柔性直流系统参数代入式(10-4)，并将导通子模块个数 n 分别设定为电流转移支路子模块总数 N 的 5%、10%、15%和 20%，得到不同导通子模块个数下注入行波信号波形，如图 10-5 所示。

表 10-1　柔性直流系统的关键参数

名称	参数名称	取值
MMC	直流额定电压 U_{dc}/kV	500
	桥臂电感 L_{arm}/mH	30
	每个桥臂子模块个数 N_0	250
	子模块电容 C_{SM}/mF	10
混合式直流断路器	额定电压/kV	500
	电流转移支路子模块个数 N	300
	子模块缓冲电阻 R_s/Ω	2
	子模块缓冲电容 C_s/μF	200
	能量耗散支路避雷器个数	10
	单个避雷器额定电压/残余电压/kV	50/80
直流线路	波阻抗 Z_c/Ω	350
	限流电感 L/mH	100

由图 10-5 可知，随导通子模块个数增多，注入行波信号首波极性保持不变，但是其幅值逐渐增大。因此，仅从故障性质识别的角度来说，为了使行波传播特征更加明显，导通的子模块个数应尽可能多。但是，随着导通子模块个数的增多，行波注入过程对直流母线电压的影响也会逐渐增强。因此，为了尽量减少对直流电网健全部分正常运行的影响，导通子模块个数应尽可能少。综合考虑以上因素，本节中导通子模块个数 n 选为 10%的电流转移支路子模块总个数，即 $0.1N$。

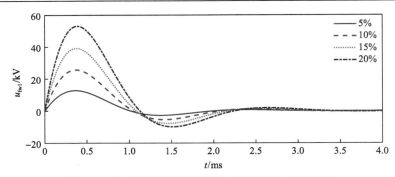

图 10-5　不同导通子模块个数时注入行波信号波形

2. 故障性质识别原理

由上述分析可知，通过导通电流转移支路部分子模块可以向故障线路注入行波信号。该行波信号会沿故障线路向对端传播，并且在波阻抗不连续处（故障点或线路对端端口）发生折反射，如图 10-6 所示。由于行波传播过程需要时间，因此当发生永久性故障时，由于故障点仍然存在于故障线路，注入的行波信号将首先在故障点发生折反射，因此测量点首先检测到的反向行波 u_{bw1} 为故障点的反射波，如图 10-6(a) 所示；而当发生瞬时性故障时，由于故障点已经消失，注入的行波信号将首先在线路对端端口发生折反射，因此测量点首先检测到的反向行波 u_{bw1} 为线路对端端口的反射波，如图 10-6(b) 所示。

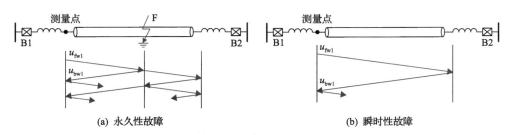

(a) 永久性故障　　　　　　　　　　　　　(b) 瞬时性故障

图 10-6　行波折反射示意图

根据行波理论，波阻抗不连续处的反射波 u_{re} 可以由式(10-5)得到：

$$u_{re} = \Gamma u_{in} \tag{10-5}$$

式中，u_{in} 为入射波；Γ 为行波反射系数，其值可由式(10-6)得到：

$$\Gamma = \frac{Z_2 - Z_1}{Z_2 + Z_1} \tag{10-6}$$

其中，Z_1 为入射波所在导体波阻抗；Z_2 为入射波将要进入的导体的波阻抗。

如图 10-6(a)所示，当故障为永久性故障时，测量点首先检测到的反向行波 u_{bw1} 为注入行波 u_{fw1} 在故障点的反射波。忽略行波传播过程中的衰减现象，则永久性单极接地故障和永久性极间短路故障下，测量点检测到的反向行波 $u_{bw1,s}$ 和 $u_{bw1,p}$ 分别为

$$u_{bw1,s} = \Gamma_s u_{fw1} = \frac{Z_c /\!/ R_f - Z_c}{Z_c /\!/ R_f + Z_c} u_{fw1} = -\frac{Z_c}{Z_c + 2R_f} u_{fw1} \tag{10-7}$$

$$u_{bw1,p} = \Gamma_p u_{fw1} = \frac{Z_c /\!/ (R_f + 0.5Z_c) - Z_c}{Z_c /\!/ (R_f + 0.5Z_c) + Z_c} u_{fw1} = -\frac{Z_c}{2Z_c + 2R_f} u_{fw1} \tag{10-8}$$

式中，R_f 为故障点过渡电阻；Z_c 为线路波阻抗。由于过渡电阻 R_f 以及线路波阻抗 Z_c 不小于零，因此由式(10-7)和式(10-8)可知，在永久性单极接地故障和永久性极间短路故障下测量点最先检测到的反向行波 u_{bw1} 极性与注入行波 u_{fw1} 极性相反。

如图 10-6(b)所示，当故障为瞬时性故障时，测量点首先检测到的反向行波 u_{bw1} 为注入行波 u_{fw1} 在线路对端端口的反射波。忽略行波传播过程中的衰减现象，则测量点检测到的反向行波 $u_{bw1,T}$ 为

$$u_{bw1,T} = \Gamma_T u_{fw1} = \left.\frac{Z_2 - Z_c}{Z_2 + Z_c}\right|_{Z_2 = +\infty} u_{fw1} = u_{fw1} \tag{10-9}$$

式(10-9)中，由于线路对端直流断路器 B2 剩余电流开关已经分闸，线路对端处于开路状态，因此等效波阻抗 Z_2 为正无穷大，对应行波反射系数 Γ_T 为 1。因此，由式(10-9)可知，测量点最先检测到的反向行波 u_{bw1} 极性与注入行波 u_{fw1} 极性相同。

综上所述，当直流线路发生永久性故障时，测量点检测到的首个反向行波极性与注入行波极性相反；当直流线路发生瞬时性故障时，测量点检测到的首个反向行波极性与注入行波极性相同。同时，由式(10-4)和图 10-5 可知，注入行波极性与混合式直流断路器所在直流线路正负极有关，当直流断路器位于正极线路时，注入行波首波极性总为正；而当直流断路器位于负极线路时，注入行波首波极性总为负。据此，可进一步得出以下结论。

当行波信号由正极线路上的直流断路器注入时，如果测量点检测到的首个反向行波极性为负，则说明发生的故障为永久性故障，反之则说明发生的故障为瞬时性故障；当行波信号由负极线路上的直流断路器注入时，如果测量点检测到的首个反向行波极性为正，则说明发生的故障为永久性故障，反之则说明发生的故障为瞬时性故障。

3. 故障性质识别判据

由行波理论可知，正向行波 $u_{fw}(t)$ 与反向行波 $u_{bw}(t)$ 可由式(10-10)计算得到：

$$\begin{cases} u_{\mathrm{fw}}(t) = \dfrac{1}{2}\big[u(t) + Z_{\mathrm{c}}i(t)\big] \\[2mm] u_{\mathrm{bw}}(t) = \dfrac{1}{2}\big[u(t) - Z_{\mathrm{c}}i(t)\big] \end{cases} \tag{10-10}$$

式中，$u(t)$ 与 $i(t)$ 分别为测量点的电压和电流。对于实际测量装置来说，计算得到的正向行波 $u_{\mathrm{fw}}(n)$ 与反向行波 $u_{\mathrm{bw}}(n)$ 分别为

$$\begin{cases} u_{\mathrm{fw}}(n) = \dfrac{1}{2}\big[u(n) + Z_{\mathrm{c}}i(n)\big] \\[2mm] u_{\mathrm{bw}}(n) = \dfrac{1}{2}\big[u(n) - Z_{\mathrm{c}}i(n)\big] \end{cases} \tag{10-11}$$

式中，$u(n)$ 与 $i(n)$ 分别为测量点电压和电流的采样值。由于在行波信号注入之前，故障线路被 HCB 隔离，因此测量点的电压和电流采样值均为零，进而由式(10-11)可知测量点的正向行波 u_{fw} 和反向行波 u_{bw} 均为零。当行波信号注入故障直流线路之后，由于注入的行波信号为正向行波，因此计算正向行波 u_{fw} 会立刻发生变化，而反向行波 u_{bw} 仍然保持为零。当注入的行波信号在故障点或线路端口发生折反射时，反射波会沿直流线路返回测量点，由于反射波为反向行波，因此当反射波到达测量点后，计算反向行波 u_{bw} 会立刻发生变化。综上所述，构建式(10-12)和式(10-13)所示反向行波极性判据。

$$u_{\mathrm{bw}}(n) > k_{\mathrm{set}} \tag{10-12}$$

$$u_{\mathrm{bw}}(n) < -k_{\mathrm{set}} \tag{10-13}$$

式中，k_{set} 为为了避免干扰影响所设置的门槛值，其值可由式(10-14)确定。如果连续三个采样点满足式(10-12)，则判定反向行波为正极性；如果连续三个采样点满足式(10-13)，则判定反向行波为负极性。

$$k_{\mathrm{set}} = K_{\mathrm{rel}}\big|\Gamma_{\min} U_{\mathrm{fw,max}}\big| \tag{10-14}$$

式中，K_{rel} 为可靠系数，其值小于 1；$\Gamma_{\min}$ 可由式(10-15)确定；$U_{\mathrm{fw,max}}$ 为注入行波信号首波最大值，可由式(10-4)确定。

$$\Gamma_{\min} = -\frac{Z_{\mathrm{c}}}{2Z_{\mathrm{c}} + 2R_{\mathrm{f,max}}} \tag{10-15}$$

式中，$R_{\mathrm{f,max}}$ 为过渡电阻最大可能值。

待判定首个反向行波 u_{bw} 极性后，即可查找表 10-2 以判别故障性质。

表 10-2　故障性质与反向行波极性对应关系

混合式直流断路器所在极线	注入行波极性	反向行波极性	故障性质
正极线路	正	负	永久性故障
	正	正	瞬时性故障
负极线路	负	正	永久性故障
	负	负	瞬时性故障

10.2.2　基于方向行波的自适应重合闸方案

当混合式直流断路器分断故障电流后，如果需要进行自适应重合闸，则一侧混合式直流断路器(定义为 B2)的 RCB 分闸，另一侧混合式直流断路器(定义为 B1)的 RCB 仍然维持合闸状态。经过线路去游离时间后，开始进行自适应重合闸操作，其完整流程如下所述。

步骤 1：导通直流断路器 B1 电流转移支路部分子模块(本节中导通子模块个数为总子模块个数的 10%)，向故障直流线路注入行波信号。如果发生的故障为单极接地故障，则操作该极上的直流断路器；如果发生的故障为极间短路故障，则操作任一极直流断路器即可。

步骤 2：由式(10-10)计算反向行波，并根据式(10-12)和式(10-13)判断首个反向行波极性。

步骤 3：根据直流断路器 B1 所在极线和反向行波极性在表 10-2 中查找对应的故障性质。

步骤 4：如果判定故障为永久性故障，则控制直流断路器 B1 打开 RCB，自适应重合闸操作结束。如果判定故障为瞬时性故障，则控制直流断路器 B1 和 B2 进行后续重合闸操作。根据电流转移支路剩余子模块导通方式的不同，混合式直流断路器的后续重合闸操作可以分为同时重合方案和分组重合方案。同时重合方案操作简单，但是会在直流线路中产生较高的过电压。而分组重合方案虽然操作略微复杂，但是会大幅降低直流线路过电压。在实际应用中，可根据现场情况灵活选择重合闸方式。两种重合闸方案的具体操作过程如下所述。

(1)同时重合方案。当判定为瞬时性故障后，控制直流断路器 B1 导通电流转移支路剩余所有子模块，并控制 UFD 合闸，直流线路电压开始上升；待直流线路电压上升到系统额定电压后，控制直流断路器 B2 的 RCB 合闸(在 RCB 合闸之前应闭锁电流转移支路并且闭合 UFD)，自适应重合闸操作结束，负荷电流逐渐恢复至正常状态。

(2)分组重合方案。当判定为瞬时性故障后，直流断路器 B1 电流转移支路剩余子模块采用分组导通的方式，每隔数毫秒重合一组，每次仅重合电流转移支中部分子模块。随着电流转移支路子模块导通过程的进行，直流线路电压开始逐渐上升；待直流断路器 B1 电流转移支路所有子模块全部导通之后，控制 UFD 合闸；继续等待直至直流线路电压上升到系统额定电压后，控制直流断路器 B2 的 RCB 合闸(在 RCB 合闸之前应闭锁电流转移支路并且闭合 UFD)，自适应重合闸操作结束，负荷电流逐渐恢复至正常状态。

10.2.3 仿真验证

1. 仿真模型

在 PSCAD/EMTDC 中搭建如图 10-7 所示四端柔性直流电网仿真模型验证所提自适应重合闸方案的有效性，其主要参数如表 10-1 所示。仿真模型中，每个换流站包含两个 MMC，采用对称双极接线方式。测量元件采样频率为 10kHz。直流线路采用分布参数依频架空线路模型，各直流线路 OHL_{12}、OHL_{13}、OHL_{24} 和 OHL_{34} 长度分别为 205.9km、188.1km、49.6km 和 208.4km，线路去游离时间设为 300ms。混合式直流断路器中，UFD 和 RCB 动作时间分别为 2ms 和 30ms。将图 10-7 中柔性直流电网参数代入式(10-4)可得，注入行波首波幅值 $U_{fw,max}$ 为 26.74kV。考虑最大故障过渡电阻为 300Ω，则根据式(10-15)可得 Γ_{min} 为 0.27。此外，设定可靠系数 K_{rel} 为 0.4，则根据式(10-14)可得故障识别判据门槛值 k_{set} 为 2.89kV。

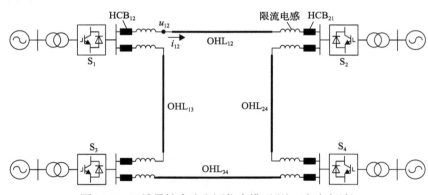

图 10-7 四端柔性直流电网仿真模型(基于方向行波)

2. 典型永久性故障仿真

在直流线路 OHL_{12} 上距离 S_1 换流站 100km 处设置金属性正极接地故障，故障时刻为 4.0s，故障持续时间设置为 10.0s，以模拟永久性故障。故障发生后，直流保护于 4.003s 判定线路 OHL_{12} 发生故障并向直流断路器 HCB_{12} 和 HCB_{21} 发送跳闸信号。直流断路器 HCB_{21} 在分断故障电流后，控制 RCB 分闸，而 HCB_{12} 仍然保持 RCB 处于合闸状态。在经过线路去游离时间后，HCB_{12} 开始进行自适应重合闸操作，导通部分电流转移支路子模块以向故障线路注入行波信号。在自适应重合闸过程中，测量点处计算方向行波波形如图 10-8 所示，故障直流线路电压和电流波形如图 10-9 所示。图 10-8 中，虚线为故障性质识别判据门槛值。

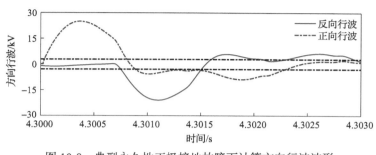

图 10-8　典型永久性正极接地故障下计算方向行波波形

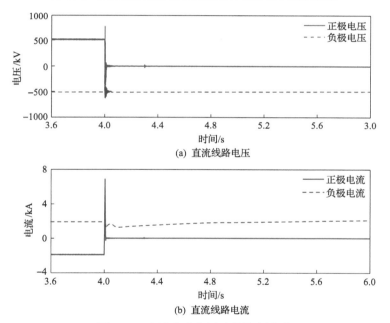

图 10-9　自适应重合闸过程仿真波形

由图 10-8 可知，计算反向行波极性为负，并且与注入行波极性相反，判定故障类型为永久性故障，这与故障预设条件相同。此外，由图 10-9 可知，自适应重合闸过程对于健全极的正常运行几乎不会造成影响。

3. 典型瞬时性故障仿真

在直流线路 OHL_{12} 距离 S_1 换流站 100km 处设置金属性正极接地故障，故障时刻为 4.0s，故障持续时间为 0.3s，以模拟瞬时性故障。故障发生后，直流保护于 4.003s 判定线路 OHL_{12} 故障并向直流断路器 HCB_{12} 和 HCB_{21} 发送跳闸信号。直流断路器 HCB_{21} 在分断故障电流后，控制剩余电流开关分闸，而 HCB_{12} 仍然保持剩余电流开关处于合闸状态。在经过线路去游离时间后，HCB_{12} 开始进行自适应重合闸操作，导通部分电流转移支路子模块向故障线路注入行波信号。在自适应重合闸过程中，测量点处计算方向行波波形如图 10-10 所示，图中虚线为故障性质识别判据门槛值。

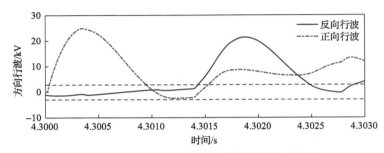

图 10-10　典型瞬时性故障下计算方向行波波形

由图 10-10 可知，计算反向行波极性为正，与注入行波极性相同，判定故障类型为瞬时性故障，这与故障预设条件相同。之后，直流断路器 HCB_{12} 和 HCB_{21} 开始进行重合闸，同时重合方案和分组重合方案的仿真波形分别如图 10-11 和图 10-12 所示。

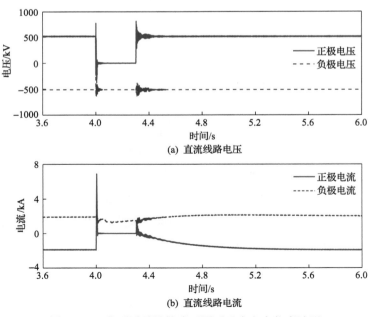

(a) 直流线路电压

(b) 直流线路电流

图 10-11　典型瞬时性故障下同时重合方案仿真波形

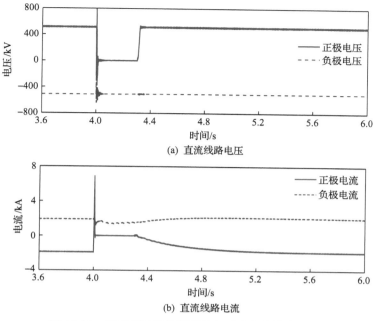

图 10-12 典型瞬时性故障下分组重合方案仿真波形

由图 10-11 可知，采用同时重合方案故障极线路过电压为 1.63p.u.，非故障极线路电压幅值波动范围在–24.6%～27.8%；由图 10-12 可知，采用分组重合方案故障极线路过电压仅为 1.06p.u.，非故障极线路电压幅值波动范围在–0.6%～5.9%。因此，采用分组重合方案可以大幅降低重合线路过电压以及对于健全线路的影响。

本节提出的自适应重合闸方案通过判断反行波极性识别故障性质，算法简单，采样频率要求低。并且，由于故障点或者线路端口反射波到达测量点之前，测量点处计算得到的反行波近似为零，因此故障性质识别判据灵敏度高，能够准确、可靠地识别瞬时性故障和永久性故障，从而避免混合式直流断路器无选择性重合闸可能造成的二次故障冲击；同时，由于不需要在重合于永久性故障时再次分断故障电流，混合式直流断路器的避雷器容量可以进一步减小，经济效益明显。

10.3　基于电流行波的故障性质识别方法及自适应重合闸方案

为了保证直流线路故障后健全电网仍然能够继续运行，基于半桥型模块化多电平换流器的柔性直流电网优先采用直流断路器隔离故障。由于架空线路故障大多为瞬时性故障，因此，直流断路器在隔离故障之后经过一定时间重合闸以尝试快速恢复故障线路的供电。为了避免重合于永久性故障对直流电网造成二次故障冲击,本节提出了一种适用于模块级联型混合式直流断路器的故障性质识别方法,并且设计了相应的自适应重合闸方案。此外,若直流线路发生永久性故障,利用该方法还可进行故障测距以准确确定故障位置。

10.3.1　模块级联型混合式直流断路器拓扑结构

与如图 8-1(b)所示典型混合式直流断路器相同,模块级联型混合式直流断路器同样由主支路、电流转移支路和能量耗散支路组成,其拓扑如图 10-13 所示。与图 8-1(b)所示典型混合式直流断路器的不同之处在于,模块级联型混合式直流断路器中电流转移支路子模块采用二极管桥式结构,如图 10-14 所示。

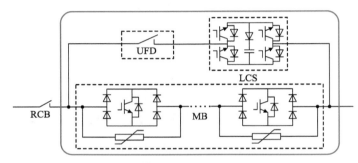

图 10-13　模块级联型混合式直流断路器

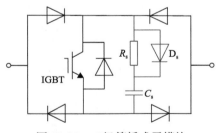

图 10-14　二极管桥式子模块

子模块的缓冲电路由电阻 R_s、电容 C_s 和二极管 D_s 组成,用于保护 IGBT 并辅助电流换流过程,如图 10-14 所示。当 IGBT 处于导通状态时,电流主要流经 IGBT。此时缓冲电路上的电压为 IGBT 的导通电压,其值比较小。当 IGBT 接收到闭锁信号之后,IGBT 的电流被换流到缓冲电路,此时缓冲电容 C_s 将通过二极管 D_s 充电。经过短时暂态过程之后,IGBT 两端的电压等于缓冲电容 C_s 的电压。之后,当 IGBT 接收到导通信号之后,缓冲电容 C_s 将通过电阻 R_s 和 IGBT 放电,这将抑制放电电流的峰值并缩短放电时间。子模块中缓冲电容的充电和放电路径分别如图 10-15 中的实线和虚线表示。

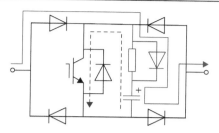

图 10-15　子模块缓冲电容充放电路径

当直流断路器电流转移支路闭锁后，故障电流将会被换流至能量耗散支路中，电流转移支路两端的电压将会迅速上升至能量耗散支路中 MOV 的残余电压并且开始耗散故障电流的能量。单个 MOV 的残余电压 U_{res} 为

$$U_{res} = \gamma U_{rate} \tag{10-16}$$

式中，γ 为一个介于 1 和 2 之间的常数；U_{rate} 为 MOV 的额定电压。因此，在故障电流分断过程中，直流断路器的峰值电压为 $N_{MOV}U_{res}$，其值为电流转移支路中 N_{MOV} 个 MOV 的残余电压之和。由图 10-15 可知，当 IGBT 闭锁时，缓冲电容将被充电，并且缓冲电容除了 IGBT 外没有其他放电路径。因此，在故障电流分断过程中，各缓冲电容电压之和等于直流断路器的峰值电压。基于上述分析可知，各缓冲电容电压为

$$U_{c} = \frac{N_{MOV}U_{res}}{N} \tag{10-17}$$

式中，N 为电流转移支路中子模块的数量。因此，当直流断路器分断故障电流之后，子模块缓冲电容中储存的能量仍然存在，通过增加辅助电路可以将缓冲电容中储存的能量作为特征信号注入源，用以识别直流线路的故障性质。

此外，在分断故障电流之后，直流断路器两端的电压等于直流母线电压，因此此时每个子模块的电压 U_{SM} 为

$$U_{SM} = \frac{U_{dc}}{N} \tag{10-18}$$

10.3.2　基于电流行波的故障性质识别方法

1. 辅助电路结构

辅助电路安装在直流断路器电流转移支路上靠近线路侧的 N_c 个子模块处，辅助电路(灰色部分)的详细结构如图 10-16 所示(假设 N_c 为 3)。如图 10-16 所示，每两个子模块之间串联有 1 个晶闸管，并且靠近线路的第一个子模块的二极管反

并联 1 个晶闸管。因此，辅助电路所需晶闸管的数量同样为 N_c。为了保证注入信号具有足够的幅值，N_c 取为电流转移支路子模块总数 N 的 10%。此外，第 N_c 个子模块通过限流电阻 R_g 和接地机械开关(GMS)接地。此处电阻 R_g 的作用是限制缓冲电容放电电流幅值。

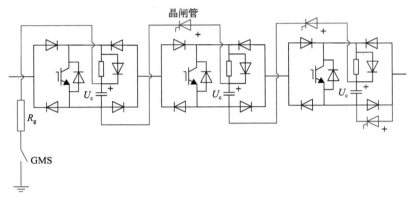

图 10-16　辅助电路拓扑结构

2. 故障性质识别原理

在直流断路器分断故障电流并且等待线路去游离时间(通常为 200～300ms)时，首先在辅助电路所有晶闸管上施加触发信号，之后闭合 GMS，此时线路侧 N_c 个子模块电压将会下降至零，直流母线电压 U_{dc} 将会平均分配至靠近直流母线的 N–N_c 个子模块。

在辅助电路中晶闸管触发前，对于线路侧的 N_c 个子模块，各晶闸管两端的电压 U_{th} 等于并联二极管的电压。由式(10-16)～式(10-18)可知，线路侧的第 1 个晶闸管的电压 U_{th1} 为

$$U_{th1} = \frac{U_c - U_{SM}}{2} = \frac{\gamma - 1}{2N} U_{dc} \tag{10-19}$$

其他晶闸管的电压 U_{th2} 为

$$U_{th2} = U_c - U_{SM} = \frac{\gamma - 1}{N} U_{dc} \tag{10-20}$$

由式(10-19)和式(10-20)可知，所有晶闸管都承受正向电压。因此，当晶闸管触发后 GMS 闭合时，N_c 个子模块缓冲电容将通过图 10-17 中灰色箭头所示的路径放电。放电过程的等效电路如图 10-18 所示，其中 $N_c U_c$ 和 C_s/N_c 分别为 N_c 个子模块的等效电压、等效电容，Z_c 为直流线路的波阻抗。此处忽略晶闸管的导通

电阻。

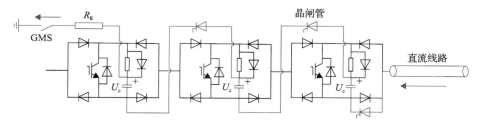

图 10-17　N_c 个子模块的缓冲电容放电路径

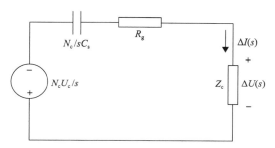

图 10-18　缓冲电容放电过程的等效电路

辅助电路的晶闸管触发后，闭合 GMS 相当于串联接入幅值为 $N_c U_c$ 的阶跃电源。在阶跃输入的作用下，在直流线路上会产生电流行波并且沿直流断路器向线路另一侧传播，电流行波的初值可由式（10-21）和式（10-22）得到：

$$
\begin{aligned}
\Delta I(s) &= -\frac{N_c U_c/s}{N_c/sC_s + R_g + Z_c} \\
&= -\frac{N_c U_c}{R_g + Z_c} \cdot \frac{1}{s + N_c/(R_g + Z_c)C_s}
\end{aligned}
\tag{10-21}
$$

$$
\Delta i(t) = -\frac{N_c U_c}{R_g + Z_c} e^{-\frac{N_c}{(R_g + Z_c)C_s}t} \varepsilon(t)
\tag{10-22}
$$

式中，$\Delta I(s)$ 和 $\Delta i(t)$ 分别为拉普拉斯域和时域中的初始电流行波。由式（10-21）和式（10-22）可知，通过调整限流电阻 R_g 的阻值可以改变电流行波的幅值。电流行波在直流线路上的传播过程如图 10-19 所示。

电流行波将在波阻抗的不连续处发生折反射，如图 10-19 中的行波传播路径所示。忽略行波在传播过程中的衰减，则电流行波的首个反射波可表示为

$$
\Delta I_r = \Gamma \Delta I
\tag{10-23}
$$

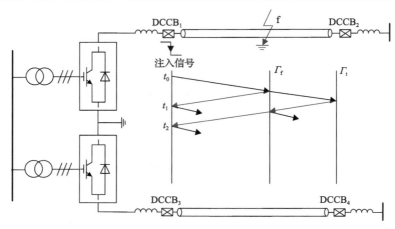

图 10-19　电流行波的传播路径图

式中，Γ 为反射系数：

$$\Gamma = \frac{Z_c - Z_2}{Z_c + Z_2} \qquad (10\text{-}24)$$

其中，Z_c 为直流线路的波阻抗；Z_2 为电流行波将要进入的导体的等效阻抗。假设故障点过渡电阻为 R_f，则故障点处的行波反射系数 Γ_f 为

$$\Gamma_f = \frac{Z_c - Z_c \ \square \ R_f}{Z_c + Z_c \ \square \ R_f} \qquad (10\text{-}25)$$

$$Z_2 = Z_c \ \square \ R_f \qquad (10\text{-}26)$$

由式(10-25)和式(10-26)可知，无论过渡电阻 R_f 取何值，Z_2 都小于 Z_c，进而可知故障点的行波反射系数 Γ_f 始终大于零。对于线路端口的行波反射系数 Γ_t，考虑到直流线路已经被隔离，Z_2 可近似看作无穷大，因此行波反射系数 Γ_t 近似等于 -1。

基于上述分析，可以得出以下结论。

如果在所有晶闸管触发后闭合 GMS 时直流线路上仍然存在故障，则由于故障点的行波反射系数 Γ_f 大于零，首个反射波的极性将与注入电流行波极性相同。否则，由于线路端口的行波反射系数 Γ_t 小于零，首个反射波的极性将与注入电流行波极性相反。

因此，根据以上结论可以判断故障性质。此外，利用电流行波的折反射特性可确定永久性故障时的故障位置。由图 10-19 可知，故障距离可以通过式(10-27)计算：

$$l_{\mathrm{m}} = \frac{t_{\mathrm{f}} - t_{\mathrm{i}}}{2} v \qquad (10\text{-}27)$$

式中，v 为电流行波的传播速度；t_{i} 为 GMS 的闭合时刻；t_{f} 为注入电流行波在故障点的首个反射波到达直流断路器的时刻。若 GMS 闭合时线路上的故障已经消失，注入电流行波将首先在线路对端发生反射，此时 t_{f} 为注入电流行波在线路对端的首个反射波到达直流断路器的时刻，l_{m} 约等于线路长度。式（10-27）的计算精度与采样频率有关，如果采样频率为 f，则最大可能误差 l_{error} 为

$$l_{\mathrm{error}} = \frac{v}{2f} \qquad (10\text{-}28)$$

反射波的极性和到达时刻可以方便地通过小波变换获得，小波变换模极大值可以表示电流信号突变点（即反射波）的位置和极性。本节利用基于 Mallat 算法的离散小波变换分析电流信号，进而获取行波的极性和到达时刻。

3. 故障性质识别判据

小波变换是用于数字信号处理的强大时频分析工具。Mallat 算法是一种常用的离散小波算法，通过一系列滤波和二进制采样实现快速计算。小波变换模极大值（WTMM）被定义为小波变换系数的局部最大值，能够准确表征电流行波的到达时刻和极性。Mallat 算法及小波变换模极大值的概念已在 5.2.2 节介绍，在此不再赘述。

对 GMS 闭合后得到的电流信号进行基于 Mallat 算法的小波变换后，提取第一尺度中满足式（10-29）的第一个和第二个 WTMM，这两个 WTMM 可分别表征初始电流行波和首个反射波的到达时刻和极性。

$$|\mathrm{WTMM}| > \mathrm{WTMM}_{\mathrm{set}} \qquad (10\text{-}29)$$

式中，$\mathrm{WTMM}_{\mathrm{set}}$ 为为了避免噪声干扰而设置的门槛值，其值较小。如果第一个和第二个 WTMM 的符号不同，则认为故障仍然存在于直流线路上，即判定为永久性故障；否则，判定为瞬时性故障，直流断路器可以进行重合闸。

10.3.3　基于电流行波的自适应重合闸方案

基于电流行波的自适应重合闸方案如图 10-20 所示。如果故障性质识别的结果是直流线路上仍然存在故障，则判定为永久性故障，故障距离由式（10-27）计算；否则，判定为瞬时故障，重合直流断路器。此外，本节所提方法不仅适用于单极接地故障，也适用于极间短路故障。

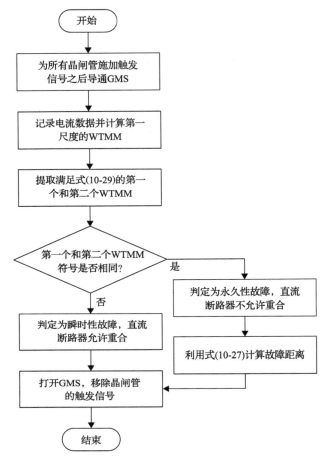

图 10-20　基于电流行波的自适应重合闸方案

10.3.4　仿真验证

1. 仿真模型

　　为了验证本节提出的故障性质识别方法及自适应重合闸方案的有效性，在 PSCAD/EMTDC 仿真软件中搭建了四端柔性直流电网仿真模型，如图 10-21 所示。换流站采用对称双极接线方式。仿真模型的关键参数如表 10-3 所示。架空线路采用分布式依频线路模型，其长度如图 10-21 所示。根据直流线路的配置从 PSCAD/EMTDC 软件中的 Line Constant Program 中获得的电流行波的传播速度和直流线路的波阻抗分别为 298.41m/μs 和 325Ω。测量单元的采样频率为 100kHz。子模块个数 N_c 为电流转移支路子模块总数的 10%，即 30 个。因此，辅助电路所需的晶闸管也为 30 个。晶闸管的额定电压和电流可根据式（10-19）、式（10-20）和式(10-22)求得。限流电阻 R_g 的值设置为 80Ω，能够将初始电流行波的幅值限制在 1kA 以内。GMS 在仿真模型中用理想开关代替。

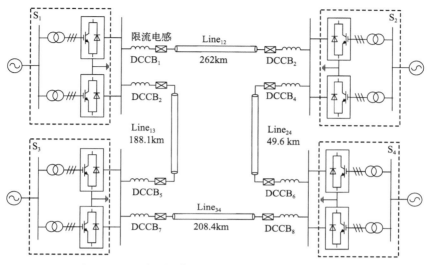

图 10-21　四端柔性直流电网仿真模型(基于电流行波)

表 10-3　仿真模型的关键参数(基于电流行波)

名称	参数名称	取值
MMC	每个桥臂子模块数目	100
	子模块电容 C_{SM}/mF	10
	桥臂电感 L_{arm}/mH	150
	IGBT 通态电阻 R_{on}/mΩ	1
	限流电感/mH	100
直流断路器	额定电压/kV	500
	IGBT 额定电压/kV	4.5
	IGBT 额定电流/kA	3
	电流转移支路子模块数目	300
	缓冲电容 C_s/μF	200
	缓冲电阻 R_s/Ω	2
	能量耗散支路 MOV 数目	10
	单个 MOV 额定电压/kV	50
	单个 MOV 残余电压/kV	80

由于瞬时性故障时线路去游离时间通常为 200～300ms，因此本节中规定故障

性质识别在直流断路器分断故障电流之后 200ms 启动。WTMM_{set} 设置为 0.005 以避免噪声干扰。由于直流线路的长度为 262km，电流行波的反射波在直流线路上传播的最长时间为 1.755ms，因此数据窗口选取 GMS 闭合前 1ms 开始至闭合后 2ms，总长度为 3ms。

2. 永久性故障仿真

在直流线路 Line_{12} 上距换流站 S_1 的 100km 处设置永久性正极接地故障，故障点过渡电阻为 50Ω。故障性质识别过程的仿真结果如图 10-22 所示。

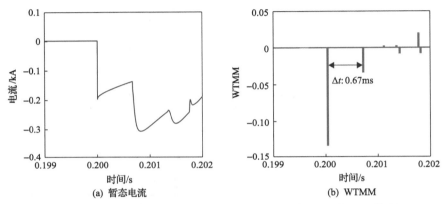

(a) 暂态电流　　　　　　　　　　　　(b) WTMM

图 10-22　DCCB_1 处的暂态电流与 WTMM 的仿真波形（永久性故障）

如图 10-22(b)所示，第一和第二个 WTMM 均为负极性，进而判定故障为永久性故障，直流断路器不再继续重合闸操作。此外，由式(10-27)可得故障距离 l_m 为 99.967km，与实际故障距离误差为 0.033km。

3. 瞬时性故障仿真

在直流线路 Line_{12} 上距换流站 S_1 的 100km 处设置瞬时性正极接地故障，故障点过渡电阻为 50Ω，故障持续时间为 200ms。故障性质识别过程的仿真波形如图 10-23 所示。

由图 10-23(b)可知，第一个和第二个 WTMM 极性相反，因此判定故障为瞬时性故障，与故障预设条件相同，直流断路器将继续重合闸操作。

为避免模块级联型混合式直流断路器重合于永久性故障，本节提出了一种利用缓冲电容能量识别故障性质的方法。该方法通过主动注入特征信号后判断电流行波反射波的极性来识别故障性质，具有阈值整定简单、识别精度高的优点。此外，该方法不会影响柔性直流电网健全部分的正常运行。仿真结果表明，该方法能够准确可靠地识别瞬时性故障和永久性故障，并且还具备对永久性故障进行故障定位的功能。

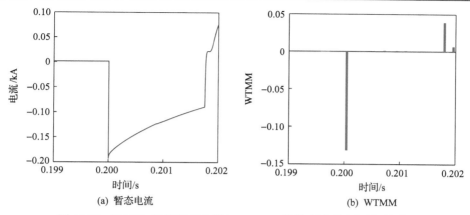

图 10-23　DCCB$_1$ 处的暂态电流与 WTMM 的仿真波形 (瞬时性故障)

10.4　基于耦合电压的故障性质识别方法及自适应重合闸方案

　　鉴于直流架空线发生瞬时性故障的概率要远高于永久性故障，线路配备重合闸可避免瞬时性故障造成的供电中断问题。然而，无选择性重合闸易导致系统遭受故障电流的二次冲击，因此有必要研究瞬时性故障和永久性故障的识别方法，并提出自适应重合闸方案。与交流线路不同，直流线路发生电晕后会产生离子流，并与线路电荷产生的静电场共同作用形成复合电场，从而在断开极上产生耦合电压。对此，为提高柔性直流输电线路的供电可靠性，本节提出一种基于耦合电压的故障性质识别方法及自适应重合闸方案。首先，理论分析了不同故障下耦合电压的差异；其次，提出基于耦合电压的故障性质识别判据，并形成自适应重合闸方案；最后，通过电磁暂态仿真和低压物理实验对所提方案进行验证。结果表明，所提方案不需要在系统中增加额外的结构，仅凭测量电压信息即可准确识别瞬时性故障和永久性故障，且方案不受故障位置、过渡电阻和接线方式的影响。

10.4.1　直流线路空间电场分析

　　直流线路运行时，由于两极线路间带等量异种电荷，在电荷的作用下线路周围空间存在静电场 E，如图 10-24 中实线箭头所示。考虑到直流线路表面允许有一定程度的电晕放电，当直流线路表面电场强度大于起始电晕的电场强度时，导线表面的空气会发生电离。电离产生的空间电荷在静电场的作用下定向运动，形成离子流场 E'，如图 10-24 中虚线箭头所示。离子流场与静电场共同作用产生图 10-24 所示的复合电场。与导线极性相反的电荷在静电场的作用下运动至导线附近，并在导线表面吸收或失去电子而恢复电中性；同时，与导线极性相同的电荷则受到排斥而背离导线运动。这些空间电荷本身产生电场，将加强导线产生的静电场。当输电线路周围有对地绝缘的导体时，在复合电场的作用下，导体表面会产生电荷，从而产生断开极耦合电压（disconnected pole coupling voltage，DPCV）。

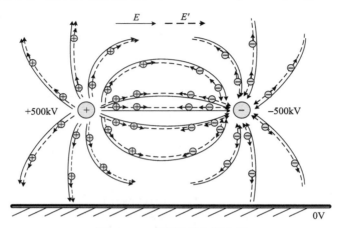

图 10-24　直流线路空间电场

当直流线路发生单极接地故障后，以负极接地故障为例，保护识别出故障后由直流断路器断开负极线路。对于瞬时性单极接地故障，线路周围空间电场如图 10-25（a）所示，此时负极线路相当于对地绝缘的导体，负极线路初始电压为零。由于正极线路和断开极间有电压差，存在静电场，正极线路通过极间静电场向断开极充电，导致 DPCV 升高。同时，正极线路周围的正离子在外电场的作用下向断开极流动，断开极表面积累正离子，加剧 DPCV 升高。所以在离子流场和静电场的共同作用下 DPCV 升高。而当单极接地故障为永久性故障时，如图 10-25（b）所示。尽管正极线路和断开极之间存在离子流场和静电场，但是由于负极线路始终接地，故正离子运动到导体后，会沿故障点进入大地，导体表面无自由电荷存在，DPCV 值始终保持为零。

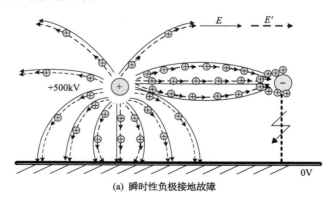

(a) 瞬时性负极接地故障

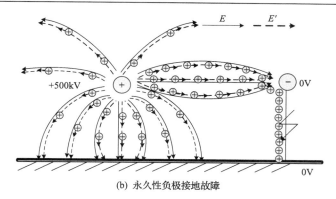

(b) 永久性负极接地故障

图 10-25　负极接地故障下的空间电场

当直流线路发生极间短路故障时，保护识别出故障后，线路两端直流断路器同时断开两极线路，等待去游离时间后，合上其中一极，这里假设合上正极。对于瞬时性极间短路故障，线路周围空间电场如图 10-26(a)所示，此时断开的负极

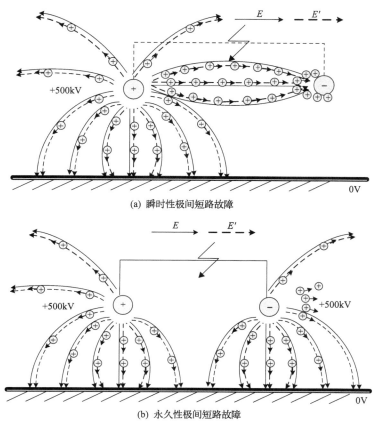

(a) 瞬时性极间短路故障

(b) 永久性极间短路故障

图 10-26　极间短路故障下的空间电场

线路相当于对地绝缘的导体。与瞬时性单极接地故障相同，由于负极线路的电压初始值为零，在复合电场作用下，DPCV 值增大。当线路发生永久性极间短路故障后，其空间电场如图 10-26(b) 所示。负极线路两侧直流断路器被断开后，鉴于故障点始终存在，则负极线路与重合闸后的正极线路电压相同，正负极间静电场相互排斥，离子不会向负极线路运动，不会形成离子流场，两极电压保持一致。

10.4.2　耦合电压特征分析

10.4.1 节从电场中电荷分布的角度，定性地分析了线路发生瞬时性故障和永久性故障后 DPCV 的差异。然而，为了区分瞬时性故障和永久性故障，需要定量分析 DPCV 的差异，本节从静电场和复合电场两种情况分别分析单极接地故障和极间短路故障后的 DPCV。

1. 静电场下的故障特征分析

当导体表面电场强度低于起始电晕场强，或直流线路的电晕现象可忽略时，直流线路的极导线周围仅存在静电场。由于输电线路具有分布参数的特征，线路极间和极地存在分布电容。当直流线路发生故障后，在静电场的作用下，断开极内部电荷重新分布，进而导致导体周围的电场发生变化，即发生了电场耦合。电场耦合程度取决于两个导体间的分布电容，健全极中的能量通过分布电容耦合到故障极上，使得断开的故障极带电。

由于 DPCV 主要来自于健全极的耦合，而极间互感引起的电磁耦合对断开极影响很小，故线路电感的影响可忽略。图 10-27 所示为故障后直流线路的等效电路，其中 C_0、C_1 和 R_0 分别为线路极间电容、极地电容和电阻；U_s 为额定电压；符号 "×" 代表直流断路器。鉴于正负极线路参数相同，因此正负极线路对地电容也相等。

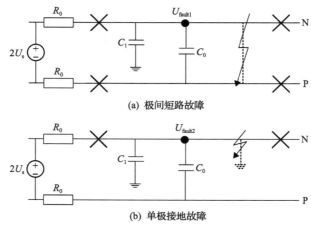

(a) 极间短路故障

(b) 单极接地故障

图 10-27　故障后直流线路的等效电路

1) 极间短路故障特征分析

线路发生极间短路故障后，直流断路器迅速跳开两极线路，经过一段去游离时间后重合其中一极（这里假设重合负极），图 10-27(a) 所示为故障后的等效电路，设 DPCV 为 U_{fault1}。若发生瞬时性故障，经过充分去游离后故障消失，重合极线路带电运行。因此，线路极间电容 C_0 的初始电压为零。断开极线路通过分布电容从重合极线路获得电压。因此，DPCV 的微分方程如下：

$$R_0 \cdot C_1 \frac{\mathrm{d}U_{fault1}(t)}{\mathrm{d}t} + \frac{C_1}{C_0} U_{fault1}(t) + U_{fault1}(t) = U_s \tag{10-30}$$

由式 (10-30) 可得正极线路对地电压 U_{fault1} 为

$$U_{fault1}(t) = \frac{C_0}{C_0 + C_1} U_s (1 - e^{-t/\tau_1}) \tag{10-31}$$

式中，τ_1 满足：

$$\tau_1 = \frac{C_0 \cdot C_1}{C_1 + C_0} R_0 \tag{10-32}$$

对于永久性极间短路故障，等待去游离时间后，故障仍然存在，两极线路始终短接，因此 DPCV 与重合极线路的对地电压相等，即

$$U_{fault1}(t) = U_s \tag{10-33}$$

由式 (10-31) 和式 (10-33) 可得，对于极间短路故障，瞬时性故障下的 DPCV 要小于永久性故障下的 DPCV。

2) 单极接地故障特征分析

线路发生单极接地故障后，以负极接地故障为例。当发生瞬时性负极接地故障后，其等效电路如图 10-27(b) 所示。故障后直流断路器断开故障极，等待去游离时间后，故障消失，健全极线路恢复额定电压。因此，健全极线路通过分布电容向断开极线路充电，且 DPCV U_{fault2} 初始值为零。与瞬时性极间短路故障的分析相同，瞬时性单极接地故障下的 DPCV U_{fault2} 为

$$U_{fault2}(t) = \frac{C_0}{C_0 + C_1} U_s (1 - e^{-t/\tau_1}) \tag{10-34}$$

若故障为永久性单极接地故障，故障极被断开后，故障极始终接地，DPCV 始终为零，即

$$U_{fault2} = 0 \tag{10-35}$$

综上所述，在静电场下，对于单极接地故障，瞬时性故障的 DPCV 大于永久性故障的 DPCV；对于极间短路故障，永久性故障的 DPCV 大于瞬时性故障的 DPCV。

2. 复合电场下的故障特征分析

根据多依奇(Deutsch)假设，电晕放电产生的电荷只影响电场的幅值，不影响电场的极性。当直流线路长度确定时，复合电场满足麦克斯韦方程，即

$$\begin{cases} \nabla \cdot \vec{E}_s = \dfrac{\rho}{\varepsilon_0} \\ \vec{E}_s = -\nabla \varphi \end{cases} \tag{10-36}$$

式中，$\vec{E}_s$ 和 φ 为复合电场强度和电势差；ρ 和 ε_0 为电荷密度和真空中的介电常数。

鉴于离子流场和静电场的方向一致，由式(10-36)可得，离子流场对静电场有加强作用，且电压与电场强度正相关。因此，当线路发生瞬时性单极接地故障时，复合电场中的 DPCV 大于静电场中的 DPCV，而线路发生永久性单极接地故障时，DPCV 恒为零。由此可得，在复合电场中，瞬时性单极接地故障的 DPCV 始终大于永久性单极接地故障的 DPCV。

与瞬时性单极接地故障特征相同，复合电场中线路发生瞬时性极间短路故障时，电晕放电增强了 DPCV，即复合电场下的 DPCV 大于静电场下的 DPCV。由安乃堡公式可知，电晕放电形成的离子流满足

$$I_r = K_c nr \times 2^{0.25(g_{max}-g_0)} \tag{10-37}$$

式中，I_r 为离子流；K_c 为表面粗糙系数；n 为导体分裂数；r 为导线半径；g_{max} 为导体表面最大电位梯度；g_0 为电晕初始电位梯度。

由式(10-37)可知，离子流与导体表面最大电位梯度及电晕初始电位梯度有关。由此可计算出离子流在极间和极地形成的运流电流为几十毫安，远小于额定电流。因此，离子流场对静电场的加强作用有限，复合电场下的 DPCV 远小于健全极对地电压。基于此，永久性极间短路故障下的 DPCV 始终大于瞬时性极间短路故障下的 DPCV。

综上所述，复合电场中的 DPCV 大于静电场中的 DPCV，且不同故障性质下的 DPCV 特征与在静电场中的特征相同。

3. 直流线路电容分析

由于直流线路作为两导体系统，受大地的影响，线路总电容由极地电容和极间电容共同决定，即

$$
\begin{cases}
C_0 = c_0 l + \dfrac{c_1 l}{2} \\[3mm]
C_1 = c_1 l + \dfrac{c_1 l \times c_0 l}{c_1 l + c_0 l}
\end{cases}
\tag{10-38}
$$

式中，C_0、C_1 为线路极间电容、极地电容；c_0、c_1 为线路单位长度的极间电容、极地电容；l 为线路长度。

由电轴法和镜像法理论可以得到两极线路的电位和电荷量，从而计算出极间和极地的电容。设两极线路间距为 d，线路距地高度为 h，线路半径为 r，则单位长度的极间电容和极地电容可近似为

$$
\begin{cases}
c_0 = \dfrac{\pi \varepsilon_0}{\ln \dfrac{d}{r}} \\[6mm]
c_1 = \dfrac{\pi \varepsilon_0}{\ln \dfrac{2h}{r}}
\end{cases}
\tag{10-39}
$$

10.4.3　基于耦合电压的故障性质识别方法

根据上述分析，无论线路是否发生电晕放电现象，瞬时性单极接地故障下的 DPCV 都要始终大于永久性单极接地故障下的 DPCV，而瞬时性极间短路故障的 DPCV 则始终小于永久性极间短路故障下的 DPCV。据此可构造基于电容耦合电压的故障识别判据。

对于极间短路故障，故障性质识别判据为

$$
\left| U_{\text{fault1}} \right| < \left| \Delta U_{\text{th1}} \right|
\tag{10-40}
$$

式中，U_{fault1} 为极间短路故障下的 DPCV；ΔU_{th1} 为整定值。

由于发生电晕后的离子流场会增大 DPCV，因此整定值采用静电场下的电压值，即

$$
\Delta U_{\text{th1}} = \frac{1}{K_{\text{k1}}} U_{\text{dcN}}
\tag{10-41}
$$

式中，K_{k1} 为可靠系数；U_{dcN} 为线路额定极地电压。

若 DPCV 满足式（10-40），则判定发生瞬时性极间短路故障，否则为永久性极间短路故障。

对于单极接地故障，故障性质识别判据为

$$
\left| U_{\text{fault2}} \right| > \left| \Delta U_{\text{th2}} \right|
\tag{10-42}
$$

式中，U_{fault2} 为单极接地故障下的 DPCV；ΔU_{th2} 为整定值，由于发生电晕后的离子流场会增大 DPCV，因此整定值考虑电压较小的情况，即静电场下的电压，其值设为

$$\Delta U_{th2} = \frac{1}{K_{k2}} \frac{C_0}{C_0 + C_1} U_{dcN} \tag{10-43}$$

其中，K_{k2} 为可靠系数。

若满足式(10-42)，则故障为瞬时性单极接地故障，否则为永久性单极接地故障。

10.4.4　基于耦合电压的自适应重合闸方案

本节根据 DPCV 判断故障性质，进而提出一种自适应重合闸方案，流程如图 10-28 所示。具体步骤如下。

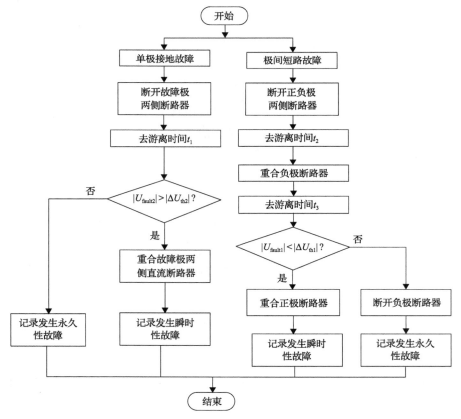

图 10-28　自适应重合闸方案流程图

步骤 1：故障检测。当线路发生单极接地故障后，直流断路器断开故障极；

当发生极间短路故障时，直流断路器断开两极线路。

步骤 2：等待去游离时间。如图 10-28 所示，其中 t_1、t_2、t_3 为等待时间。去游离时间一般为 100～300ms，考虑到交流系统中故障电流存在过零点，去游离时间一般设置为 200ms。然而在直流系统中，故障电流不存在过零点，因此去游离时间要比交流系统中大，本节去游离时间选为 250ms。由于极间短路故障对系统危害极大，需要先断开两极线路，等待 250ms 的去游离时间 t_2 后，再重合一极。此外，考虑到 DPCV 的充电过程至少需要 300ms[7]，等待时间 t_3 设置为 300ms。对于单极接地故障，由于去游离时间和暂态时间同时发生，因此等待时间 t_1 设置为 300ms。

步骤 3：故障识别和自适应重合闸。对于极间短路故障，若 $|U_{fault1}| < |\Delta U_{th1}|$，则故障为瞬时性故障，重合断开极两侧直流断路器；否则，故障为永久性故障，断开负极线路两侧的直流断路器。对于单极接地故障，若 $|U_{fault2}| > |\Delta U_{th2}|$，则故障为瞬时性故障，重合故障极两侧直流断路器，否则，故障为永久性故障。

10.4.5　仿真分析

1. 仿真模型

为了验证基于耦合电压的故障性质识别方法及自适应重合闸方案的有效性，本节在 PSCAD/EMTDC 仿真软件中搭建了如图 10-29 所示的四端柔性直流电网仿真模型，模型参数如表 10-4 所示。仿真模型采用对称双极接线方式，换流器采用半桥型模块化多电平换流器。输电线路采用架空线路，每条直流输电线路两侧均配置限流电抗器和直流断路器。架空线导线半径为 0.022375m。根据式(10-38)和式(10-39)，可以得出 C_0、C_1 分别为 1.067μF、1.154μF。

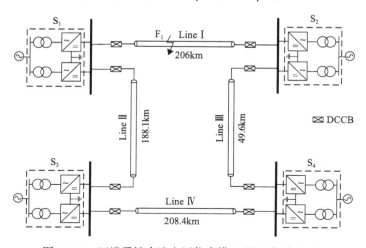

图 10-29　四端柔性直流电网仿真模型(基于耦合电压)

表 10-4　仿真模型的关键参数(基于耦合电压)

参数名称	取值
直流额定电压/kV	500
交流额定电压/kV	220
桥臂子模块数	100
桥臂电抗/mH	150
子模块电容/mF	10
限流电抗器/mH	200

以线路 Line Ⅰ 为对象分别进行不同类型故障的仿真，验证所设计方案的可行性。由于电容耦合电压有微小波动，本节选取去游离后 3ms 数据窗的平均值与设定的门槛值进行比较。故障性质识别判据的门槛整定值由式(10-41)和式(10-43)确定。考虑到方案的灵敏性，可靠系数 K_{k1}、K_{k2} 分别取 1.5 和 2，则整定值 ΔU_{th1} 为 333kV，ΔU_{th2} 为 120.1kV。

2. 瞬时性单极接地故障仿真

如图 10-29 所示，在线路 Line Ⅰ 上的 F_1 处设置瞬时性正极接地故障，故障发生时刻为 4s，持续时间为 100ms，且故障为金属性故障。故障后直流断路器断开正极线路，相应的仿真结果如图 10-30 所示。

图 10-30(a) 为不考虑电晕放电的电压波形。鉴于系统是对称双极接线方式，因此故障发生后，故障极电压值降为零，健全极电压不变。等待去游离时间后，DPCV 在静电场作用下升高。从图中可以看出，DPCV U_{fault2} 的绝对值在 4.3s 时为 171.2kV，在稳态时的绝对值为 229.39kV，大于整定值 120.1kV，满足式(10-42)。因此，故障为瞬时性单极接地故障，重合正极线路两侧的直流断路器，线路恢复正常运行。

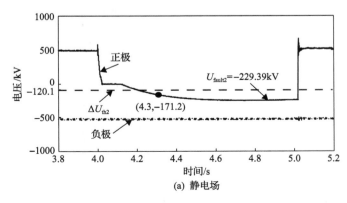

(a) 静电场

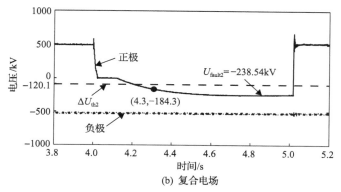

(b) 复合电场

图 10-30 瞬时性单极接地故障仿真结果

当线路发生电晕放电时，离子流场和静电场共同影响 DPCV。由于离子流在两极之间形成运流电流，因此在仿真中使用等效电流源来模拟电晕放电形成的离子流。如图 10-30(b)所示，U_{fault2} 在 4.3s 时的绝对值为 184.3kV，在稳态时绝对值为 238.54kV，均大于静电场中的值。因此，电晕放电增强了 DPCV，使得故障识别判据更灵敏，符合理论分析。

3. 永久性单极接地故障仿真

在线路 Line I 上 F_1 处设置永久性正极接地故障，故障发生时刻为 4s，且故障为金属性故障，仿真结果如图 10-31 所示。

图 10-31(a)为不考虑线路电晕放单的电压波形。可以看出 U_{fault2} 的绝对值为 0.021kV，远小于整定值，不满足故障识别判据。因此，故障为永久性故障，断开健全极线路两端直流断路器。

当线路发生电晕放电时，线路电压波形如图 10-31(b)所示。与图 10-31(a)相同，DPCV 值接近零，小于整定值，因此故障为永久性故障。由此可得出，线路发生电晕放电对永久性单极接地故障没有影响，与理论分析一致。

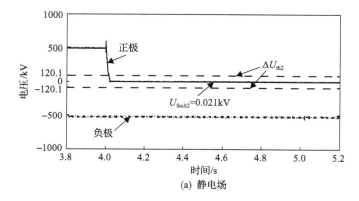

(a) 静电场

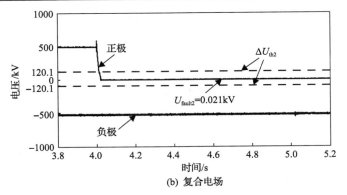

(b) 复合电场

图 10-31   永久性单极接地故障仿真结果

4. 瞬时性极间短路故障仿真

在线路 Line I 上 F_1 处设置瞬时性极间短路故障,故障发生时刻为 4s,持续时间为 100ms,且故障为金属性故障,仿真结果如图 10-32 所示。

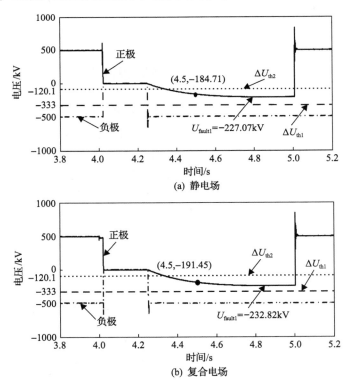

图 10-32   瞬时性极间短路故障仿真结果

当发生瞬时性极间短路故障时,故障线路被直流断路器迅速断开,等待 250ms 的去游离时间后,重合负极线路,300ms 后检测 DPCV。图 10-32(a)为线路不发生电晕放电时的仿真结果,在 4.5s 时,DPCV U_{fault1} 的绝对值为 184.71kV,在稳态时为 227.07kV,满足式(10-40)。由此可判断故障为瞬时性故障,重合正极线路,线路恢复正常运行。

当线路发生电晕放电时,电压波形如图 10-32(b)所示,可以看出 4.5s 时 U_{fault1} 的绝对值为 191.45kV,稳态时为 232.82kV,小于整定值。因此,电晕放电会增加瞬时性极间短路故障下的 DPCV,但其值始终小于整定值。

5. 永久性极间短路故障仿真

在线路 Line I 上设置永久性极间短路故障,故障开始于 4s,且故障为金属性故障,其仿真结果如图 10-33 所示。

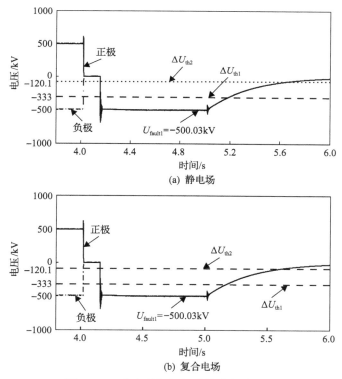

图 10-33　永久性极间短路故障仿真结果

图 10-33(a)为不考虑电晕放电时的电压波形。与瞬时性极间短路故障相同,当发生永久性极间短路故障后,直流断路器断开故障线路,等待 250ms 的去游离时间后,重合负极线路,300ms 后检测 DPCV。由于故障没有消失,DPCV 与负

极电压相同，U_{fault1} 的绝对值为 500.03kV，其值大于整定值。因此，DPCV 不满足判据 $|U_{fault1}|<|\Delta U_{th1}|$，可判断故障为永久性故障，断开负极线路，线路 Line I 退出运行。

当线路发生电晕放电时，线路电压波形如图 10-33（b）所示，检测 DPCV U_{fault1} 的绝对值为 500.03kV，其值大于整定值，因此判断故障为永久性故障。由此可得，线路电晕放电对永久性极间短路故障的 DPCV 没有影响，故障识别判据在电晕放电时也适用。

本节的重合闸方法在直流断路器重合闸之前就能有效识别故障特性，可以避免无选择性重合闸对系统的二次影响。因此，该方法可以节省系统成本，有效降低重合到永久性故障的风险。

参 考 文 献

[1] Zhang S, Zou G B, Xu C H, et al. A reclosing scheme of hybrid DC circuit breaker for MMC-HVDC systems[J]. IEEE Journal of Emerging and Selected Topics in Power Electronics, 2021, 9(6): 7126-7137.

[2] Zhang S, Zou G B, Li B W, et al. Fault property identification method and application for MTDC grids with hybrid DC circuit breaker[J]. International Journal of Electrical Power & Energy Systems, 2019, 110: 136-143.

[3] Wei X Y, Zou G B, Zhang S, et al. A single-ended protection method for flexible DC distribution grid[J]. IET Generation, Transmission & Distribution, 2023, 17(11): 2600-2611.

[4] Zhang S, Zou G B, Wei X Y, et al. Multiport hybrid DC circuit breaker with reduced fault isolation time and soft reclosing capability[J]. IEEE Transactions on Industrial Electronics, 2022, 69(4): 3776-3786.

[5] 张烁, 邹贵彬, 魏秀燕, 等. 适用于柔性直流电网的新型多端口混合式直流断路器[J]. 电力自动化设备, 2022, 42(11): 99-105.

[6] Song G B, Wang T, Hussain K S T. DC line fault identification based on pulse injection from hybrid HVDC breaker[J]. IEEE Transactions on Power Delivery, 2019, 34(1): 271-280.

[7] 薛士敏, 廉杰, 齐金龙, 等. MMC-HVDC 故障暂态特性及自适应重合闸技术[J]. 电网技术, 2018, 42(12): 4015-4021.

第11章 柔性直流线路保护原型机及测试

11.1 保护原型机硬件方案

本节基于天津凯发电气股份有限公司的 KF1300 直流保护测控装置，通过在装置中写入所设计的保护算法程序，实现保护原型机的研制与测试。所开发的保护原型机由硬件装置、软件算法和测试软件三部分组成，通过运行实时仿真软件，采集并分析系统运行数据，根据软件算法判断是否发生故障并识别故障区段，若发生区内故障，则保护原型机通过继电器向实时数字仿真系统（RTDS）发送跳闸命令。

保护原型机的外观如图 11-1 所示，机箱尺寸为 31cm×23.5cm×12.3cm。原型机采用内部插件的方式，由人机接口模块和主处理器模块组成。其中，主处理器模块包括中央处理器（CPU）插件、开入插件和电源开出插件；人机接口模块包括工作电源端子、以太网接口、RS232 串口和液晶面板。两种接口模块以通信方式交换信息，避免耦合导致的信息误差，提高原型机的抗干扰能力。

(a) 正面   (b) 背面

图 11-1 保护原型机外观照片

保护原型机的 CPU 采用 Free Scale Power PC 8315 芯片，并设置监控 CPU 和保护 CPU 两种模式。用于监控的 CPU 负责监控通信等信息，而保护 CPU 则负责实现保护算法并处理各种采集到的数据。原型机共有 32 路数字量输入和 23 路数字量输出，接口均位于原型机背面。原型机的前面板设有 1 个液晶显示屏，1 个数字键盘，12 个按键、手动操作按钮及 16 个指示灯。液晶面板为触屏模式，面板包含保护的动作情况、告警信息、遥信、装置状态、网络设置等信息。原型机通过电源插件输入 24V 直流电压，输入电流为 2A。

11.2　保护原型机软件算法

直流保护原型机的内部保护程序采用 C++语言编写，主要支持三种保护功能，分别为基于暂态电压首波时间的单端量保护算法、基于故障电流极性的纵联保护算法、基于线模故障分量功率(LFCP)的方向纵联保护算法。保护算法采用 C++语言编写，通过 Device Manager 软件导入保护原型机中。

11.2.1　基于暂态电压首波时间的单端量保护算法

由 5.1 节的分析可知，由于输电线路端口所连接限流电感的平滑作用，区内短路故障与区外短路故障相比，故障发生后的首个故障电压波下降到最小值所用时间更短。据此，5.1 节提出了基于暂态电压首波时间的直流线路单端量保护原理并构建了保护判据。本节所介绍保护原型机的单端量保护就是以此为保护原理，进而构建保护算法并实现单端量保护。保护算法如图 11-2 所示，其中，"k"表示

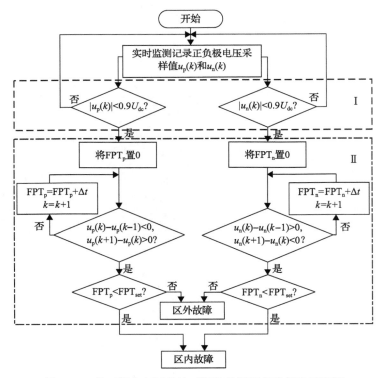

图 11-2　基于暂态电压首波时间的单端量保护算法流程图

第 k 个采样点，下标"p"代表正极电气量，"n"代表负极电气量。FPT_p 为正极电压的首波时间，FPT_{set} 为区内外故障判据的门槛值。

保护流程中的关键步骤为保护启动和区内外故障识别，分别对应保护算法中的第 I 部分和第 II 部分。第 I 部分的保护启动判据采用低电压判据：当线路电压的幅值大于或等于额定值的 90% 时，保护不启动；当线路电压的幅值低于 90% 的额定值时，判定发生故障，保护启动。随后，保护流程进入第 II 部分：首先将 FPT 置零，并判断首个电压波是否到达极值点；如果没有到达，则 FPT 值增加一个采样步长，并再次判断波形是否到达首个极值点，循环进行该步骤直到找到首个电压极值点并计算 FPT；如果 FPT 小于门槛值 FPT_{set}，则判定为区内故障，否则判定为区外故障。

11.2.2　基于故障电流极性的纵联保护算法

根据 6.1 节的分析可知，发生区内故障时，直流线路两端限流电感的电压极性相同，且都为正极性；而发生区外故障时，直流线路两端限流电感的电压极性相反。基于以上故障特征，6.1 节提出了基于限流电感电压极性的直流线路纵联保护原理并构建了保护判据。由于电感电压极性由流过电感的电流变化极性决定，并且当电流的变化极性为正时，电感电压极性为正；而当电流的变化极性为负时，电感电压极性为负。因此，为了简化该纵联保护算法，本节利用故障电流极性表征限流电感电压极性，构建了基于故障电流极性的纵联保护判据并编写保护算法，图 11-3 所示为保护算法流程图。该纵联保护采用基于电流梯度模值的启动判据。图中，i_{Mi} 和 i_{Ni} 分别为 M 端和 N 端的电流采样值，Δi 为电流梯度，P_{Mi} 和 P_{Ni} 分别为 M 端和 N 端的故障电流变化极性，Δ_1 为保护启动判据的门槛值，Δ_2 为故障电流极性判别的门槛值，下标"i"表示正极"p"或负极"n"。

基于故障电流极性的纵联保护算法的具体流程如下：

首先，利用后三个点的电流采样值减去前三个点的采样值获得采样电流梯度值，并将其模值与启动门槛值 Δ_1 相比较，判断是否有短路故障发生。如果电流梯度小于或等于启动门槛值，则表明没有发生短路故障，保护返回；否则，将正、负极的电流梯度分别与 Δ_2 和 $-\Delta_2$ 进行比较，得到故障电流极性。以 M 端保护为例，如果电流极性为正，则将 P_{Mi} 值置"1"并保持。之后，将本端故障电流极性逻辑值 P_{Mi} 发送到直流线路对端保护，同时接收对端保护发送的故障电流极性逻辑值 P_{Ni}。待接收到对端发送的逻辑信号后，将本端与对端的电流极性逻辑值 P_{Mi} 和 P_{Ni} 做"与"运算，如果结果为"1"，则说明发生区内故障，向断路器发送跳闸信号；如果结果为"0"，则说明发生区外故障，保护复归。

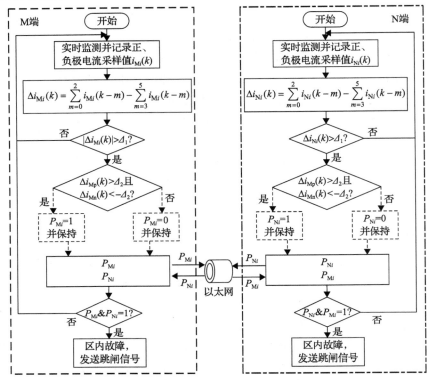

图 11-3　基于故障电流极性的纵联保护算法流程图

11.2.3　基于线模故障分量功率的方向纵联保护算法

由 6.3 节的分析可知，当直流线路发生区内故障时，线路两端的 LFCP 极性相同；而当直流线路发生区外故障时，线路两端的 LFCP 极性相反。基于以上故障特征，6.3 节提出了基于 LFCP 的直流线路方向纵联保护原理并构建了保护判据。本节基于该保护原理编写了保护算法并输入保护原型机，图 11-4 所示为保护算法流程图。图中，$\Delta u(k)$ 和 $\Delta i(k)$ 为线模故障分量电压（LFCV）和线模故障分量电流（LFCC），$\Delta P(k)$ 为 LFCP，$0.1u_{\text{rate}}$ 为保护启动判据的门槛值，直流线路两端保护原型机通过以太网传输信号。

下面以 M 端保护为例说明保护算法的具体流程：

在直流系统正常运行时，保护持续对电压、电流进行采样，并计算 $\Delta u(k)$ 和 $\Delta i(k)$；如果 $\Delta u(k)$ 满足保护启动判据 $|\Delta u(k)| > 0.1u_{\text{rate}}$，则保护启动并且进入下一步，否则继续判断下一组数据。保护启动之后，首先计算 LFCP ΔP_{M} 并判断其极性，如果 ΔP_{M} 小于 0，则将 R_{M} 置 1 并保持，否则置 0。同时，M 端保护通过以太网向线路 N 端发送 R_{M} 值，并接收从 N 端发来的 R_{N} 值。将 R_{M} 和 R_{N} 做逻辑"与"

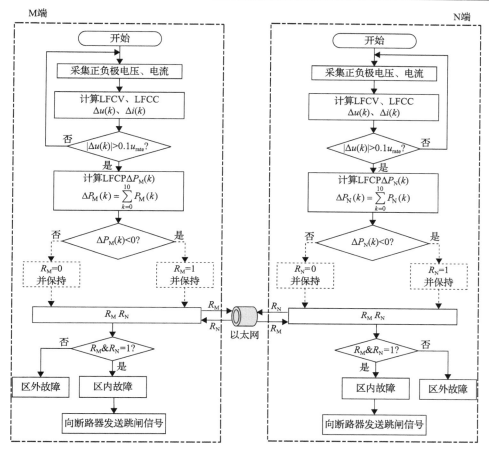

图 11-4　基于线模故障分量功率的方向纵联保护算法流程图

运算，如果所得逻辑值为 1，则判定发生区内故障，向断路器发送跳闸信号；否则判定为区外故障。

11.3　基于实时数字仿真系统的保护闭环测试平台

本节采用 RTDS 对所开发的保护原型机进行测试。RTDS 基于高速数字信号处理芯片，采用多梅尔(Dommel)创建的经典电磁暂态理论，模拟电力系统电磁暂态、机电暂态等现象。通过数字/模拟(D/A)转换模块，RTDS 可以将电力系统不同运行情况下的电压电流数字信号转化为模拟信号输出，输出的模拟量经过功率放大器后，电压幅值可高达 100V、电流幅值达数十安。此外，原型机的控制信号也可通过模拟/数字(A/D)转换模块返回给 RTDS，控制模型中断路器的开合，从而检测原型机的性能。因此，RTDS 和保护原型机通过模拟量输出板卡(GTAO)

和数字量输入板卡(GTDI)转换模块实现数模混合仿真。

　　在 RTDS 的 Draft 界面搭建如图 11-5 所示的仿真模型，受限于 RTDS 的硬件资源，这里仅构建两端 MMC 供电的直流测试模型。系统采用对称单极接线方式和主从控制控制方式，其中 MMC_1 侧采用定电压控制，MMC_2 侧采用定功率控制。B_1 和 B_2 为直流母线。仿真模型的关键参数如表 11-1 所示。MMC 出口处设置限流电感 L_{dc}，并配置直流断路器，R_{12} 和 R_{21} 分别为 M 端和 N 端的保护原型机。在系统中设置区内外故障，位置分别为 $F_1 \sim F_4$。Draft 中的仿真结果可在 Runtime 界面显示，如图 11-6 所示。此外，Runtime 中可以设置各类故障开关，控制故障时间，监控电压电流数据。保护原型机的动作情况也可在 Runtime 中查看。

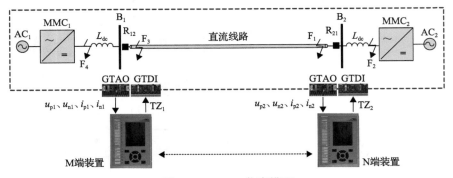

图 11-5　RTDS 仿真模型

表 11-1　RTDS 仿真模型的关键参数

参数名称	取值
直流额定电压/kV	±200
直流额定电流/kA	1
电平数	200
子模块电容/μF	20000
桥臂电感/mH	20
限流电感/mH	200
线路参数 $r/(\Omega/\text{km})$、$l/(\text{mH/km})$、$c/(\mu\text{F/km})$	0.0396、0.8470、0.0130

　　图 11-7 为保护原型机的闭环测试过程，在 RSCAD 中搭建好柔性直流输电系统模型，在 Runtime 界面启动 RTDS 并运行仿真模型，待稳定后启动故障。在 RSCAD 中将仿真的数字信号通过 RTDS 的 GTAO 转换为模拟信号并经过功率放大器输入保护原型机，保护原型机根据保护算法处理仿真数据。如果故障被识别为区内故障，保护原型机通过继电器向 RTDS 发送跳闸信号，跳闸信号通过 RTDS

机柜上的 GTDI 输入，并在 Runtime 界面显示。如果此故障为区外故障，保护原型机不动作，Runtime 界面也可看出无跳闸信号输入。图 11-8 所示为测试现场，

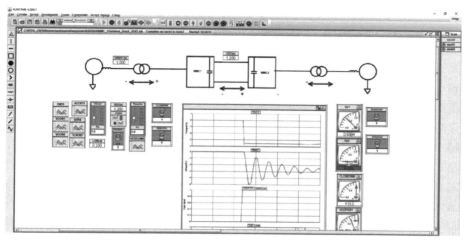

图 11-6　Runtime 中的波形监测界面

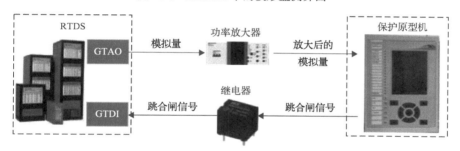

图 11-7　闭环测试过程

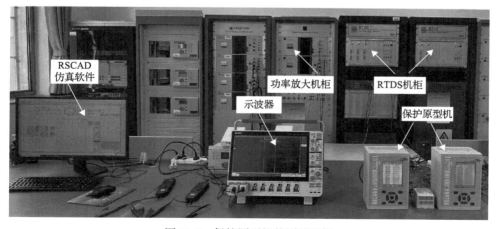

图 11-8　保护原型机的测试现场

包括 RTDS 机柜、功率放大机柜、保护原型机、RSCAD 仿真软件、示波器。RTDS 输出的小模拟信号范围为–10～10V。

11.4　保护原型机测试与分析

受 RTDS 实验室条件限制，所搭建的仿真模型为基于 MMC 的两端直流系统模型，换流站采用对称单极接线方式，因此只能设置极间短路故障以模拟对称双极接线的柔性直流系统中的短路故障。

11.4.1　基于暂态电压首波时间的单端量保护测试

1. 区内金属性故障测试

为了验证单端量保护的动作性能，在 F_1 处设置金属性极间短路故障。当故障发生后，保护原型机检测到区内故障后立即给本侧断路器发送跳闸信号，断路器接收到跳闸信号后立即跳闸从而实现故障隔离。图 11-9 所示为直流线路两端两台直流保护原型机的显示界面，其中方框所标出的 No.1 和 No.2 行分别为正、负极的区内外故障识别结果。在故障发生及断路器动作切除故障线路的过程中，换流站 I 侧和 II 侧的正负极电压波形分别如图 11-10 和图 11-11 所示。由保护原型机的测试结果可见，单端量保护可以正确地判别区内外故障。

(a) 保护R_{12}的判别结果　　　　　　　　(b) 保护R_{21}的判别结果

图 11-9　保护原型机的显示界面(区内金属性故障，基于暂态电压首波时间的单端量保护测试)

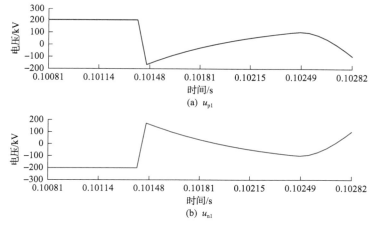

图 11-10　换流站 I 侧的正负极电压 u_{p1}、u_{n1} 的仿真波形
（区内金属性故障，基于暂态电压首波时间的单端量保护测试）

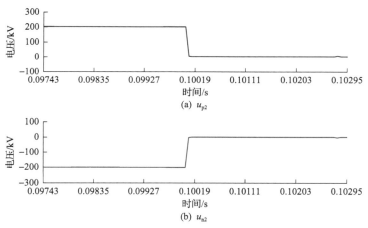

图 11-11　换流站 II 侧的正负极电压 u_{p2}、u_{n2} 的仿真波形
（区内金属性故障，基于暂态电压首波时间的单端量保护测试）

2. 区内高阻故障测试

为了验证保护原型机的抗过渡电阻能力，在 F_1 处设置过渡电阻为 400Ω 的极间短路故障。图 11-12 所示为直流线路两端保护原型机的显示界面，No.1 和 No.2 行分别为正负极的故障判别结果。从故障发生到断路器动作将故障切除的过程中，电压波形如图 11-13 和图 11-14 所示。由保护原型机的测试结果可见，F_1 处发生区内故障时，即使过渡电阻达到 400Ω，单端量保护仍然可以正确判别区内外故障。

本小节在 F_1 处设置短路故障，在测试平台上对保护原型机进行区内故障时的保护功能测试。测试结果显示：直流线路两端的保护原型机都可以正确判别出区内短路故障，而且判别结果不受故障点过渡电阻的影响。

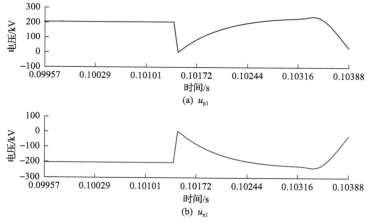

(a) 保护R_{12}的判别结果   (b) 保护R_{21}的判别结果

图 11-12 保护原型机的显示界面（区内高阻故障，基于暂态电压首波时间的单端量保护测试）

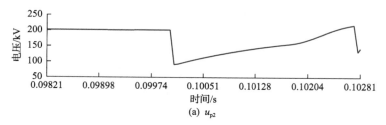

(a) u_{p1}

(b) u_{n1}

图 11-13 换流站 I 侧的正负极电压 u_{p1}、u_{n1} 的仿真波形
（区内高阻故障，基于暂态电压首波时间的单端量保护测试）

(a) u_{p2}

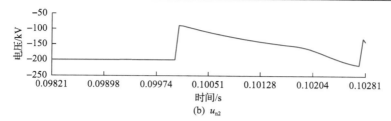

图 11-14　换流站 II 侧的正负极电压 u_{p2}、u_{n2} 的仿真波形
（区内高阻故障，基于暂态电压首波时间的单端量保护测试）

3. 区外故障测试

为了验证保护原型机的抗干扰能力，在 F_2 处设置极间短路故障。直流线路两端保护原型机的显示界面如图 11-15 所示，其中 No.1 和 No.2 行为正负极判别结果。由保护原型机的测试结果可见，单端量保护能够可靠判别区外故障。换流站 I 侧和 II 侧正负极电压波形分别如图 11-16 和图 11-17 所示。

(a) 保护 R_{12} 的判别结果　　　　(b) 保护 R_{21} 的判别结果

图 11-15　保护原型机的显示界面（区外故障，基于暂态电压首波时间的单端量保护测试）

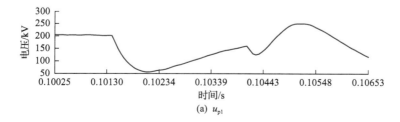

(a) u_{p1}

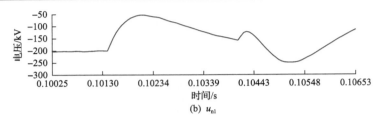

图 11-16　换流站 I 侧的正负极电压 u_{p1}、u_{n1} 的仿真波形
（区外故障，基于暂态电压首波时间的单端量保护测试）

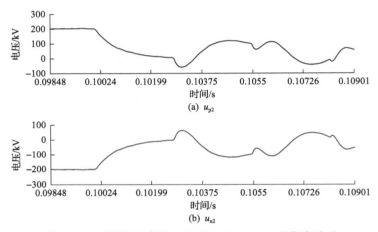

图 11-17　换流站 II 侧的正负极电压 u_{p2}、u_{n2} 的仿真波形
（区外故障，基于暂态电压首波时间的单端量保护测试）

4. 测试小结

表 11-2 所示为故障点 F_1 处发生金属性及高阻极间短路故障时单端量保护的动作时间。由表可知，在所有故障测试场景下单端量保护的动作时间均小于 2ms。

表 11-2　保护原型机的动作时间（基于暂态电压首波时间的单端量保护测试）

故障位置	故障类型	保护所处位置	保护动作时间/ms
F_1	区内金属性故障	换流站 I 端	1.740
		换流站 II 端	1.740
	区内高阻故障	换流站 I 端	1.320
		换流站 II 端	1.080

由以上测试结果可知，当被保护线路发生区内故障时，保护原型机中的单端量保护能够在 2ms 以内判别故障，动作速度较快并且动作性能不受过渡电阻的影响。此外，当被保护线路发生区外故障时，保护原型机中的单端量保护能够可靠不动作。

11.4.2　基于故障电流极性的纵联保护测试

1. 区内金属性故障测试

为了验证纵联保护的动作性能，在 F_1 处设置金属性极间短路故障。直流线路两端保护原型机的动作情况如图 11-18 所示，其中方框所标出的 No.1 行为本次测试结果。在故障发生及断路器动作切除故障线路的过程中，换流站 I 侧和 II 侧的故障电流波形分别如图 11-19 和图 11-20 所示。由保护原型机的测试结果可见，纵

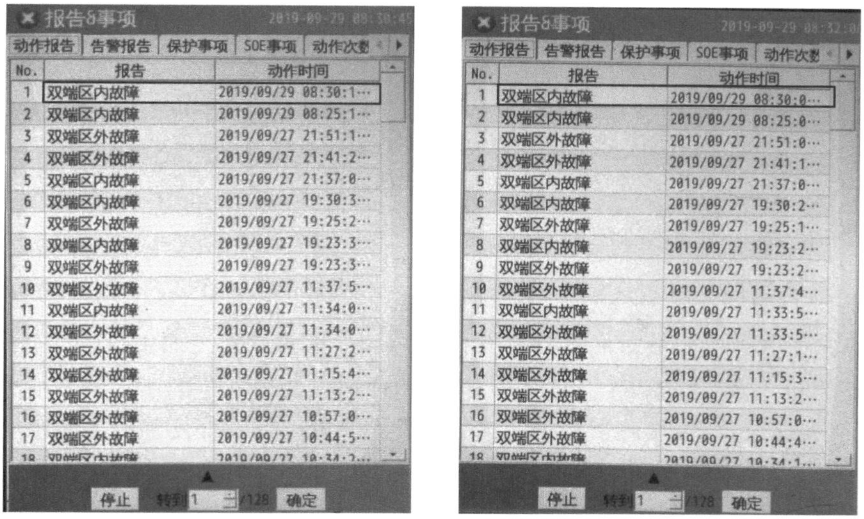

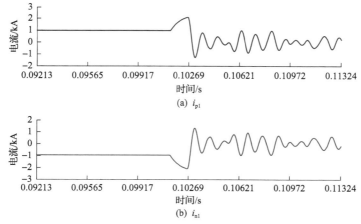

| | (a) 保护R_{12}的判别结果 | | | (b) 保护R_{21}的判别结果 |

图 11-18　保护原型机的显示界面(区内金属性故障，基于故障电流极性的纵联保护测试)

(a) i_{p1}

(b) i_{n1}

图 11-19　换流站 I 侧的正负极电流 i_{p1}、i_{n1} 的仿真波形
(区内金属性故障，基于故障电流极性的纵联保护测试)

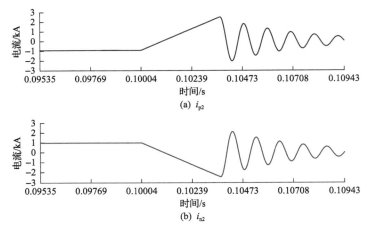

(a) i_{p2}

(b) i_{n2}

图 11-20　换流站 II 侧的正负极电流 i_{p2}、i_{n2} 的仿真波形
（区内金属性故障，基于故障电流极性的纵联保护测试）

联保护可正确判别区内外故障。

2. 区内高阻故障测试

为了验证保护原型机的抗过渡电阻能力，在 F_1 处设置过渡电阻为 $400\,\Omega$ 的极间短路故障。直流线路两端保护原型机的动作情况如图 11-21 所示，其中方框所标出的 No.1 行为本次测试结果。在故障发生及断路器动作切除故障线路的过程中，换流站 I 侧和 II 侧的故障电流波形分别图 11-22 和图 11-23 所示。由保护原型

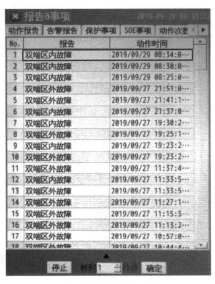

(a) 保护R_{12}的判别结果　　　　　　(b) 保护R_{21}的判别结果

图 11-21　保护原型机的显示界面（区内高阻故障，基于故障电流极性的纵联保护测试）

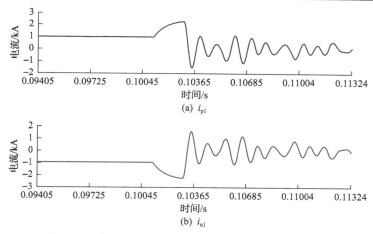

图 11-22　换流站 I 侧的正负极电流 i_{p1} 和 i_{n1} 的仿真波形
（区内高阻故障，基于故障电流极性的纵联保护测试）

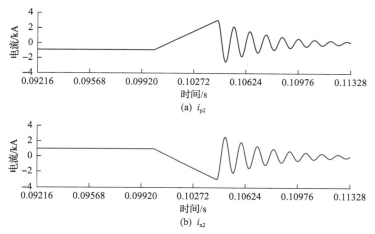

图 11-23　换流站 II 侧的正负极电流 i_{p2} 和 i_{n2} 的仿真波形
（区内高阻故障，基于故障电流极性的纵联保护测试）

机的测试结果可见，F_1 处发生区内故障时，即使过渡电阻达到 400Ω，纵联保护仍然可以正确判别区内外故障。

3. 区外故障测试

为了验证保护原型机的抗干扰能力，在 F_2 处设置极间短路故障。换流站 I 侧和 II 侧的故障电流波形如图 11-24 和图 11-25 所示。由保护原型机的测试结果可见，纵联保护能够可靠判别区外故障。由图 11-24 和图 11-25 可知，由于判别为区外故障，直流断路器没有动作，故障电流持续上升到较高的幅值。

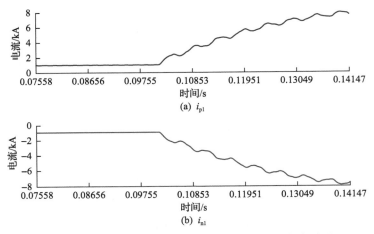

图 11-24　换流站 I 侧的正负极电流 i_{p1} 和 i_{n1} 的仿真波形
（区外故障，基于故障电流极性的纵联保护测试）

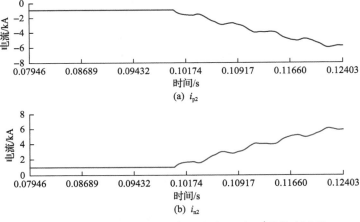

图 11-25　换流站 II 侧的正负极电流 i_{p2} 和 i_{n2} 的仿真波形
（区外故障，基于故障电流极性的纵联保护测试）

4. 测试小结

表 11-3 所示为故障点 F_1 处发生金属性及高阻极间短路故障时纵联保护的动作时间。由表可知，在所有故障测试场景下纵联保护的动作时间均不大于 4ms。

由以上测试结果可知，该纵联保护可以正确识别区内外故障，而且其速动性较高，从故障发生到给断路器发送跳闸信号所用时间不超过 4.0ms。此外，保护的可靠性较高，即使对于过渡电阻较大的区内故障，仍能正确识别。

表 11-3　保护原型机的动作时间（基于故障电流极性的纵联保护测试）

故障位置	故障类型	保护所处位置	保护动作时间/ms
F_1	金属性故障	换流站 I 端	1.120
		换流站 II 端	3.580
	400 Ω 过渡电阻	换流站 I 端	1.250
		换流站 II 端	4.000

11.4.3　基于线模故障分量功率的方向纵联保护测试

1. 区内金属性故障测试

当 F_1 处发生金属性极间短路故障时，RTDS 的仿真结果和保护原型机的动作报告如图 11-26 和图 11-27 所示，其中 ΔP_{12} 和 ΔP_{21} 为直流线路两端的 LFCP。可以看出，故障发生后，两端 LFCP 极性均为负，两台保护原型机通过信息交互判出故障为区内故障，并向 RTDS 发送跳闸信号。图 11-27（b）为故障后原型机的判断过程，能够看出保护原型机判断故障区段经历了四步（判断故障方向、向对端发送信号、接收对端信号、判断故障区段），这符合方向纵联保护算法的设计。RTDS 接收到跳闸信号的时间分别为故障后 2.65ms 和 2.41ms。

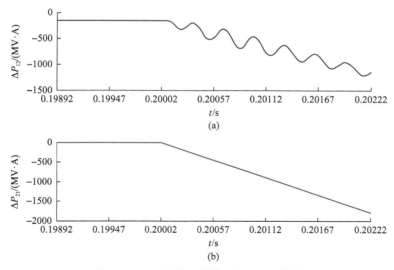

图 11-26　F_1 处发生故障时的 LFCP 波形

当 F_3 处发生金属性极间短路故障时，RTDS 的仿真结果和保护原型机的动作报告如图 11-28 和图 11-29 所示。可以看出，两台原型机判出故障为区内故障，并向 RTDS 发生跳闸信号，且 RTDS 接收到两台保护原型机的动作时间分别为 2.51ms

和 2.75ms。

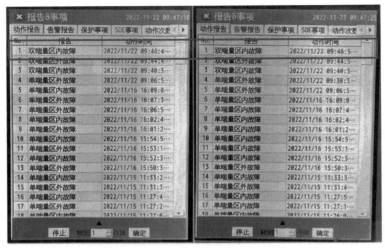

(a) 故障判别结果

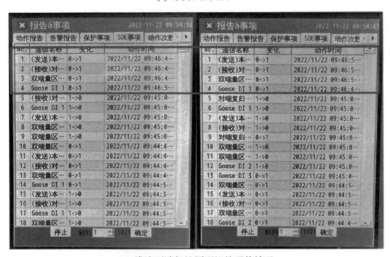

(b) 线路两端保护原型机的通信情况

图 11-27　F_1 处发生故障时保护原型机的动作报告

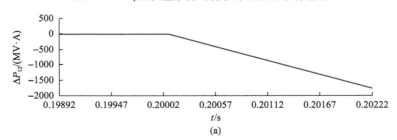

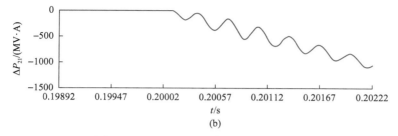

图 11-28　F$_3$ 处发生故障时的 LFCP 波形

图 11-29　F$_3$ 处发生故障时保护原型机的动作报告

2. 区外金属性故障测试

当区外 F$_2$ 处发生金属性极间短路故障时，RTDS 的仿真结果和保护原型机的动作报告如图 11-30 和图 11-31 所示。可以看出，LFCP 极性相反，两台保护原型机通过信息交互判断出故障为区外故障，原型机没有向 RTDS 发送跳闸信号。

当 F$_4$ 发生金属性极间短路故障时，RTDS 的仿真结果和保护原型机的动作报告如图 11-32 和图 11-33 所示。同样地，可以看出原型机通过信息交互判出故障为区外故障，两台保护原型机均未动作。

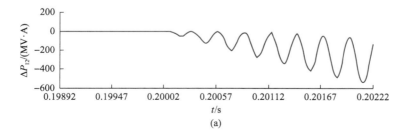

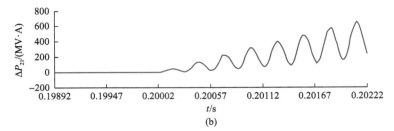

图 11-30　F_2 处发生故障时的 LFCP 波形

图 11-31　F_2 处发生故障时保护原型机的动作报告

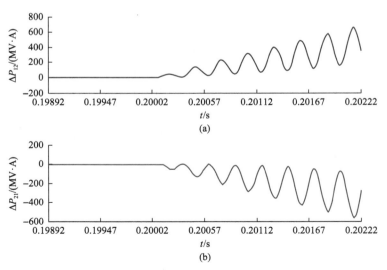

图 11-32　F_4 处发生故障时的 LFCP 波形

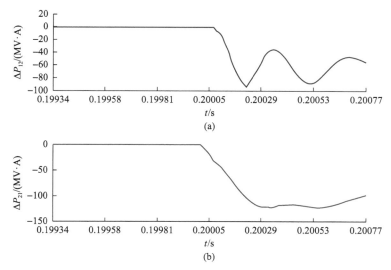

图 11-33　F_4 处发生故障时保护原型机的动作报告

3. 区内高阻故障测试

为验证过渡电阻对方向纵联保护算法的影响，在区内 F_1 点设置过渡电阻为 400Ω 的极间短路故障。图 11-34 和图 11-35 为 RTDS 的仿真结果和保护原型机的动作报告。可知，当区内故障的过渡电阻为 400Ω 时，原型机的方向纵联保护算法依然可准确识别区内故障。两台原型机的保护动作时间分别为 2.59ms 和 2.68ms。

图 11-34　F_1 处发生过渡电阻为 400Ω 的故障时的 LFCP 波形

图 11-35　F_1 处发生过渡电阻为 400Ω 的故障时保护原型机的动作报告

4. 测试小结

由以上测试结果可得到区内发生故障时保护原型机的动作时间,如表 11-4 所示,所开发保护原型机的方向纵联保护能够在 3ms 内正确判别区内故障,且能够在区外发生故障时可靠不动作。此外,在发生区内高阻故障时,保护依然能够识别故障并在 3ms 内正确动作。因此,方向纵联保护作为保护原型机的后备保护,满足柔性直流配电网对保护选择性的要求。

表 11-4　保护原型机的动作时间(基于线模故障分量功率的方向纵联保护测试)

故障位置	故障类型	保护所处位置	保护动作时间/ms
F_1	金属性故障	换流站 I 端	2.65
		换流站 II 端	2.41
F_2	金属性故障	换流站 I 端	2.51
		换流站 II 端	2.75
F_1	400Ω 过渡电阻	换流站 I 端	2.59
		换流站 II 端	2.68